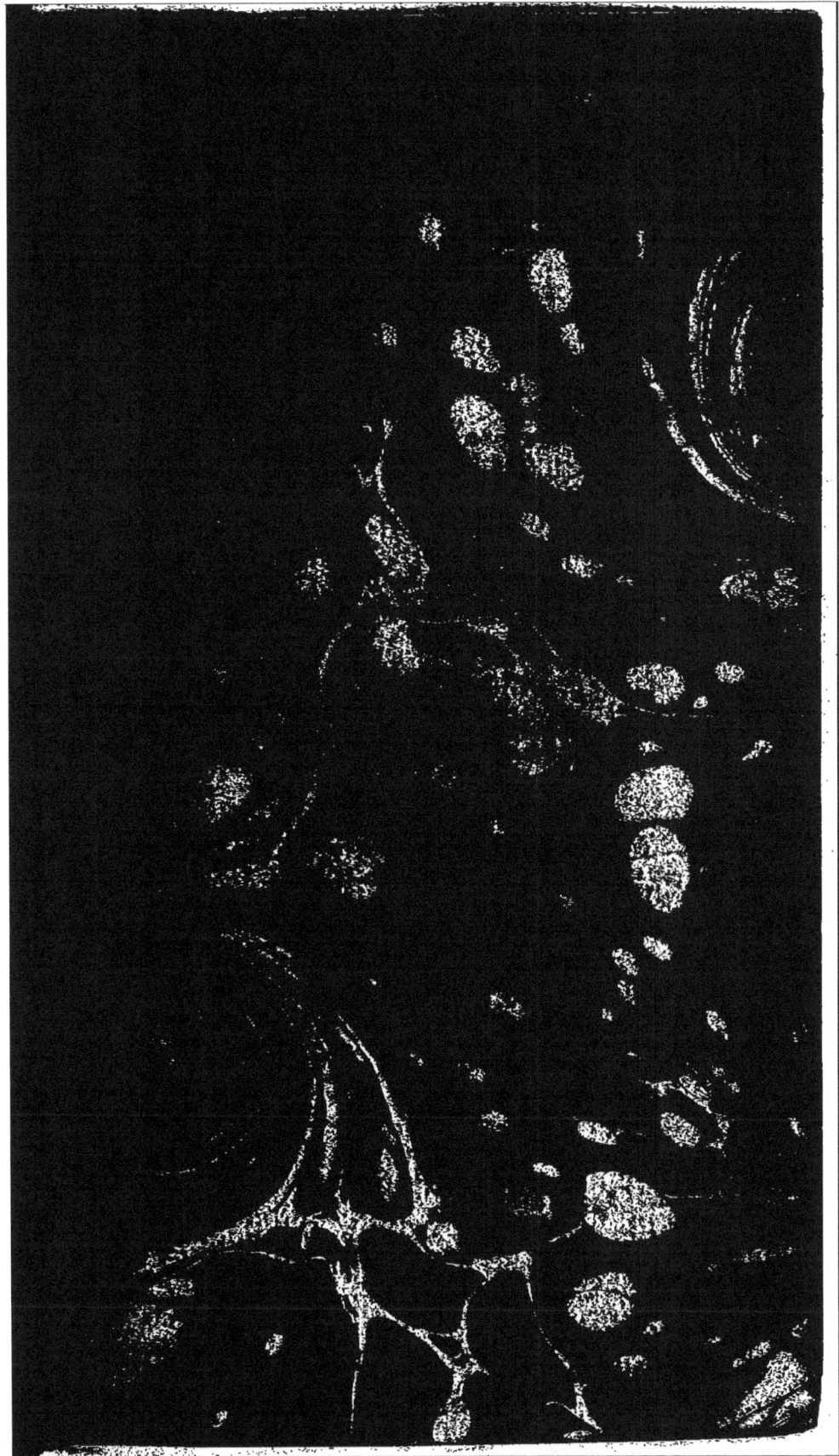

4186 S A

LEÇONS
DE PHYSIQUE
EXPÉRIMENTALE.

Par M. *l'Abbé* NOLLET, *de l'Académie Royale des Sciences, de la Société Royale de Londres, de l'Institut de Bologne, Maître de Physique des Enfans de France, Professeur Royal de Physique Expérimentale au College de Navarre, & à la nouvelle École d'Artillerie de la Fère.*

TOME TROISIEME.

QUATRIEME ÉDITION.

A PARIS,

Chez HIPPOLYTE-LOUIS GUERIN, & LOUIS-FRANÇOIS DELATOUR, rue S. Jacques, à S. Thomas d'Aquin.

———————————

M. DCC. LIX.

Avec Approbation & Privilege du Roi.

AVIS AU RELIEUR.

Les Planches doivent être placées de maniére qu'en s'ouvrant elles puiſſent ſortir entiérement du livre, & ſe voir à droite, dans l'ordre qui ſuit.

TOME TROISIEME.

EXTRAIT DES REGISTRES
de l'Académie Royale des Sciences.

Du 6. Mars 1745.

Monfieur DE REAUMUR & moi, qui avions été nommés pour examiner *le troifiéme Volume des Leçons de Phyfique Expérimentale* de M. l'Abbé Nollet, en ayant fait notre rapport, l'Académie a jugé cet Ouvrage digne de l'impreffion : en foi de quoi j'ai figné le préfent Certificat. A Paris, ce 6 Mars 1745.

GRANDJEAN DE FOUCHY,
Sécrétaire perpétuel de l'Académie Royale des Sciences.

LEÇONS

LEÇONS
DE PHYSIQUE
EXPÉRIMENTALE.

✶✶✶✶✶✶✶✶✶✶✶✶✶✶✶✶✶✶✶✶✶✶✶✶✶✶

IX. LEÇON

Sur la Méchanique.

APRE's avoir enseigné, dans les Leçons précédentes, les propriétés & les loix du mouvement, tant pour les corps folides, que pour les fluides, il nous refte à parler dans celle-ci des moyens par lefquels on peut l'employer, ou plus commodément, ou avec plus d'avantage. Ces moyens font les *Machines*, c'eft-à-dire, certains corps ou affemblages d'une conftruction plus ou moins fimple, qui

tranfmettent l'action d'une puiffance
fur une réfiftance, & qui la font croître ou diminuer en variant les vîteffes.

La fcience qui traite des machines
s'appelle *Méchanique* ; elle fuppofe,
dans celui qui s'y applique, des connoiffances fuffifantes de Mathématiques & de Phyfique : car un Mécha-
nicien doit non-feulement eftimer &
mefurer des forces oppofées entr'elles
relativement à leurs pofitions refpectives & à leurs directions ; mais il faut
encore qu'il fçache diftinguer quelle
eft la nature de ces forces, ce qui peut
s'y mêler d'étranger, par la qualité des
matieres qu'on employe, par la circonftance du lieu, du tems, &c. Celui
qui ne pofféderoit que la partie phyfique, pourroit faire des machines durables, & bien afforties, quant à l'affemblage des piéces & à leur maniere de fe
mouvoir ; mais il courroit rifque de
fe tromper fouvent dans les proportions, & les effets fe trouveroient
rarement tels qu'il les auroit atten-
dus. Celui qui n'auroit que des connoiffances purement mathématiques,
& qui ne confidéreroit que des lignes
& des points dans les quantités dont

il voudroit faire usage, trouveroit sans
doute beaucoup de déchet après l'e-
xécution. Enfin celui qui ne seroit
ni Géométre, ni Physicien, travail-
leroit absolument en aveugle, & ne
pourroit se flatter de réussir que par
un pur hazard ; souvent après bien
des tentatives inutiles, pénibles &
presque toujours dispendieuses. C'est
une vérité que l'expérience prouve
depuis long-tems, & qui devroit corriger bien des gens dont le travail est
infructueux ; mais de même que l'a-
mour propre, & l'envie d'être Auteur, fait imprimer quantité de mauvais Ouvrages, malgré la critique ; les
mêmes motifs, & souvent l'appas du
gain, font faire aussi les frais d'un
nombre prodigieux d'inventions qui
ne verroient pas le jour, si ceux qui
les imaginent en sçavoient assez pour
en bien juger.

Les mauvaises machines naissent
plus fréquemment que les bonnes ;
& c'est ce qui décrédite un peu la
Méchanique dans l'esprit de plusieurs
personnes qui confondent injuste-
ment le Machiniste avec le vrai Mé-
chanicien : on revient aisément de

A ij

cette idée , quand on fait attention
que des Sçavans du premier ordre ,
Archytas , Ariftote , Archimédes, &c.
parmi les anciens ; MM. Mariotte ,
Amontons, de la Hire , Varignon ,
&c. parmi les Modernes , fe font appliqués particuliérement à la fcience
des machines utiles , & fe font rendus recommandables par les progrès
qu'ils y ont faits. Les découvertes de
ce genre font autant d'honneur , &
ne méritent pas moins d'applaudiffe-
mens que celles de toute autre efpéce : l'objet de cette fcience n'eft-il pas
très-utile en lui-même ? & la fociété
n'en retire-t-elle pas des avantages
confidérables ? Jugeons de ce que
nous en pouvons attendre par les
productions dont nous jouiffons actuellement : les moulins qui nous
préparent la farine , ceux qui foulent
nos étoffes , ou qui nous tirent l'huile
des végétaux , les différentes pompes qui élévent l'eau pour nos ufages & pour la décoration de nos jardins , les voitures qui nous épargnent
tant de fatigues , & qui rendent les
tranfports fi faciles & fi commodes ;
les poulies , les grues , les cabeftans

dont l'application eſt ſi avantageuſe
& ſi fréquente dans l'architecture &
dans la navigation : les ponts-levis,
& quantité d'autres moyens dont on
ſe ſert pour défendre les places, ne
ſont-ils pas autant de machines dont
nous ſentons tous les jours l'utilité,
& qui deviennent même néceſſaires
ſelon les circonſtances? On doit aſ-
ſurément ſçavoir bon gré à ceux qui
veulent bien ſe refuſer aux attraits
ſéduiſans de la haute Géométrie, pour
ſe donner le loiſir d'en appliquer les
principes à des recherches de cette
nature: elles ſont moins brillantes,
que la ſolution des grands problêmes;
mais elles ne m'en paroiſſent pas
moins eſtimables, parce qu'elles tendent plus directement au bien de la
ſociété, & qu'elles ont, pour l'ordinaire, des applications plus promptement, & quelquefois plus généralement utiles.

On diſtingue communément deux
ſortes de machines ; celles qui ſont
ſimples, & celles qui ſont *compoſées*:
les premieres ſont comme les élémens des autres, & ce ſont elles qui
vont faire principalement le ſujet de

cette Leçon ; car la multiplication & l'affemblage des machines fimples dans un même tout, n'apporte aucun changement effentiel à leurs propriétés, & nous ne devons pas entreprendre de faire une énumération complette de toutes les machines compofées qui ont été mifes au jour pour faire connoître toutes les applications qu'on y a faites de celles qui font fimples. Nous nous contenterons d'indiquer celles qui font le plus en ufage, dont la conftruction pourra s'entendre plus facilement, & qui n'auront pas befoin de ces defcriptions longues & détaillées qui ne peuvent avoir place dans cet Ouvrage.

Le nombre des machines fimples varie felon la maniere d'eftimer leur fimplicité ; les uns regardant comme fimple ce que d'autres confidérent comme étant déja compofé, c'eft une chofe affez arbitraire & peu importante : pour moi fans défapprouver les opinions qui différent de la mienne à cet égard, je ne compte que trois fortes de machines fimples ; fçavoir, le *Lévier*, le *Plan incliné*, & les *Cordes*. Mais avant que d'entrer

en matiére, il eſt à propos d'établir
quelques notions générales, qui rendront notre théorie plus facile à ſai-
ſir, & de prévenir auſſi quelques difficultés qui pourroient naître dans
le cours de nos explications.

Dans une machine, il y a quatre
choſes principales à conſidérer ; la
puiſſance, la réſiſtance, le point d'appui ou centre de mouvement, & la
vîteſſe avec laquelle on fait mouvoir
la puiſſance & la réſiſtance.

On appelle *puiſſance* une force quelconque, ou pluſieurs enſemble, qui
concourent à vaincre un obſtacle, ou
à ſoutenir ſon effort ; ainſi les hommes ou le cheval qui remontent un
bateau contre le courant de la rivié-
re, le poids d'un tourne-broche, ceux
d'une horloge ou d'une pendule ,
doivent être regardés comme la puiſſance ou force motrice.

Quand la puiſſance qu'on employe
dans une machine eſt l'effort d'un animal, on doit l'eſtimer relativement
à la nature & à la durée du travail.
Car quoiqu'un cheval puiſſe vaincre
pour un tems fort court une force de
500 ou 600 livres, & qu'un homme

soutienne pendant quelques inſtans
un fardeau de 100 ou 150 livres,
quand il s'agit de travailler de ſuite,
on ne doit pas compter ſur un effort
qui excéde 25 ou 30 livres de la part
d'un homme, & environ 180 livres
de la part d'un cheval ; encore faut-
il qu'ils agiſſent avec liberté ; & qu'ils
ne ſoient pas gênés, ſoit par la diſ-
poſition de la machine à laquelle on
les applique, ſoit par la ſituation du
terrein, ou autrement.

Si la puiſſance eſt un poids ou un
reſſort, il peut arriver qu'elle ne ſoit
pas d'une valeur conſtante : car, 1°.
à meſure qu'un reſſort ſe déploye,
ſon effort diminue ; & ſi la machine
n'eſt point faite d'une maniere qui
ſupplée à cette diminution, les efforts
ne peuvent pas être auſſi grands à la
fin qu'au commencement. 2°. Nous
avons fait voir, en parlant de la pé-
ſanteur, que l'accélération augmente
la force des corps qui tombent librement, c'eſt-à-dire, avec une vîteſſe très-ſenſible ; ainſi dans tous les
cas où le mouvement eſt imprimé
par le choc d'un corps qui tombe, la
machine en reçoit d'autant plus que

le moteur defcend de plus haut.

La *réfiftance* eft une autre force ou la fomme de plufieurs obftacles qui s'oppofent au mouvement de la machine que la puiffance anime ou fait mouvoir ; tel eft un bloc de pierre ou de marbre qui réfifte par fon poids à l'action des hommes qui font effort pour le traîner ou pour l'enlever, par le moyen d'un treuil, d'un cabeftan, d'une grue, &c.

La réfiftance n'eft pas toujours une quantité conftante comme un poids qu'on veut enlever ; fouvent ce font des refforts à tendre, des corps à divifer, des fluides à foutenir ; & en pareils cas, la puiffance a plus ou moins à faire au commencement de fon action qu'à la fin. Pour n'être point pris en défaut, on doit proportionner la machine de façon, que la réfiftance, étant la plus grande qu'elle puiffe être, fe trouve encore inférieure à la force motrice. Ainfi lorfqu'il s'agit, par exemple, de faire monter l'eau par le moyen d'une pompe, on doit confidérer le tuyau montant comme étant toujours plein, quoiqu'il ne le foit véritablement qu'après un certain nombre de coups de piftons, pendant lefquels la force motrice eft plus que fuffifante.

On appelle *Point d'appui*, *Centre de mouvement*, ou *Hypomochlion*, cette partie d'une machine, autour de laquelle les autres fe meuvent; c'eft dans une balance, l'endroit de la chaffe fur lequel repofe l'axe du fléau; c'eft dans une roue de caroffe, l'extrémité du rayon qui touche actuellement le terrein, lorfqu'elle roule : c'eft la penture d'une porte, l'axe d'une poulie, &c.

Le centre du mouvement n'eft pas toujours un feul point fixe; dans bien des occafions, c'eft une fuite de points qui forment une ligne; tel eft l'axe d'une fphère, telles font les charnières, & tout ce qui en fait l'office.

Le point d'appui, bien fouvent, n'eft fixe que relativement à la révolution dont il eft le centre : il peut être mobile d'ailleurs; tel eft, par exemple, l'effieu d'une charrette qui eft emporté dans une direction paralléle au terrein, pendant qu'il eft le centre du mouvement des roues; quelquefois même c'eft l'action d'un

corps animé qui fert d'appui, comme
lorfque deux hommes portent enfemble quelque fardeau fur un bâton dont
ils foutiennent chacun un bout ; l'un
des deux, indifféremment, peut être
regardé ou comme puiffance, ou
comme point d'appui.

Les vîteffes fe mefurent par les efpaces que parcourent la puiffance &
la réfiftance, ou qu'elles parcour-
roient, eu égard à la difpofition de
la machine, fi l'une emportoit l'autre. Un homme, par exemple, qui
tire un fardeau par le moyen d'un cabeftan, décrit, en marchant, la circonférence d'un cercle ; & pendant
qu'il parcourt ce chemin, le fardeau
s'approche d'une certaine quantité :
ce font ces efpaces parcourus de part
& d'autre qui déterminent les vîteffes refpectives ; car le tems eft égal pour
l'un & pour l'autre. De même quand
les deux baffins d'une balance font
en repos par caufe d'équilibre, on
connoît leurs vîteffes, par le chemin
qu'ils feroient en même-tems, l'un
en montant, l'autre en defcendant,
fi le mouvement avoit lieu.

La péfanteur eft une force qui

s'employe souvent en méchanique comme puissance ou comme résistance : quoiqu'elle appartienne également à toutes les parties de matiére renfermées sous un même volume ; pour plus de simplicité, nous la considérerons comme résidente en un seul point, que nous nommerons, *Centre de gravité*.

Ce centre de gravité, ou de pesanteur, n'est pas toujours celui de la figure ; c'est un point par lequel un corps étant suspendu, toutes ses autres parties demeurent en repos, & avec lequel elles se meuvent toutes lorsqu'il cesse d'être appuyé. De-là il est aisé de comprendre que ce point ne se trouve justement au milieu que dans les corps dont les parties sont homogénes, & la figure symmétrisée. Dans une boule bien ronde, par exemple, & d'une densité bien uniforme, il est évident que tous les rayons, ou demi-diamétres, sont égaux & de même poids ; égaux, à cause de la figure parfaitement sphérique ; de même poids, à cause de l'homogénéité des parties : tout est donc en équilibre autour d'un point qui est en même-

tems centre de gravité & de figure. Il
n'en est pas de même d'une fléche
dont le bout est ferré, ou d'une plume à écrire ; si l'on partage sa longueur en deux parties égales, l'une
se trouvera plus pesante que l'autre,
& la section n'aura point passé par le
centre de sa pésanteur, quoiqu'elle
se soit faite à celui de sa figure.

De la même maniére que l'on conçoit toute la pesanteur d'un corps
réunie dans un seul point, on consi-
dére pareillement, dans un espace infiniment petit, celle de plusieurs corps
qui concourent à une même action
par leurs poids. Quand plusieurs masses pésent sur une même corde par des
fils qui les y attachent, on peut regarder le nœud commun de ces fils
comme le centre des pesanteurs particulieres. *A*, *B*, *Figure* 1. étant donc
les centres de gravité des deux corps
suspendus, leurs actions se réunissent
en *C* ou dans tout autre point que
l'on voudra choisir de la ligne *Cd*,
pourvû que le poids *A* soit égal au
poids *B* ; car si l'une des deux boules étoit de bois, & l'autre de pierre,
le centre de la plus pesante s'appro-

cheroit davantage de la ligne *c D*, & la ligne *a b* feroit partagée par la direction *c D* en deux parties inéga-les, dont la plus longue feroit à la plus courte, comme le plus grand poids au plus petit.

Quel que puiffe être le nombre de ces corps pefans, fi l'on connoît le centre de gravité de chacun d'eux, on détermine facilement l'endroit où fe réuniffent leurs forces, parce que les diftances font connues; mais ceci s'entendra mieux quand nous aurons expliqué la théorie du levier.

La pefanteur a une intenfité diffé-rente lorfque les corps font plus ou moins éloignés du centre de la terre où ils tendent; mais dans la fuite de cette Leçon, nous n'aurons point égard à cette différence, parce qu'elle n'eft jamais fenfible dans l'étendue que peut avoir une machine; ainfi nous fuppoferons qu'un poids dont la chûte n'eft point accélérée, exerce toujours la même force ou la même preffion dans toute fa direction. Un feau plein d'eau qui péfe 100 livres fur la poulie du puits lorfqu'il eft en haut, eft donc cenfé pefer autant lorfqu'il eft 50 ou 60 pieds plus bas, (abftraction faite du poids de la corde ;) & celui qui fonne une cloche fait toujours le même effort, foit que la corde ait beaucoup ou peu de longueur.

Nous regarderons auffi comme paralléles les directions de deux poids diftans l'un de l'autre, quoiqu'à la rigueur elles foient un peu incineés entr'elles, puifque tous les corps graves tendent à un même point qui eft le centre de la terre ; mais nous en fommes trop éloignés, pour avoir à craindre aucun mécompte, en négligeant cette inclinaifon.

Pour écarter tout ce qui eft en quelque façon étranger à notre objet préfent, dans toute cette Leçon nous ferons abftraction des frottemens & de la réfiftance des milieux; obftacles cependant dont on doit bien tenir compte dans la pratique, & qui, lorfqu'on les néglige, ou qu'on manque à les eftimer felon leur valeur, caufent des erreurs confidérables dans les calculs que l'on fait fur le produit des machines, comme nous l'avons fait voir dans la troifiéme Leçon, en

16 LEÇONS DE PHYSIQUE
expliquant la premiere loi du mouvement.

IX.
LEÇON.

PREMIERE SECTION.

Du Levier.

UN Levier confidéré mathémati-
quement n'eft autre chofe qu'une ligne droite fans pefanteur qui regle
les diftances & les pofitions de la
puiffance, de la réfiftance & du point
d'appui. Si dans la pratique cette
ligne devient pefante & courbe, fon
poids doit être confidéré comme faifant partie de la puiffance ou de la
réfiftance, & fa courbure peut toujours fe réduire à la diftance qu'elle
met entre ces deux forces, eu égard
à leurs directions, ou bien entre l'une
des deux & le point d'appui : ainfi
E F G Fig. 2. équivaut à *e g* ; & fi les
deux parties *E F*, *F G*, font de fer,
ou de quelque autre matiére fenfiblement pefante, chacune fait partie de
la maffe *E*, ou *G*, qu'elle foutient.

On diftingue ordinairement trois
genres de Leviers par les différentes
pofitions

poſitions que l'on peut donner à la puiſſance, à la réſiſtance & au centre du mouvement ou point d'appui. On pourroit, en ſuivant l'exemple de quelques Auteurs célébres *, regarder comme deux autres puiſſances, ce que j'ai nommé réſiſtance & point d'appui ; & alors la diſtinction des leviers en trois genres n'auroit plus lieu : mais il m'a ſemblé qu'il y avoit quelque avantage à ſuivre la méthode la plus uſitée dans une Leçon, qui eſt moins un traité de méchanique, qu'un ſimple expoſé des principes de cette ſcience. Pour repréſenter donc ces trois ſortes de leviers, je déſignerai la puiſſance ou force motrice par une main *A*, la réſiſtance par un poids *B*, & le point d'appui par un pivot *C*. *

Les leviers du premier genre ſont ceux où le point d'appui eſt entre la puiſſance & la réſiſtance. *Fig.* 3.

Ceux du ſecond genre ont la réſiſtance entre le point d'appui & la puiſſance. *Fig.* 4.

Dans ceux du troiſiéme genre, la puiſſance eſt placée entre le point d'appui & la réſiſtance. *Fig.* 5.

IX.
LEÇON.

* *Traité de Méchaniq. de M. de la Hire.*

★ *Fig.* 3 è 4, 5, 6.

Les efpéces de chaque genre fe diftinguent par la diftance qu'il y a de la puiffance au point d'appui, relativement & par comparaifon à celle qui eft entre ce même point & la réfiftance. Si, par exemple, le pivot, au lieu d'être en C étoit en c, *Fig. 3.* ce feroit toujours un levier du premier genre, mais l'efpéce feroit différente ; ainfi pour s'exprimer exactement fur quelque levier que ce puiffe être, on dira : « Il eft de tel ou tel genre, » & les diftances des forces réfiftantes » & motrices au point d'appui, font » entr'elles dans le rapport de 2 à 3, » ou à 4, ou à 5, &c. »

La diftance de ces deux forces au point d'appui détermine le chemin qu'elles ont à faire, & par conféquent leurs vîteffes ; car, puifque l'une ne peut fe mouvoir fans l'autre, il eft évident que la puiffance A, *Fig. 6.* n'employera pas plus de tems à parcourir l'arc A a, que la réfiftance en confumera pour achever le fien B b. Quand les tems font égaux, les vîteffes doivent fe comparer par les efpaces parcourus ou à parcourir ; comme nous l'avons enfeigné *, en par-

* *Tom. I. p. 93. & fuiv.*

lant des propriétés du mouvement.

Ainsi comme les arcs *A a*, & *B b*, suivent entre eux le rapport de leurs rayons *A C*, & *B C*, il est certain qu'en connoissant ces deux dernieres distances, on sçait la vîtesse de la puissance & celle de la résistance. D'où il suit :

1°. Qu'un poids agissant comme puissance ou comme résistance, par un levier placé horizontalement, a d'autant plus de force qu'il est plus éloigné du point d'appui.

2°. Que deux masses égales opposées l'une à l'autre sur un semblable levier, ne peuvent être en équilibre, que quand elles sont à égales distances du point d'appui, & qu'elles agissent en sens contraires.

3°. Que deux poids inégaux y exercent l'un contre l'autre des forces égales, quand leurs distances au point d'appui sont réciproquement comme les masses.

Ces trois propositions deviendront sensibles par des expériences.

B ij

I. EXPERIENCE.

PRÉPARATION.

La *Figure* 7. repréfente une planche élevée verticalement fur une bafe & percée à jour par une rainure *H I* ; la piéce *K* eft une efpéce de chaffe qui peut fe placer à différens endroits de la rainure par le moyen d'une queue à vis qui traverfe celle-ci , & qui s'arrête par derriere avec un écrou. *L M*, eft une petite boîte de métal qui fe meut fur deux pivots dans la chaffe , & dans laquelle on fait gliffer le levier *NO*, pour l'arrêter à tel endroit qu'on fouhaite de fa longueur : par ce moyen le point fixe change de place , non-feulement fur la planche , mais même fur le levier ; les extrémités de ce levier font percées pour recevoir des poids qui portent chacun une petite boucle en-deffous pour en recevoir d'autres. *P* eft une maffe qui eft enfilée par le levier , & que l'on y arrête à tel endroit qu'il convient , pour le mettre en équilibre avec lui-même , dans les cas où le point d'appui n'eft pas placé au milieu de fa longueur. Q est une poulie très-mobile fur fon axe, dont la mouffle fe place en fourchette, & à telle diftance que l'on veut fur le haut de la planche ; cette poulie eft embraffée par un cordon qui porte d'un côté un poids, & de l'autre un crochet pour foutenir le levier, dans les cas où le point fixe fe trouve placé à l'une des deux extrémités.

Avec cette machine ainfi préparée, on peut mettre en expérience les leviers de tout genre & de toutes efpéces, varier la puiffance & la réfiftance, non-feulement quant à leurs diftances au point d'appui, mais encore quant à leurs maffes, ou quantités abfolues ; & par le moyen du contrepoids P, le levier peut toujours reffembler à une ligne mathématique, inflexible & fans poids.

Ces moyens étant donc fuppofés, nous nous abftiendrons de les faire reparoître dans nos figures, & nous repréfenterons chaque expérience par des lignes, afin d'écarter de nos explications ce qui eft étranger, & de n'occuper l'attention du Lecteur que de l'objet dont il fera queftion.

Ayant donc difposé le levier de maniere que fon point fixe fe trouve entre deux poids, comme il eft repréfenté par la *Fig.* 8. on remarquera ce qui fuit.

EFFETS.

1°. Si le point fixe eft en *a*, c'eft-à-dire, qu'il partage le levier en deux bras égaux, une puiffance d'une livre foutient une réfiftance de même poids.

2°. Si le point fixe eft en *b*, le bras de la puiffance eft deux fois auffi long que celui de la réfiftance; une livre en P foutient deux livres en R.

3°. Si le point fixe eft en *c*, il y a trois fois auffi loin de *c* en *p*, que de *c* en *r*; la même livre employée en P en foutient trois placées en R.

II. EXPERIENCE.

PREPARATION.

Il faut difpofer la machine que nous avons décrite *, de maniere que le point fixe fe trouve à l'une des deux extrémités du levier, & que l'anneau dans lequel paffe le levier

* *Fig.* 7.

foutenu par la puiffance *P*, puiffe fe
placer d'abord au point 2, & enfuite
au point 1. Voyez la *Fig.* 9.

Effets.

Dans le premier cas, *R* pefant une
livre, fait équilibre à *P*, dont le poids
eft 1 livre $\frac{1}{2}$.

Dans le fecond cas, pour avoir é-
quilibre, il faut mettre les deux poids
dans le rapport de 3 à 1, c'eft-à-dire,
que la maffe *P* qui n'eft éloignée du
point d'appui que d'un efpace, doit
pefer 3 livres pendant que l'autre *R*
qui eft à la troifiéme diftance, n'en
péfe qu'une.

Ce levier qui eft du troifiéme gen-
te, repréfente auffi celui du fecond,
fi l'on confidére comme réfiftance,
ce que nous avons regardé comme
puiffance.

Explications.

Les principes que j'ai établis d'a-
bord, laiffent peu de chofes à dire
pour expliquer les faits qui font rapportés dans ces deux premieres expériences. L'action ou la force d'un
corps fe mefure par la quantité de

mouvement qu'il a, ou qu'il auroit, s'il n'étoit pas retenu ; or la quantité du mouvement réfulte de la maffe multipliée par la vîteffe. Sur un même levier la puiffance & la réfiftance ne peuvent fe mouvoir qu'en même tems ; leurs vîteffes, c'eft-à-dire, celles qu'elles ont, ou qu'elles auroient, fi le mouvement avoit lieu, ne peuvent donc différer que par les efpaces. S'il y a équilibre entre 1 livre & 1 livre, fur un levier horizontal partagé en deux bras égaux par le point d'appui, comme on l'a vû dans le premier réfultat de la premiére expérience, c'eft que ce levier ne peut fe mouvoir, fans que les deux poids parcourent des arcs égaux en même-tems, ou (ce qui eft la même chofe) fans qu'ils ayent la même vîteffe ; égalité de vîteffes, & égalité de maffes de part & d'autre, produifent des efforts égaux, qui fe détruifent réciproquement, parce qu'ils fe font en fens contraires, ce que l'on appelle *équilibre*.

Dans le fecond réfultat on voit une livre qui en foutient deux, parce qu'elle eft tellement placée qu'elle

auroit

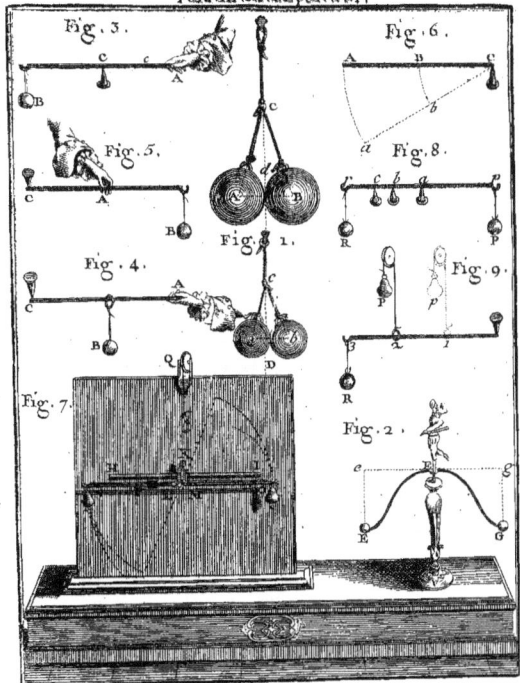

TOM.III.IX.LEÇON.Pl.1.

Fig. 3.

Fig. 6.

Fig. 5.

Fig. 8.

Fig. 1.

Fig. 9.

Fig. 4.

Fig. 7.

Fig. 2.

Morfin Sculp.

auroit deux fois plus de vîteffe que le poids oppofé ; 1 de maffe multi- plié par 2 de vîteffe , équivaut à 1 de vîteffe multiplié par 2 de maffe. Il eft facile d'appliquer ce calcul aux autres effets.

COROLLAIRE.

Puifqu'une puiffance appliquée à un lévier croît toujours à mefure qu'elle s'éloigne du point d'appui , comme on l'a pû voir par les expériences précédentes ; on doit en tirer cette conféquence , qu'une très-petite for- ce , par le moyen d'un lévier affez long , peut faire équilibre , ou vain- cre une autre force infiniment plus grande. Archimédes avoit donc rai- fon de dire qu'il enleveroit la terre entiere , s'il avoit un point fixe qui en fût féparé : car en établiffant fur cet appui un lévier dont le bras du côté de la puiffance, furpaffât en lon- gueur celui auquel il auroit attaché le globe terreftre , autant ou plus que le poids de ce globe ne l'empor- te fur la force d'un homme , il eft évident par les principes établis ci- deffus , qu'il eût acquitté fa promef-

fe , par une démonftration , fans doute ; car il eft inutile de dire , que le
lévier dont il faudroit faire ufage dans
une telle opération , ne peut jamais
paffer que pour un être de raifon ,
comme le point fixe qu'il demandoit.

Applications.

Les léviers font d'un ufage fi commun non-feulement dans les Arts ,
mais même dans la vie civile & dans
le méchanifme de la nature ; qu'on
les rencontre prefque par-tout , pour
peu qu'on y faffe attention. Nous
nous bornerons à quelques exemples,
pour ne point entrer dans un détail
trop long & fuperflu.

Les Charpentiers , les Maçons &
autres Ouvriers qui ont à remuer de
grandes pierres , ou de groffes piéces de bois , fe fervent très-fouvent
d'une barre de fer arrondie dans prefque toute fa longueur , un peu cou-
dée , & applatie par un bout. Cet inftrument qu'ils appellent communément *pied de chevre* , s'employe principalement de deux manieres. Quelquefois après avoir engagé l'extrémité applatie , qu'on nomme *la pince* ,

entre la piéce qu'on veut mouvoir,
& le terrein fur lequel elle repofe,
on fait porter le coude *A*, *Fig.* 10. fur
quelque corps dur , & alors en appuyant fur l'autre bout de la barre
B, on fouleve le fardeau, d'une petite quantité à la vérité, mais affez
pour donner la liberté de gliffer deffous une corde , un rouleau, &c. ce
qui fuffit le plus fouvent. D'autres
fois auffi on avance un peu plus la
pince fous la piéce qu'on veut remuer , & en foulevant la barre, on
fait effort contre la partie *C* qui repofe deffus. *Fig.* 11.

Le pied de chévre , comme l'on
voit, n'eft autre chofe qu'un lévier,
qui eft du premier genre dans l'ufage
que nous avons cité d'abord ; car le
point *A* , qui eft l'appui, fe trouve
placé entre la puiffance & la réfiftance. Dans l'autre ufage, il eft du fecond genre , puifque la réfiftance fe
fait au point *C*, entre la puiffance &
le bout de la pince qui eft appuyé
par terre.

Comme cet inftrument s'employe ,
pour l'ordinaire, à foulever de grands
fardeaux , l'endroit du coude qui fert

de point d'appui, ou qui reçoit l'effort de la réfiftance, eft toujours fort loin du bout que l'on tient à la main ; ainfi la puiffance, toujours beaucoup plus éloignée du point d'appui, que la réfiftance, a fur elle un avantage confidérable par cette pofition.

Les rames des Bateliers font des leviers du fecond genre, dont on appuye un bout contre l'eau, pendant que la puiffance appliquée à l'autre bout porte fon effort à l'endroit du bateau où la rame eft attachée : cet endroit partage la longueur de la rame en deux parties, dont l'une frappe l'eau, pendant que l'autre eft mife en mouvement par les bras du Batelier : il feroit fans doute avantageux que l'une & l'autre fuffent fort longues ; la premiere, parce qu'elle répondroit à un plus grand volume d'eau, & que le point d'appui en deviendroit plus fixe ; la feconde, parce qu'elle mettroit une plus grande diftance entre la puiffance & le point d'appui : mais il y a auffi des raifons qui obligent de borner cette longueur de part & d'autre felon les circonftances.

On ne peut allonger les rames du
côté de la puissance sans exiger d'elle
un plus grand mouvement ; celui d'un
homme est borné à une certaine étendue, au-de-là de laquelle il travaille
avec trop de fatigue : on en peut juger par la manœuvre des forçats lorsqu'ils sont quatre ou cinq appliqués à
la même rame ; ceux qui sont au bout,
quoique les plus robustes , peuvent
à peine résister quelques années à ce
violent exercice. Dans les petits ba-
teaux où un seul homme fait agir
deux rames , cette même longueur
est encore bornée par le peu de distance qu'il y a d'un bord à l'autre ;
car le Batelier qui est assis au milieu
de cet espace, est la puissance commune à l'une & à l'autre rame.

Les rames qui sont fort allongées
du côté de l'eau , exigent une navigation fort libre ; on ne peut guères
en faire usage dans les petites riviè-
res , dans celles qui ont beaucoup de
sinuosités, qui sont remplies d'isles
& de rochers , ou même dans les
ports qui sont très-fréquentés , à cause des embarras qui s'y trouvent ; c'est
par ces raisons sans doute que les ra-

C iij

mes varient & de formes & de dimenſions , ſuivant les circonſtances
des lieux , & les différentes maniéres
de les employer.

Le couteau du Boulanger eſt encore un levier du ſecond genre, lorſqu'arrêté par un bout ſur une table ,
& tournant autour d'un point fixe, il
eſt porté par la main qui tient le
manche, contre un pain qu'il entame.

La baſcule eſt un lévier du premier genre qu'on reconnoît d'abord,
lorſqu'on ſe repréſente une longue
piéce de bois, appuyée par ſon milieu, & chargée à ſes extrémités de
deux perſonnes, dont l'une eſt enle-
vée par l'autre, lorſqu'en touchant
le terrein, du pied ou autrement, elle
ſoulage d'une partie de ſon poids le
bras du levier où elle eſt.

Les ciſeaux, les pinces, les pincettes, les tenailles, ne ſont encore
que des leviers aſſemblés par paires ;
l'effort de la main ou des doigts qui
ménent les deux branches, doit être
conſidéré comme la puiſſance ; le
clou, ou ce qui en tient lieu, eſt un
point fixe commun aux deux ; & ce
que l'on coupe, ou ce que l'on ſerre,
devient la réſiſtance.

Ceux de ces inftrumens qui font deſtinés à faire de grands efforts, comme les ciſailles des Chaudroniers, ou des Ferblantiers, qui coupent des métaux, ont les branches fort longues par comparaiſon aux parties tranchantes qu'on nomme les *Couteaux* : de cette maniere la puiſſance agiſſant par un bras de levier très-long, eſt capable de vaincre une réſiſtance fort grande. Par la raiſon du contraire, dans les pincettes qu'on nomme *Badines*, & qui n'ont d'autre effort à faire, que de tranſporter quelques charbons, cette légére réſiſtance ſe fait aux extrémités de deux longues branches, qui font des leviers du troiſiéme genre ; l'endroit où ils ſe joignent par une charniére ou par un reſſort foible, doit être regardé comme le point d'appui ; & la main qui les fait agir, eſt la puiſſance.

Les ciſeaux dont on ſe ſert pour découper ont les branches fort longues, & les lames très-courtes ; ce n'eſt pourtant pas qu'on ait beſoin d'une grande force pour couper du papier mince : mais comme dans la découpure on a ſouvent de petites

C iiij

parties à réferver, il faut que l'on puiffe arrêter à propos les cifeaux; & cela fe peut faire facilement, quand le mouvement des doigts qui meut les branches, a beaucoup plus d'étendue que celui des lames.

Enfin les bras, les doigts, les jambes des animaux font encore des leviers ou des affemblages de leviers, par lefquels la force des mufcles eft employée de la maniere la plus convenable & la plus avantageufe, foit pour tranfporter le corps, foit pour approcher de lui tout ce qui lui eft néceffaire ou utile, foit pour en écarter tout ce qui lui feroit nuifible. Un Auteur célébre * a fait connoître en détail, & dans un ouvrage exprès, ce qu'il y a de plus remarquable dans cet admirable Méchanifme; ceux qui ont du goût pour l'anatomie y trouveront de quoi le fatisfaire.

* Borelli, de motu animalium.

DANS les deux premieres expériences, le levier étant foutenu horizontalement, nous avons employé pour puiffance & pour réfiftance des corps pefans dont les efforts fe faifoient dans des directions verticales, c'eft-à-dire, qu'elles faifoient des angles droits

avec la longueur du levier au moment que ces forces commençoient
à agir. Mais il peut arriver, & il arrive très-souvent, soit par la situation
du levier, soit par la nature des puissances qu'on employe, que leurs efforts se font obliquement ; & comme
en général toute force qui agit obliquement, a moins d'effet que celle
dont l'action est directe, il est important de connoître ce qu'on doit
attendre de cette obliquité dans l'u-
sage des leviers.

Lorsque les directions de la puissance & de la résistance font obliques
à la longueur du levier, il peut arriver qu'elles le soient toutes deux également ; il peut se faire aussi que ces
directions reçoivent différens dégrés
d'obliquité, & que l'une ou l'autre
soit plus ou moins inclinée au levier ;
dans ces différens cas, voici ce qu'il
y a de plus important à sçavoir.

1°. L'effort d'une puissance est le
plus grand qu'il puisse être, lorsque
sa direction est perpendiculaire au
bras du levier, par l'extrémité duquel elle agit. Ainsi le poids B, *Fig.*
12. ne suffiroit plus pour soutenir ce-

lui qui eft en *A*, fi, au lieu de pefer dans la direction *b B*, il faifoit fon effort obliquement, comme *b D*, ou *b E*.

2°. Deux forces qui agiffent l'une contre l'autre, par les deux bras d'un même levier, gardent entr'elles le même rapport, fi leurs directions, de perpendiculaires qu'elles font, deviennent également obliques au levier. C'eft-à dire, que fi les poids *P*, *R*, *Fig.* 13. font en équilibre, cet état fubfiftera entr'eux, fi leurs directions, s'inclinant au levier, demeurent parallèles l'une à l'autre comme *a p*, *b r*.

3°. Si ces directions reçoivent différens dégrés d'obliquité, de forte que l'une des deux faffe avec le bras du levier, un angle plus ou moins grand que l'autre; celle des deux qui s'écartera davantage de l'angle droit, toutes chofes égales d'ailleurs, rendra la puiffance plus foible. Une force qui ne feroit donc que fuffifante pour foutenir la maffe Q, en agiffant felon la direction *P p*, *Fig.* 14. ne le feroit plus fi elle fortoit de cette ligne; & elle le feroit d'autant moins, qu'elle

s'éloigneroit davantage en se plaçant
aux points *c*, *d*, *e*, *f*. Trois expériences rendront ces propositions évidentes.

III. EXPERIENCE.

PREPARATION.

La *Figure* **15**. représente une planche bien unie, & élevée verticalement
sur une base; en *F*, on a fixé une châsse
assez semblable à celle d'une balance, pour servir de soutien à un levier *G H*, qui s'y meut librement sur
deux pivots; *I K*, est une regle qui
glisse dans une coulisse, & qui porte
en son extrémité une poulie qui est
très-mobile. On fait passer sur cette
poulie un cordon fort menu qui tient
d'une part à l'extrémité *H* du levier,
& qui est garni par l'autre bout d'un
petit crochet qui sert à suspendre un
poids. Par le moyen de la poulie &
de la regle mobile sur laquelle elle
est fixée, on peut varier comme l'on
veut la direction du cordon, & par
conséquent celle de la puissance qu'on
y attache.

On met d'abord en équilibre deux

poids dans des directions perpendiculaires aux bras du levier ; & enfuite
en faifant paffer le cordon fur la poulie , on rend oblique la direction de
l'un des deux poids comme *a* P , ou
a D, *Fig.* 16.

EFFETS.

Lorfque la direction du cordon
n'eft plus perpendiculaire au levier,
l'effort de la puiffance P , ne fuffit
plus pour foutenir le poids de l'autre
part, & l'équilibre ne fe rétablit point
jufqu'à ce que le cordon revienne dans
la direction *a* C.

EXPLICATIONS.

Le poids étant en C , fait équilibre
à la réfiftance E , parce qu'il agit directement contr'elle ; car fa direction
a C, étant paralléle à *b* E , c'eft comme fi ces deux forces étoient toutes
deux oppofées dans la même ligne.
Ce levier du premier genre dont les
bras font égaux, ne fait rien autre
chofe que de mettre les deux forces
en oppofition : fi l'une des deux E ,
tendoit naturellement de bas en-haut,
on pourroit la placer en *a* , & l'é-

quilibre fubfifteroit de même entr'elles , pourvû que leurs directions reftaffent directement contraires. Cette oppofition directe eft donc une condition abfolument néceffaire : par conféquent , lorfque l'une des deux forces a fa direction perpendiculaire à l'un des bras du levier , toutes chofes égales d'ailleurs , il faut que l'autre, pour lui être égale , faffe auffi un angle droit avec l'autre bras ; & fi elle s'écarte de cette direction d'un côté ou de l'autre , fon effort doit être moins grand. Suppofons , par exemple , que la puiffance agiffe felon la ligne *a d* ; il eft évident que la réfiftance *E* , ne feroit nullement foutenue : elle le fera donc d'autant moins, que la direction de la puiffance fera plus inclinée au bras du levier par lequel elle agit, ou qu'elle s'écartera davantage de la ligne *a C* , perpendiculaire à ce même levier.

IV. EXPERIENCE.

PREPARATION.

Il faut mettre le levier *G H* , de la machine repréfentée par la *Fig.* 15.

dans une pofition oblique comme
h i, & fufpendre aux extrémités deux
poids égaux.

EFFETS.

La direction de la puiffance & de
la réfiftance, étant celle qui eft naturelle à tous les corps graves, eft
la même de part & d'autre ; elle forme avec le levier incliné, des angles
femblables, *l i F*, *h F k* ; cette égalité d'angles fubfifte, quelque dégré
d'inclinaifon qu'on faffe prendre au
levier, & les deux poids confervent
toujours leur équilibre.

EXPLICATIONS.

Lorfque le levier étoit horizontal
comme *G H**, la diftance perpendiculaire à la direction des puiffances
étoit la même que la longueur des
bras *E G*, *F H*, qui étoit égale de
part & d'autre ; le levier s'étant incliné comme *h i*, cette diftance à la
direction perpendiculaire de chaque
poids, a diminué des quantités *l H*,
k G ; mais ces quantités font égales
entr'elles, par conféquent les reftans
l F, *k F*, confervent entr'eux le mê-

* Fig. 15.

me rapport qu'auparavant; c'eſt pourquoi l'inclinaiſon du levier n'a rien
changé à l'équilibre des deux poids.

V. EXPERIENCE.

PRÉPARATION.

Par le moyen de la machine * qui
a ſervi dans les deux expériences précédentes , on met en équilibre deux
poids égaux aux bras d'un levier horizontal ; enſuite on fait paſſer le cordon qui ſuſpend l'un des deux poids
ſur la poulie K , que l'on fait avancer plus ou moins , pour donner à ce
poids ſucceſſivement les directions ,
a d , a f , Fig. 17.

* Fig. 15.

EFFETS.

Plus la direction de la puiſſance
devient inclinée au levier , plus il
faut ajouter à ſa maſſe pour la maintenir en équilibre avec celle de l'autre part : c'eſt-à-dire , que ſi elle étoit
d'une livre lorſqu'elle étoit dans une
direction perpendiculaire au levier ,
il en faut une & demie quand la direction eſt a d , & trois quand elle eſt
a f.

EXPLICATIONS.

Puifque l'effort de la puiffance eft le plus grand qu'il puiffe être, lorfqu'elle agit felon la direction *a P*, perpendiculaire au levier, comme nous l'avons prouvé par la troifiéme expérience ; c'eft une conféquence néceffaire qu'elle ait moins de force, lorfqu'on l'employe dans toute autre direction : & comme elle n'avoit qu'une force égale à la réfiftance, étant dans la pofition la plus avantageufe ; elle doit être infuffifante, lorfqu'elle reçoit les directions obliques *a d*, *a f* ; c'eft pourquoi l'on ne peut alors entretenir l'équilibre qu'en compenfant par une augmentation de maffe dans la puiffance, ce qu'elle perd par l'obliquité de fa direction.

Pour juger de cette diminution qu'il faut compenfer, ou pour connoître de combien la puiffance s'affoiblit par les différens dégrés d'obliquité qu'on fait prendre à fa direction, prolongeons ces directions par des lignes indéfinies *a i*, *a k*. Imaginons enfuite que le bras du lévier *a c*, tourne fur fon point d'appui, & qu'il

décrit

décrit une portion de cercle, *a g h i*
k; il y aura un point dans fa longueur
m ou *n*, fur lequel la direction prolongée tombera perpendiculairement :
c'eft donc fur ce point que la puiffance exerce toute fa force ; mais ce
point, comme l'on voit, n'eft plus à
l'extrémité du bras du levier ; fa diftance au point d'appui eft beaucoup
moindre ; en un mot, quand la direction de la puiffance eft oblique
comme *a d*, c'eft comme fi elle étoit
perpendiculaire au point *b* ; & lorfqu'elle agit par la ligne *a f*; elle n'a
que la force qu'elle auroit, fi elle
étoit fufpendue au point *e* : or ces
deux points *e*, *b* partagent ce bras
du levier en trois parties égales, &
puifque l'autre bras eft de même longueur, il a trois parties femblables à
celles-ci. La maffe *R*, étant d'une livre multipliée par trois de diftance
au point d'appui, donne 3, qui eft la
valeur de la réfiftance ; fi nous fufpendons une autre maffe en *b*, pour
fervir de puiffance, il faut qu'elle foit
d'une livre & demie, qui multipliée
par deux de diftance, égalera le produit de l'autre part : & fi nous la pla-

çons en *e*, la diftance au point d'appui n'étant plus que 1, il faut néceffairement 3 de maffe pour faire équilibre.

Ces maffes 1 livre $\frac{1}{2}$ & 3 liv. font, comme l'on voit, en raifon réciproque des diftances *b c*, *e c*, que l'on met entr'elles & le point d'appui ; elles ont auffi le même rapport avec les lignes *c m*, & *c n*, qui font doubles l'une de l'autre ; & comme celles-ci, font les finus des angles *a c m*, *a c n*, on peut comprendre d'une maniere plus générale tout ce que nous venons d'expliquer, par cette propofition : *les différens efforts d'une puiffance appliquée à l'extrémité d'un bras de levier felon différentes directions, font entr'eux comme les finus des angles que font ces directions avec le levier.*

Il fuit auffi de cette propofition, que l'effort de la puiffance eft le plus grand qu'il puiffe être quand la direction eft perpendiculaire au levier, comme nous l'avons déja prouvé * : car alors, elle fait un angle droit *P a c*, dont le finus eft *a c* ; c'eft-à-dire, le rayon même ou le bras entier du levier.

*III. Exp-
P. 35.

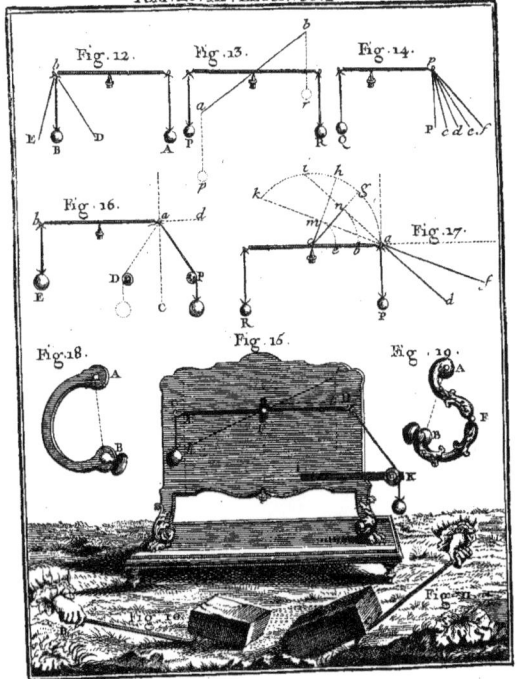

Fig. 12. Fig. 13. Fig. 14.

Fig. 15. Fig. 17.

Fig. 18. Fig. 16. Fig. 19.

APPLICATIONS.

Il y a quantité de machines & d'inf-trumens, qu'on fait mouvoir par le moyen d'un bras de levier, qu'on nomme *manivelle*.

Quelque figure qu'on lui donne, foit qu'on la courbe comme celle du gagne-petit, *Fig.* 18. & la plûpart de celles des rouets qu'on fait tourner avec le pied, foit qu'on la façonne en S, *Fig.* 19. comme le font ordinaire-ment celles des vielles ; elle fe réduit toujours à un bras de levier droit, dont la longueur eft déterminée par la diftance qu'il y a entre le manche *B* & l'œil *A*, qui reçoit le bout de l'arbre tournant.

Dans les cas où la réfiftance n'eft pas bien confidérable, il importe peu quel angle faffe la direction de la puiffance avec la ligne *A B* ; mais lorfqu'il faut mener de grandes mani-velles, avec beaucoup de force, on s'apperçoit bientôt que l'effort avec lequel on agit, n'a pas un avantage égal dans tous les points de la révo-lution. Cette inégalité vient des dif-férentes manieres dont la puiffance

D ij

se trouve dirigée au bras du levier pendant qu'il tourne : c'eſt ce que l'on concevra facilement, ſi l'on imagine que la manivelle *C H*, *Fig.* 20. reçoit ſon mouvement circulaire d'une régle *D H*, qui lui eſt jointe, & qui la pouſſe & la tire alternativement. Car ſelon ce que nous avons prouvé par la troiſiéme expérience, cette régle agit avec tout l'avantage qu'elle peut avoir, lorſqu'elle fait avec la manivelle un angle droit comme *C HD*, ou *C i k*, ſoit en pouſſant, ſoit en tirant. Mais lorſque la manivelle eſt aux points *b*, ou *e*, on voit que la direction de la puiſſance, repréſentée par la régle, fait avec elle des angles de plus en plus aigus, & que cette obliquité diminue beaucoup de l'effort.

Ce que nous diſons de la régle *D H*, il le faudroit dire du bras d'un homme, appliqué à une manivelle, s'il ne faiſoit que tirer & pouſſer dans la même direction : mais il fait plus; lorſque ſon effort s'affoiblit par une direction déſavantageuſe en pouſſant, il avance ſon corps, de ſorte qu'une partie de ſon poids ſe porte

dans la direction *b f*, ou *e g*; lorfqu'il
tire, il fe baiffe & fe renverfe un peu;
& par ces différens moyens, il redref-
fe, pour ainfi dire, la direction de
la puiffance, & l'angle qu'elle fait
avec la manivelle demeure plus ouvert qu'il ne le feroit, fans ces mouvemens du corps, qui fe font fans attention, & par des ouvriers les plus
groffiers, qui n'ont pris fur cela que les
leçons de la Nature & de l'habitude.

Mais ces fortes de mouvemens ne
fe font pas fans fatigue; il eft toujours
vrai de dire, que celui qui tourne la
manivelle, n'eft en pleine force que
dans certaines parties de la révolution : c'eft peut-être pour cette raifon que dans les machines qui fe
meuvent avec deux manivelles, on
eft dans l'ufage d'oppofer la longueur
de l'une à celle de l'autre, comme
E F, & *G H*, *Fig.* 21. afin que des
deux hommes qui les menent, l'un
fe trouve dans une pofition favorable, pendant que l'autre travaille
avec défavantage : mais cette difpofition ne me paroît pas la meilleure
qu'elle puiffe être : j'aimerois mieux
que les deux manivelles fiffent en-

semble un angle droit, que d'être opposées directement. Car si l'on partage la révolution entiere en quatre quarts, on peut voir par la *Figure* 20. qu'un homme qui éléve la manivelle d'*l* en *m* par l'action des muscles, ou qui l'abaisse de *b* en *n* par l'effort de son poids, a beaucoup plus de force que quand il la porte en avant d'*m* en *b*, ou qu'il la tire à lui d'*n* en *l* : mais ces deux dernieres parties comme les premieres, sont directement opposées entr'elles ; quand on oppose de même les deux manivelles, ceux qui les font agir, se trouvent donc en même tems en pleine force, & en même tems aussi dans les positions les moins favorables : la même chose n'arriveroit pas, si les manivelles faisoient entr'elles un angle droit, l'un des deux parcourroit l'arc *l m*, pendant que l'autre passeroit par l'espace *m b*.

Pour changer la direction du mouvement, il arrive souvent, qu'au lieu d'employer un levier droit, on dispose les deux bras de maniere qu'ils font un angle au point d'appui, comme *I K L*, *Fig.* 22. Ces leviers angulaires, qu'on nomme auffi *manivelles coudées*, font fort en ufage pour les pompes, pour les mouvemens des fonnettes qu'on place dans les appartemens, pour la fonnerie des horloges & des pendules, & dans une infinité d'autres occafions où l'action du moteur ne peut fe tranfmettre que par des voies indirectes. Ils ont les mêmes propriétés qu'un levier droit ; car lorfqu'en tournant, ces deux bras difpofés en équerre fe trouvent obliques aux directions $m l$, $i n$, de la puiffance & de la réfiftance, cette obliquité eft égale de part & d'autre ; $o K l$, $i K h$, font femblables ; en un mot, les diftances du point d'appui K, aux directions perpendiculaires, $m o$, $i h$, font entr'elles dans les mêmes rapports que $L K$, & $I K$.

Ce que nous avons nommé jufqu'ici, le point d'appui, doit être confidéré comme une troifieme puiffance qui fait équilibre à la force motrice ou à la réfiftance, ou qui concourt avec l'une des deux pour porter l'effort de l'autre : dans les leviers du premier genre, par exemple, le point d'appui foutient l'effort des deux forces qui font oppofées de part & d'autre ; dans ceux du fecond & du troifieme genre , il ne porte qu'une partie de l'une des deux.

Ce n'eft pas toujours un point fixe & inébranlable qui fert d'appui ; le plus fouvent ce font des corps fléxibles ou qui peuvent s'écrafer , ou bien des corps animés , dont la réfiftance n'eft point à l'épreuve de tout effort. Lorfqu'une poutre , par exemple , repofe par fes extrémités fur les deux murs d'un bâtiment , fon propre poids ou celui dont elle eft chargée , les feroit s'écrouler s'ils n'étoient bâtis affez folidement. Les mulets qui portent des brancarts fuccombent fous la charge quand elle excéde leurs forces. Il eft donc important de fçavoir de combien eft chargé le point d'appui , ou ce qui en fait l'office , lorfque deux autres forces agiffent l'une contre l'autre fur le même levier, afin de le pouvoir mettre en proportion avec l'effort qu'il doit foutenir : & comme ce point d'appui pourroit bien être de nature à ne pas réfifter également dans toutes fortes de directions, il faut examiner

miner auſſi comment ſe dirige l'effort
qu'il ſoutient par les différentes directions qu'on peut donner à la puiſſance & à la réſiſtance. Nous avons
fait voir précédemment , que l'action d'une puiſſance quelconque appliquée au bras d'un levier, réſulte
de deux choſes : 1°. De ſa maſſe ,
ou du poids auquel elle équivaut ,
ſi c'eſt un reſſort , l'effort d'un animal , ou toute autre force qui n'agit
point en vertu de la peſanteur : 2°. De
ſa diſtance au point d'appui ; & nous
avons fait connoître d'où il faut
compter cette diſtance. * L'effort
qui vient de la maſſe & qu'on peut
nommer *abſolu*, eſt limité ; une livre ,
ou l'action d'une puiſſance équiva-
lente à une livre , lorſqu'elle péſe
ſur le bras d'un levier, dans la direction la plus avantageuſe , ne peut
que faire équilibre à un pareil poids
qui lui eſt oppoſé avec les mêmes
circonſtances. Mais l'effort qui vient
de la diſtance au point d'appui peut
croître à l'infini ; de ſorte que ſi l'un
des deux bras étoit 100 fois auſſi long
que l'autre , une livre deviendroit
équivalente à 100. Quelle ſera donc

* *V. Expé*
Fig. 17.

la charge fur le point d'appui, premiérement, s'il y a équilibre avec égalité de maffe ; fecondement , fi les
maffes ou les forces font en équilibre
par l'inégalité de leurs diftances au
point d'appui ?

Pour répondre à la premiére queftion, je dis que fi les directions de
la puiffance & de la réfiftance font paralléles entr'elles, le point d'appui
fe trouve chargé de la fomme des
deux forces abfolues, & fon effort fe
fait dans une direction paralléle à
celles de la puiffance & de la réfiftance.

Mais fi les directions des deux forces oppofées font inclinées l'une à
l'autre , le point d'appui ne porte
qu'une partie de leur effort abfolu ;
il en porte d'autant moins qu'elles
font plus inclinées au levier ; & fa réfiftance tend au point de concours
de ces deux directions : deux expériences ferviront d'éclairciffemens &
de preuves.

VI. EXPERIENCE.

PRÉPARATION.

Au revers de la machine qui eft re-

présentée par la *Figure 15.* on a fixé ,
à deux pouces de distance du plan ,
les poulies *A & B* , *Fig. 23.* qui font
très-mobiles fur leurs axes ; & par le
moyen desquelles on fufpend horizontalement un levier d'acier *D E* ,
que l'on tient en équilibre avec les
deux petits poids *p* , *r* ; on fufpend enfuite au poids *C* un poids de 4 onces ,
& aux bouts des cordons deux autres poids , *P* , *R* , qui péfent chacun
2 onces.

E F F F T S.

Tout étant ainfi difpofé , le poids
qui eft en *C* tient les deux autres *P* , *R* ,
en équilibre ; fi l'on ôte les deux petits , *p* , *r* , le poids de 4 onces defcend par la ligne *C I* ; il remonte au
contraire par la ligne *C F* , fi l'on
ajoute également aux maffes *P* , *R*.

VII. EXPÉRIENCE.

P R E P A R A T I O N.

Cette expérience fe prépare comme la précédente , excepté que le
levier *I K* , *Fig. 24.* eft plus court que
D E ; *Fig. 23* , & que le poids *L* n'eft
que de 3 onces.

E ij

EFFETS.

Les deux directions KN, IQ, des deux puissances P, R, étant obliques au levier, à quelque dégré d'obliquité que ce soit, le poids L est toujours moindre que 4 onces pour faire équilibre aux deux autres qui pesent chacun deux onces : si les directions KN, IQ, déviennent moins obliques au levier, comme NO, QS, il faut augmenter la masse L pour conserver l'équilibre ; & quand ce poids descend ou remonte, c'est toujours par la ligne LM.

EXPLICATIONS.

Dans ces deux dernieres expériences, on peut regarder le poids P comme la puissance, R comme la résistance, & la masse qui est suspendue au point C, ou L, comme la valeur de l'effort qui se fait au point d'appui lorsque tout est en équilibre ; car il est évident que sans ce dernier poids, le levier seroit emporté de bas en haut par les deux autres puissances. Or il faut 4 onces au point C, quand les deux masses P, R, font chacune

de deux onces, & que leurs actions
font toutes deux dans des directions
perpendiculaires au levier, comme
A D, *B E* * ; nous avons donc eu raifon de dire, qu'en pareil cas le point
d'appui eft chargé de la fomme totale de la puiffance & de la réfiftance ; & puifque le poids qui repréfente
l'effort du point d'appui fe meut dans
la ligne *I F*, quand il devient plus fort
ou plus foible ; c'eft une marque qu'il
agit fuivant cette direction, qui eft,
comme nous l'avons annoncé, paralléle à celles de la puiffance & de
la réfiftance.

IX. Leçon. * Fig. 23.

Dans l'autre expérience, on voit
encore la preuve de ce que nous
avons avancé ; le poids qui fuffit pour
arrêter le point *L* du levier contre les
efforts qui fe font en *I* & en *K*, n'eft
jamais de 4 onces, comme il faut
qu'il le foit, quand les directions des
puiffances font perpendiculaires au
levier ; ce qui prouve bien que le
point d'appui n'eft plus chargé de la
fomme entiere des deux maffes *P*, *R* ;
& cela doit être ainfi, puifque, comme nous l'avons prouvé & expliqué,
l'action d'une puiffance eft d'autant

diminuée, que fa direction eft oblique au bras du levier par lequel elle
agit : enfin l'effort du point d'appui
fe dirige au point *M*, parce que c'eft
là que fe réuniffent, par leurs ten-
dances, les deux forces aufquelles il
réfifte.

Quant à la feconde queftion, fçavoir quel eft l'effort qui fe fait fur le
point d'appui lorfque la puiffance &
la réfiftance fe mettent en équilibre
par des diftances inégales entr'elles
& le point d'appui : je réponds que cet
effort n'eft jamais plus grand que la
fomme des forces abfolues ou des
maffes qui font oppofées ; c'eft-à-dire, que fi le poids d'une livre en foutient un de 12, parce qu'il agit par
un bras de levier qui eft douze fois
plus long que celui de l'autre part,
le point d'appui ne peut jamais être
chargé que de 13 livres, & non pas
de 24 ; & fon effort fe dirige comme
dans les cas précédens, parallélement aux directions des forces qu'il
foutient, fi ces directions font paralléles entr'elles ; ou bien directement
au point de leur concours, fi elles
font inclinées l'une à l'autre.

VIII. EXPERIENCE.

PREPARATION.

Sur une même bafe *A B*, *Fig.* 25. on a élevé deux piliers qui gliffent dans deux mortaifes, de maniere qu'ils peuvent s'approcher & s'écarter l'un de l'autre ; *C, C*, font deux poulies, fur chacune defquelles paffe un petit cordon pour foutenir une petite tringle d'acier *E E*, par le moyen des deux petits poids *D, D* ; la piéce *F G*, eft une verge de fer qui eft un peu entaillée en-deffous aux $\frac{3}{4}$ de fa longueur, & qui, par le moyen d'un poids que l'on attache en *F*, fe met en équilibre avec elle-même, & avec les petits poids *D, D*, que l'on augmente autant qu'il le faut pour cet effet.

On fufpend d'abord en *F*, un poids de 6 onces ; en *G*, un autre poids de 2 onces ; & l'on ajoute aux petits contre-poids qui font en *D, D*, deux maffes de 4 onces chacune. Voyez la *Fig.* 26, où l'on a repréfenté, par des lettres de mêmes noms, celles de ces quantités feulement qui intéreffent la théorie. E iiij

EFFETS.

Il y a équilibre par-tout: 1°. Entre les deux maffes inégales qui font appliquées au levier fg ; 2°. Entre ce levier qui eft ainfi chargé, & les deux poids d, d, qui foutiennent le point d'appui ee, ou plutôt, qui repréfentent fon effort ; & fi l'on fouleve un peu ces deux derniers poids, auffi-tôt le point d'appui defcend par la ligne eK.

IX. EXPERIENCE.

PREPARATION.

Il faut écarter l'un de l'autre les deux piliers A, B, de la machine que nous avons décrite *, enforte que la direction du cordon de chaque côté devienne oblique au levier, comme ce, ce, *Fig.* 27 ; enfuite la verge fg, ayant été avancée jufques aux deux tiers de la longueur de la tringle d'acier ee, on met en L & en M des maffes telles qu'il les faut pour tenir le tout en équilibre.

Fig. 25.

EFFETS.

Alors le poids L fe trouve être de

8 onces, & celui qui eſt en *M*, de 4
onces, ce qui fait en ſomme 12 onces
de maſſe ; & lorſqu'on diminue cette
quantité, ou qu'on ſouleve ces deux
poids, le point d'appui *H* deſcend
en ſuivant la ligne *H I*, ce qui s'apperçoit facilement, ſi l'on place derriere un fil à plomb. La même choſe
arrive, ſi l'on met en *H* un poids de
8 onces au lieu du levier *f* g chargé
de ſes deux poids.

Explications.

Dans la huitiéme expérience, il y
a équilibre entre une maſſe de 6 onces & une autre de 2 onces ; parce
que celle-ci qui n'eſt que le tiers de
l'autre eſt trois fois autant éloignée
qu'elle du point d'appui ; & nous
avons fait voir qu'en pareil cas l'excès
de vîteſſe d'une part, compenſe l'excès de la maſſe de l'autre part : mais
quoiqu'une puiſſance augmente à meſure que le bras du levier devient plus
long, il ne paroît pas que cet accroiſſement charge aucunement le point
d'appui, puiſque l'effort qui ſe fait en
g *, quoiqu'équivalent au poids de

* Fig. 26.

6 onces qui péfe en f, ne produit point en e la fomme de 12, mais feulement celle de 8, exprimée par les deux poids d, d, de 4 onces chacun, & égale aux deux maffes qui font en équilibre aux bras du levier fg. La même chofe fe prouve encore plus directement par la neuviéme expérience, puifqu'en fubftituant en H * un feul poids qui égale en maffe celle du levier chargé, les mêmes effets fubfiftent.

Fig. 27.

Si rien ne foutenoit le levier, * que les deux puiffances reftaffent en équilibre entr'elles, & perpendiculaires aux extrémités f & g : il eft évident que tous les points compris entre ces deux derniers, tomberoient par des lignes paralléles à celles des puiffances ; & c'eft ce que l'on voit arriver lorfqu'on fouleve un peu les deux poids d, d : le point d'appui defcend par la ligne $e \, K$; cette ligne exprime donc fa tendance de bas-enhaut, ou la direction de fon effort.

Fig. 26.

On peut dire auffi que fi ces puiffances cédoient de part & d'autre à l'effort qui fe fait au point H, * pourvû qu'en cédant elles ne changeaffent

Fig. 27.

point de rapport, les deux extrémités du levier décriroient en defcendant, les parallèles *e N, e O*, & le
point d'appui fe trouveroit toujours
dans la ligne *H I*; fon effort fe fait
donc dans cette ligne où les directions
des puiffances fe joignent lorfqu'elles font inclinées entr'elles.

APPLICATIONS.

Puifque l'on peut fçavoir combien
il fe fait d'effort fur un appui, ou fur
tout ce qui en fait l'office, lorfque
l'on connoît la valeur abfolue des
puiffances & leurs directions à l'égard
du levier, par lequel elles agiffent ;
on peut donc prévenir les accidens
qui pourroient naître des difpropor-
tions, ou mettre à profit des forces
qu'on regarderoit comme infuffifan-
tes fi l'on ne fçavoit pas les appliquer
avec tout l'avantage qu'elles peuvent
avoir.

Que l'on place, par exemple, une
charge de 200 livres au milieu d'un
levier dont les extrémités repofent
fur les épaules de deux hommes ; ces
deux appuis fuffiront au fardeau, fi
chacun des porteurs eft capable de

soutenir 100 livres. Mais si l'un des deux n'en peut porter que 50, quand bien même l'autre pourroit suffire à un effort de 150 livres, le plus foible ne succombera pas moins, tant que le fardeau sera à égales distances entre son collégue & lui ; & tous deux deviendront inutiles pour l'ouvrage qu'on en attendoit. Mais que l'on place la charge plus loin du porteur le plus foible, & que les bras du levier devenus inégaux, soient en raison réciproque des efforts dont les deux hommes sont capables ; & alors le fardeau sera soutenu, comme il auroit pû l'être d'abord par deux autres hommes qui auroient pû suffire chacun à un effort de 100 livres.

Qu'un Charpentier porte une solive, c'est toujours à peu-près par le milieu de la longueur qu'il la pose sur son épaule : en la plaçant ainsi, il ne porte que le poids de la piéce de bois, parce que les deux bouts qui passent de part & d'autre, se font équilibre réciproquement ; & le point d'appui n'est chargé que de la somme totale des deux masses. Mais s'il la posoit aux deux tiers, ou aux trois

quarts de fa longueur, il feroit obligé, pour l'empêcher de tomber, de
la retenir avec fes bras par le bout le
plus court ; & cet effort feroit équivalent à un poids qui feroit équilibre
avec l'excès de longueur que la fo-
live auroit du côté oppofé : l'épaule
du porteur feroit donc inutilement
chargée de cette quantité de plus.

Ces deux exemples que je viens de
citer font fi fimples, & fe rencontrent fi fréquemment, que la plupart
de ceux qui nous donnent lieu de les
remarquer, fuppléent au raifonnement par l'habitude & par le feul inf-
tinct de la nature. Mais il y a une infinité de cas où l'on a befoin d'être
inftruit & de réfléchir, & où l'on
ne réuffit que par une application
raifonnée de ces mêmes principes
dont nous avons naturellement une
idée confufe.

Ce n'eft auffi qu'en réfléchiffant fur
ces loix de la nature, qu'on peut fe
rendre compte d'un nombre infini de
précautions & d'ufages que nous a-
doptons dès l'enfance, ou que nos
befoins & la feule induftrie ont fait
naître.

Pourquoi, par exemple, un homme qui tire un bateau ou quelque fardeau attaché au bout d'une corde, se penche-t-il en avant ? c'est qu'il appuie l'action des muscles sur une partie du poids de son corps pour vaincre la résistance contre laquelle il agit. Mais s'il manque de point fixe, si celui qu'il a ne l'est point assez, soit par sa nature, soit par une direction désavantageuse ; s'il marche sur un plan mobile, tel qu'un bateau qui n'est point arrêté ; s'il est sur un terrein glissant ou incliné ; toutes ces causes, qui se réduisent à un défaut d'appui, rendent ses efforts inutiles, ou en diminuent les effets.

C'est pour prévenir des inconvéniens de cette espéce, que l'on jette de la cendre ou du fumier, sur les endroits fréquentés qui sont couverts de verglas, & que dans les grands hyvers on met des pointes aux fers des chevaux, ce que l'on nomme, *ferrer à glace.* Sans cette pointe ou talon que l'on pratique aux patins pour piquer la glace, où pourroit-on prendre son point d'appui pour s'élancer sur un plan dont l'avantage le plus considérable est de n'avoir aucune inégalité qui puisse arrêter le pied ? Les peuples du Nord qui sont obligés le plus souvent de voyager sur la neige, marcheroient sur un appui qui ne seroit point assez fixe, s'ils ne prenoient la précaution de se mettre aux pieds des espéces de raquettes, beaucoup plus larges que la semelle de nos souliers, par ce moyen ils s'appuyent en marchant sur une plus grande partie du plan, ce qui supplée à son défaut de solidité.

IX.
LEÇON.

Quand des chevaux tirent une voiture en montant, ce qui les fatigue, n'est pas seulement le poids de la charge qui est alors moins soutenue par le terrein, c'est encore l'inclinaison de ce terrein qui leur présente le point d'appui dans une direction fort oblique à celle de leur effort ; car leurs jambes, en se roidissant contre le terrein, s'inclinent dans le même sens que lui ; & l'on conçoit bien que plus elles approchent du parallélisme, moins les pieds sont appuyés : c'est pourquoi l'on pratique souvent dans ces sortes de chemins certaines inégalités qui facilitent le tirage ; sem-

blables à peu-près aux marches de nos
efcaliers, qui préfentant un plan horizontal à l'effort du pied qui fe fait
dans une direction prefque verticale,
réfiftent beaucoup mieux que ne
pourroient faire des portions du plan
incliné fur lefquelles elles font établies.

Ceux qui font dans l'ufage de tourner doivent fçavoir combien il eft
néceffaire qu'un levier foit bien appuyé, pour foutenir les efforts oppo-
fés de la puiffance & de la réfiftance :
car qu'eft-ce qu'un cifeau, une gouge,
un burin, finon un levier du premier
genre appuyé fur un fupport, & dont
la main du tourneur porte le tranchant ou la pointe contre un morceau
de bois, de cuivre, de fer, &c ? Si
le fupport n'eft pas bien ferme par
lui-même, s'il n'eft pas proportionné
aux efforts qu'il doit foutenir, fi fa
pofition, ou celle de l'outil qu'il foutient, donne à fa réfiftance une direction défavantageufe, il en réfulte,
comme l'on fçait, beaucoup de mauvais effets ; les matiéres dures fe tournent par ondes, (ce qu'on appelle,
guillocher,) celles qui font tendres
s'arrondiffent

s'arrondiſſent imparfaitement, l'outil s'engage, & fait de faux traits ; en un mot, c'eſt un défaut eſſentiel dans un tour, lorſque ce qui doit ſervir d'appui aux outils, manque ou de ſolidité ou des mouvemens néceſſaires pour lui donner les directions les plus convenables ; & celui qui ne ſçait pas placer le ſupport avantageuſement, n'eſt point un habile tourneur.

DES MACHINES.

Qui ſont compoſées de Leviers, ou qui agiſſent comme des Leviers.

Les leviers entrent dans la conſtruction d'un ſi grand nombre de machines, qu'il ne ſeroit pas poſſible de les y faire remarquer par un détail exact. Les Auteurs qui ont traité le plus amplement des méchaniques, ſe ſont diſpenſés avec raiſon, de cet examen ſuperflu, & ſe ſont contentés, après avoir établi les principes, d'indiquer par quelques exemples choiſis, l'application qu'on en fait dans les Arts : les bornes que nous nous ſommes preſcrites, exigent que nous en uſions avec encore plus de

Tome III.   E

réferve ; c'eft pourquoi nous ne parlerons ici que des machines les moins
compofées, de celles qui s'éloignent
fi peu de la fimplicité du levier, qu'on
les compte quelquefois au nombre
des machines fimples.

De la Balance commune, & de la Romaine.

La balance ordinaire repréfentée
par la *Figure* 28. eft une machine qui
fert à mettre en équilibre deux quantités égales de matiere, de forte que
fi l'on connoît le poids de l'une, on
fçait, par ce moyen, combien péfe
l'autre.

Cette machine eft compofée d'un
fléau A B, dont la longueur eft partagée en deux parties égales par un
axe ; de deux *baffins C*, *D*, fufpendus
aux deux extrémités des bras du fléau,
& d'une *chaffe E F*, qui fert d'appui
à l'axe, où eft le centre du mouvement.

On reconnoît facilement que cette
balance n'eft autre chofe qu'un levier partagé en deux bras égaux par
fon appui, & chargé des efforts d'une

puissance & d'une résistance dont les directions sont paralléles entr'elles, & perpendiculaires à sa longueur, lorsqu'il est horizontal comme *A B*; ou faisant avec elle des angles égaux de part & d'autre, lorsqu'elle est inclinée comme *a b*; de sorte que s'il étoit possible de faire une balance d'une matiere infléxible & sans pesanteur, nous aurions peu de choses à ajouter à ce que nous avons dit & prouvé précédemment. Mais comme la nécessité où l'on est de faire le fléau de quelque matiére dure, telle que du fer ou du cuivre, & de lui donner une figure & des dimensions qui l'empêchent de plier, fait quelquefois perdre de vûe ce que prescrit la théorie; je crois qu'il est à propos d'examiner en peu de mots ce qui peut rendre une balance juste ou défectueuse.

Les qualités essentielles d'une balance sont, 1°. d'être bien mobile, c'est-à-dire, que la plus petite différence entre les deux quantités de matiére dont elle est chargée fasse trébucher le fléau, afin qu'on puisse regarder son état d'équilibre, comme le figne certain d'une égalité parfaite dans les maffes de part & d'autre : 2°. Que fes bras foient toujours bien égaux ; car s'ils ne le font pas, ils mefureront des diftances inégales du point d'appui aux points de fufpenfion où fe font les efforts des puiffances, & deux maffes égales ne pourront point s'y mettre en équilibre : 3°. Que les bras foient dans une même direction ; car autrement il fera difficile de juger s'ils font des angles égaux de part & d'autre avec les directions des puiffances. Il n'eft point facile de concilier enfemble ces trois points de perfection ; il fe rencontre, dans la conftruction de l'inftrument, plufieurs difficultés à vaincre ; & dans l'ufage même, une balance exige des attentions fans lefquelles la plus exacte ceffe de l'être.

La mobilité d'une balance dépend principalement de trois chofes ; fçavoir, du plus ou moins de frottement qui fe fait à l'axe ; car on fçait que c'eft un obftacle au mouvement ; de la pofition du centre de péfanteur qui peut être placé hors du centre de mouvement ; & de la longueur des

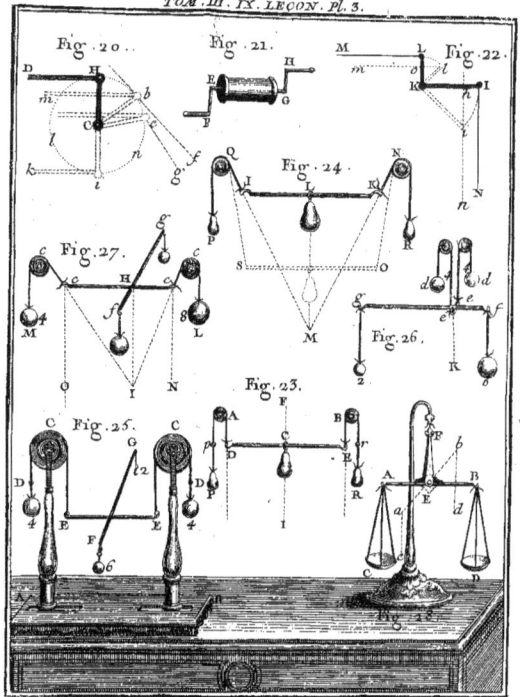

bras, puisqu'un très-petit poids peut
faire un grand effort, étant fort éloigné du point d'appui.

Pour rendre la balance plus mobile par la diminution du frottement,
il faut que la pression au point d'appui soit la moindre qu'il est possible:
& c'est pourquoi l'on fait très-léger
le fléau des balances d'essais, où l'on
a besoin d'une très-grande mobilité:
mais il faut prendre garde aussi qu'é-
tant trop foible il ne plie sous la
charge des bassins ; car sa courbure
auroit d'autres inconvéniens dont
nous ferons bien-tôt mention. C'est
encore dans la vûe de diminuer le
frottement de l'axe, qu'on le fait un
peu en couteau : & cette pratique est
bonne , pourvû cependant que l'endroit du trou sur lequel il porte, soit
comme lui très-dur ; car autrement,
ou il se creuseroit avec le tems , ou
il s'écraseroit lui-même ; & sa mobilité, au lieu d'être augmentée, dimi-
nueroit considérablement.

Si le fléau de la balance est suspendu par le centre de sa pesanteur,
ses deux bras seront toujours en équilibre, dans quelque situation qu'on

les mette ; & pour peu que l'un des deux foit plus chargé que l'autre, la balance trébuchera : cette extrême mobilité devient incommode dans l'ufage ordinaire , parce qu'il faut beaucoup de tems & d'attention pour charger les baffins avec une égalité auffi parfaite qu'il le faudroit pour les tenir en équilibre ; c'eft pourquoi l'on a coutume de placer le centre du mouvement au-deffus de celui de la pefanteur. On peut voir, par la *Fig.* 29. avec quelle réferve il faut ufer de ce correctif, qui n'eft, à proprement parler, qu'une imperfection mife à deffein ; car fi le triangle *A B C* repréfente un fléau de balance mobile fur le point *C*, & qu'on lui faffe prendre une fituation inclinée comme *a b*, le centre de pefanteur qui eft dans la ligne *CD*, quand les deux bras font dans un plan horizontal, fe trouvera alors dans la ligne *C d*, & fera effort pour revenir dans la ligne verticale qu'il a quittée; s'il eft libre d'y revenir, l'accélération de fa chûte le fera paffer outre, il viendra en *f*; & c'eft ce qui caufe ces balancemens qu'on remarque à tous les fléaux, & qui

n'auroient pas lieu fi le centre de pefanteur n'étoit plus bas que le centre
de mouvement.

Puifque de tels fléaux ne peuvent
s'incliner fans que le centre de pefanteur fe déplace, & que ce déplacement ne peut fe faire fans un effort
particulier, il eft évident que cette
conftruction ôte à la balance une partie de fa mobilité, & qu'on ne doit
éloigner le centre du mouvement
que le moins qu'il eft poffible de celui de la pefanteur, fur-tout lorfque
cet inftrument doit fervir à pefer des
marchandifes précieufes dont les
moindres quantités intéreffent.

La longueur des bras contribue
auffi à la mobilité de la balance, par
la raifon que nous avons dite : c'eft
un moyen qui pourroit par lui-même
rendre fenfible le poids des plus petites portions de matiere ; mais un
fléau de balance ne peut acquérir une
plus grande longueur, qu'en devenant ou plus pefant ou plus flexible ;
l'un & l'autre font à craindre : le premier, parce qu'il augmente le frottement par une plus grande preffion
à l'axe : le fecond, par des raifons
que nous allons rapporter.

La feconde condition que nous avons exigée pour faire une balance exacte, c'eft que fes deux bras foient parfaitement égaux; or ce n'eft point affez qu'ils le foient quand on conftruit l'inftrument, il faut de plus qu'ils ne ceffent point de l'être dans l'ufage. Si le fléau n'a pas toute la roideur néceffaire, il fe courbe fous la charge des baffins; & cette courbure, quelque petite qu'elle foit, diminue la mobilité, & jette de l'incertitude fur les effets de la balance. Car premiérement, fi la ligne droite *AB*, *Fig.* 30. devient courbe comme *aCb*, les courbures de part & d'autre fe réduifent aux deux lignes droites *aC*, *Cb*, & forment, avec la ligne *ab*, un triangle auquel on peut appliquer ce qui a été dit de celui qui eft repréfenté par la *Figure* 29. Secondement les directions des puiffances *af*, *bg*, ne font plus des angles droits avec les bras courbés du fléau. A la vérité, ceci n'eft point un inconvénient, fi ces angles, quoique différens de ce qu'ils étoient, font toujours femblables entr'eux; & c'eft pour s'en affurer qu'on éléve une aiguille à angles

gles

gles droits fur le milieu du fléau. Si
la chaffe eft fufpendue librement ,
elle prend d'elle-même une direction
verticale qui fait connoître quand
l'aiguille eft perpendiculaire au plan
de l'horizon ; & alors on juge que les
deux bras de la balance font des angles femblables , avec les directions
des puiffances dont ils font chargés ;
mais cela fuppofe, comme l'on voit,
ou que le fléau eft demeuré droit, ou
qu'il s'eft courbé également de part
& d'autre ; car fi la partie *C b* a plié
davantage que celle de l'autre part ,
la ligne fera plus courte que *a C*, &
fon inclinaifon ne fera pas la même.

Cette différence d'inclinaifon
qu'on doit appréhender, fi le fléau eft
fléxible , & la difficulté d'en eftimer
le plus & le moins dans la pratique,
font des raifons fur lefquelles j'établis la troifiéme condition : fi, par
le choix de la matiere , par la façon
de la travailler , par une figure ou par
des dimenfions bien ménagées, on
conftruit une balance de maniere que
fes bras foient infléxibles , fans préju-
dicier aux autres qualités néceffaires ,
ils feront toujours dans une même

direction, & leur équilibre dépendra uniquement de l'égalité des masses dont ils seront chargés : cela ne doit s'entendre cependant que du fléau seul, & lorsqu'il n'est pas chargé de ses bassins ; car les points de suspension changent de place quand le fléau s'incline, & par cette raison l'une des puissances s'approche, & l'autre s'éloigne du point d'appui, comme on le verra par la *Fig.* 31.

Soient *A B*, les deux trous où l'on attache les crochets ou anneaux qui suspendent les bassins : tant que le fléau est horizontal, les points de suspension sont en *a* & en *b*, à égales distances du centre du mouvement ; mais s'il s'incline comme *D E*, les anneaux glissent, & l'un des deux se trouve en *d*, plus loin, & l'autre en *e*, plus près qu'il n'étoit du centre de mouvement. C'est par cette raison qu'un fléau seul fait beaucoup de balancemens, & qu'il en fait moins, quand il est chargé de ses bassins, sur-tout s'il s'incline considérablement, parce qu'alors il perd entiérement son équilibre.

On peut remarquer aussi que com-

me on fait ordinairement de grands
trous pour donner plus de liberté aux
anneaux, quoique leurs centres foient
dans la même ligne que celui de l'a-
xe, les deux bras du fléau, qui font,
à proprement parler, les deux lignes
a c, *b c*, ne font pas pour cela dans
la même direction ; & c'eft une chofe
à laquelle on doit avoir égard dans
la conftruction des balances, puifque cela feul peut être caufe que le
centre de pefanteur fe trouve hors
du centre de mouvement (*a*).

L'aiguille que l'on place fur le fléau
pour connoître quand il eft dans une
direction horizontale, pefe en partie
fur l'un des deux bras, quand la balance s'incline, comme il paroît par
la *Figure* 32 ; & par cette raifon, toutes les fois qu'elle paffe la ligne verticale d'un côté ou de l'autre, elle
feroit caufe d'erreur fi l'on ne préve-
noit cet inconvénient par un contre-

(*a*) Pour remédier à ces inconvéniens, les
bons ouvriers pratiquent aujourd'hui, à chaque
extrémité du fléau, une boucle divifée en deux
par une traverfe, dont le bord fupérieur un peu
concave eft taillé en couteau, pour recevoir
l'anneau ou l'*S* qui porte les cordons du baffin.
Voyez la figure 31 *.

poids *h i*, que l'on ménage dans la partie oppofée fous le fléau ; mais ce contrepoids n'empêche qu'une partie du mal , s'il n'eft d'une pefanteur parfaitement égale à celle de l'aiguille , ce qui n'eft point facile , quand le fléau *m n*, l'aiguille *k l*, & le contrepoids *h i*, font d'une même piéce , comme cela fe fait ordinairement.

La balance la mieux faite pourroit manquer d'exactitude par la maniere dont elle feroit mife en ufage : elle pourroit , par exemple , n'être plus affez mobile , & même devenir fauffe, par inégalité de longueur dans fes bras , fi l'on ne proportionnoit pas à la force du fléau les maffes dont on charge les baffins; car alors une grande preffion à l'axe y cauferoit trop de frottement , & les bras pourroient fe courber , ce qui feroit équivalent aux défauts qui naîtroient d'une mauvaife conftruction. On courroit rifque auffi de prendre pour équilibre ce qui ne le feroit pas , fi la chaffe mal fufpendue , ou gênée , ne prenoit pas une direction verticale ; car alors le fléau pourroit n'être pas horizontal fans qu'on s'en apperçût; & l'on a pû

voir, par tout ce qui a été dit ci-deffus,
que cette pofition eft celle où il y a
le moins à craindre d'équivoque : elle n'en eft pourtant pas abfolument
exempte ; on peut faire une balance
fauffe à qui l'on confervera cette propriété d'être en équilibre avec elle-
même dans une direction horizontale : un des deux bras peut être plus
court, mais auffi pefant que l'autre :
tant que les baffins feront vuides, l'é-
quilibre fubfiftera ; mais s'ils font
chargés de quantités égales de matiere, celui qui fera fufpendu au plus
long bras l'emportera fur l'autre ; car
des poids égaux ne peuvent point
être en équilibre, qu'à des diftances
égales du point d'appui.

La balance Romaine, ou pefon
qu'on a repréfenté par la *Fig.* 33, eft
encore un levier du premier genre,
qui différe de la balance ordinaire en
ce qu'il met en équilibre deux puiffances fort inégales entr'elles : un feul
poids *P*, que l'on met à différentes
diftances de l'axe ou point d'appui *C*,
fert à pefer des quantités beaucoup
plus grandes les unes que les autres,
que l'on attache au crochet *R* ; par-

G iij

ce que le bras de levier *C H* étant gradué, & la puiffance *P* étant connue, on fçait combien la réfiftance a plus de maffe, par la différence qu'il y a dans les diftances comprifes entre l'une & l'autre, & le point d'appui.

Nous ne nous arrêterons pas beaucoup à cet inftrument, parce qu'on y peut appliquer prefque tout ce qui a été dit ci-deffus touchant la balance ordinaire ; on remarquera feulement que le pefon eft d'un ufage commode, en ce que n'ayant befoin que d'un feul poids qui n'eft pas confidérable, il eft très portatif en petit; & quand on l'employe en grand fur des maffes qui font très-pefantes, & qu'on ne peut pas divifer, on eft difpenfé d'avoir un grand nombre de poids difficiles à raffembler, & le point fixe en eft beaucoup moins chargé ; mais il faut obferver auffi que cet inftrument ne peut pas fervir à pefer exactement de petites quantités, parce qu'il n'eft point affez mobile, ce qui vient principalement de ce qu'un de fes bras eft fort court.

DES POULIES.

La poulie, *Fig.* 34. eft un corps rond & ordinairement plat, mobile fur fon centre *C*, & dont la circonférence extérieure eft creufée *en gorge* pour recevoir une corde ou une chaîne à laquelle on applique d'une part la puiffance *E*, *F* ou *G*, & de l'autre la réfiftance R.

Il faut ou que la corde mene la poulie, ou que la poulie mene la corde ; c'eft pourquoi quand on a lieu de craindre que celle-ci ne gliffe fur l'autre, on creufe la gorge en forme d'angle, ou bien on la garnit de pointes. *Fig.* 35.

Le corps de la poulie fe meut pour l'ordinaire dans une chappe *CD*, qui foutient l'axe : on eft dans l'ufage de fixer les deux bouts de l'axe dans la chappe, & de faire tourner la poulie deffus ; il vaudroit mieux fixer l'axe à la poulie, & faire tourner le tout enfemble dans les trous de la chappe, parce que le mouvement fe faifant fur moins de furface, il y auroit moins de frottemens ; & quand bien même les trous de la chappe s'aggrandiroient avec le tems, comme il n'y a que la partie inférieure qui reçoit l'effort, la poulie n'en tourne-roit pas moins rondement, ce qui ne se peut faire, quand le centre de la poulie est trop ouvert.

Les expériences que nous allons rapporter feront connoître, 1°. qu'une poulie peut être employée comme un levier du premier genre, dont les bras sont égaux, & sur lequel deux puissances, dont les forces absolues sont égales, demeurent toujours en équilibre, quelques directions qu'elles prennent: 2°. Que les puissances qu'on y applique, agissent, d'autant plus fortement que leur distance à l'axe est plus grande : 3°. Que l'axe est chargé de la somme totale de la puissance & de la résistance, & que son effort se fait dans une direction paralléle aux leurs, & qui tend à leur point de concours.

X. EXPERIENCE.

PRÉPARATION.

La *Figure* 36. représente une ma-chine composée de deux piliers éle-

vés & fixés fur une tablette plus longue que large; l'un porte une poulie à jour, de métal, & l'autre un levier en équerre dont les bras font
égaux, & qui tourne très-librement
fur fon clou & dans le même plan
que la poulie.

On fait paffer d'abord fur la poulie
un cordon aux bouts duquel on attache deux poids égaux P, R, qu'on
laiffe agir dans des directions paralléles & verticales comme AP & BR.

Enfuite on tranfporte le poids R au
cordon qui tient au bras D du levier
angulaire, & l'on place le cordon de
la poulie, comme PA, FE.

Enfin le poids R étant remis à fa
premiére place, & le levier angulaire
étant tourné de maniére que D foit
en d, & E en e, on attache le poids
P au bout d'un cordon dp, & le cordon de la poulie qui le portoit, au
bras e du levier tournant.

E F F E T S.

Les deux poids P, R, font toujours
en équilibre, non-feulement quand
ils font tous deux dans des directions
parallèles & verticales, mais encore

lorſque l'un des deux agit horizontalement ſur la poulie, ſoit que la
corde embraſſe les trois quarts de la
poulie, ſoit qu'elle n'en embraſſe
qu'un quart.

EXPLICATIONS.

La poulie AFB, peut être regardée
comme un aſſemblage de leviers du
premier genre, dont les bras ſont
égaux, & qui ont un point d'appui
commun au centre C où eſt l'axe.
Lorſque le cordon eſt vertical de
part & d'autre, s'il ne peut pas gliſſer
ſur la poulie, il doit avoir le même
effet que s'il étoit de deux piéces,
dont une fût attachée en A, & l'autre en B. Il y a donc équilibre entre
les deux poids P, R, parce qu'ils agiſſent à des diſtances égales du point
d'appui, & que chacun d'eux fait ſon
effort dans une direction perpendiculaire au bras du levier AC, ou BC.

L'équilibre ſubſiſte par les mêmes
raiſons dans les deux autres cas; les
rayons GC & FC ſont égaux aux deux
premiers, AC, BC; & les directions
EF & eG leur ſont perpendiculaires
comme RB l'eſt à BC: toute la dif-

férence qu'il y a, c'eſt que les deux
puiſſances agiſſent d'abord par un levier droit *A B*, & qu'enſuite elles
font comme appliquées à des leviers
angulaires *ACG*, ou *ACF*; ce qui eſt
la même choſe, quant aux effets,
comme nous l'avons fait voir ci-
deſſus. *

* *Pag.* 47.

XI. EXPERIENCE.

PRÉPARATION.

La *Figure* 37. repréſente une poulie
compoſée de pluſieurs plans circulaires qui laiſſent entr'eux des épaiſ-
ſeurs, & dont les circonférences ſont
creuſées en gorge; les diamétres,
& par conſéquent les rayons de ces
cercles, font entr'eux comme les
nombres 1, 2, & 3. Sur la plus petite des trois circonférences on a placé une corde à laquelle ſont ſuſpen-
dus deux poids de 6 onces chacun;
& l'on a fixé en *a* & en *b* deux autres
cordes qui embraſſent les deux autres
circonférences, & qui pendent perpendiculairement aux points 2 & 3.

EFFETS.

Quand les deux poids font en *H*
& en *I*, il y a équilibre entre 6 onces
d'une part & 6 onces de l'autre. Si
l'on ôte celui qui eft en *H*, un autre
poids de 3 onces fait la même chofe
en *K* ; & quand celui-ci eft ôté, 2
onces placées en *L* foutiennent le
poids de 6 onces en *I*.

EXPLICATIONS.

Le rayon *C*1 étant égal à *Cd*, il y
a équilibre entre deux poids égaux,
parce que leurs efforts fe font à égales diftances du point d'appui. Mais
*C*2, étant double de *Cd*, l'équilibre
doit naître entre deux maffes qui font
en raifon réciproque de ces deux
longueurs ; ainfi 3 onces en foutiennent 6 ; & par la même raifon 2 onces fuffifent à une diftance qui égale
trois fois *Cd*.

XII. EXPERIENCE.

PRÉPARATION.

La poulie *GH*, *Fig.* 38. eft fufpendue par fon axe dans deux petites

boucles de métal qui font foutenues
de part & d'autre par des cordons qui
paffent fur deux petites poulies , &
qui fe réuniffent à deux poids égaux
B , D , de forte que la grande poulie
a deux mouvemens ; car elle tourne
fur fon axe à l'ordinaire, & fon axe
peut defcendre avec elle d'une certaine quantité, lorfque la réfiftance
des poids B , D , vient à céder.

EFFETS.

Ces deux poids cédent , & la poulie tombe d'environ deux pouces ,
lorfque deux autres poids E F, qui
pefent enfemble & avec la poulie un
peu plus que B , D , fe trouvent dans
des directions parallèles & verticales:
& la poulie remonte en partie, lorfqu'ayant ôté le poids F, on retient
avec la main le cordon dans la direction A C.

EXPLICATIONS.

Quand les deux poids E,F, font fufpendus parallélement , leurs efforts
font perpendiculaires à G , H, qu'on
doit regarder comme les extrémités
d'un levier droit ; & nous avons fait

voir qu'en pareil cas le point d'appui porte la fomme totale des deux maf-fes ; l'axe qui le repréfente, fouffre donc de haut en-bas un effort qui égale les deux poids E, F, & celui de la poulie pris enfemble ; les deux autres B, D, qui s'oppofent à fa chû-te, & qui repréfentent fa réfiftance de bas en haut, font un peu plus foi-bles que cette fomme ; c'eft pourquoi la poulie defcend. Mais elle fe reléve, quand un des côtés de la corde cefle d'être paralléle à l'autre; car alors l'effort qu'il foutient fe fait felon la ligne IK, & ne porte plus qu'oblique-ment contre les puiffances B, D.

Applications.

La poulie employée comme levier du premier genre, eft un moyen fimple & commode, & dont on fe fert fréquemment pour changer la direction du mouvement. Car de quelque maniére que fe préfente une puiffance dans le plan où eft la poulie, elle fe trouve toujours perpendiculaire à quelqu'un des rayons, ce qui lui conferve toute fon intenfité. Ainfi quoiqu'un cheval ou un bœuf

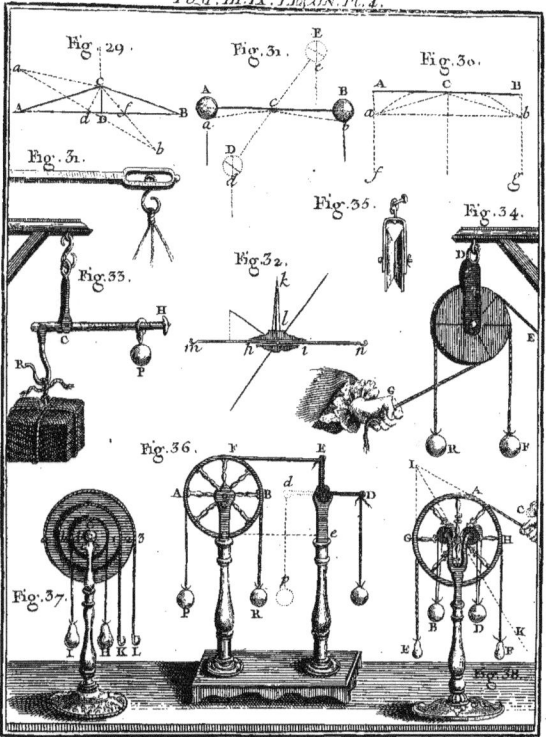

Fig. 29.
Fig. 31.
Fig. 30.
Fig. 3i.
Fig. 33.
Fig. 35.
Fig. 32.
Fig. 34.
Fig. 36.
Fig. 37.
Fig. 38.

Brunet fecit

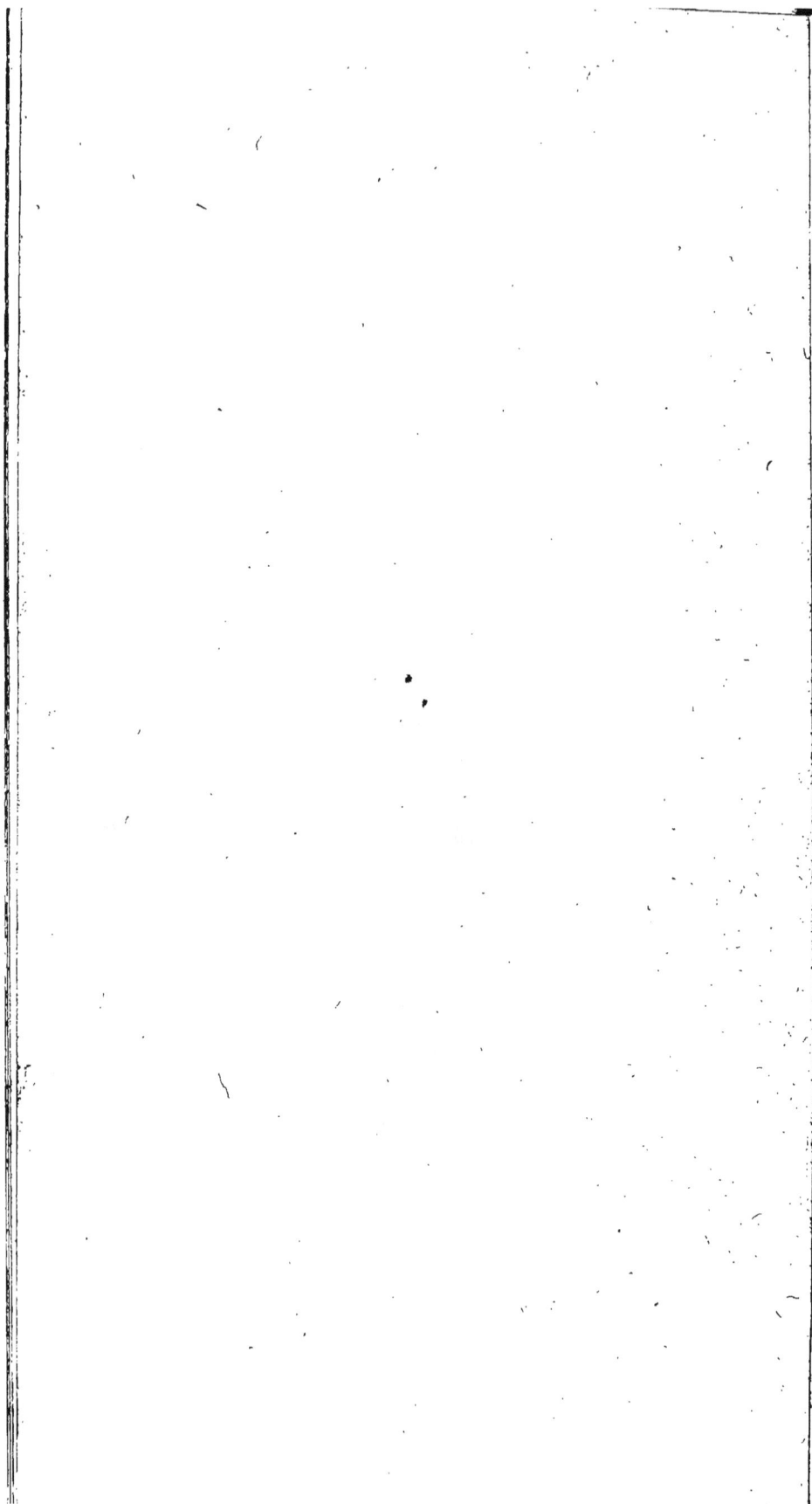

exerce naturellement fa force dans
une ligne horizontale, on peut néanmoins par des renvois de poulies appliquer fes efforts à des réfiftances
qui font dirigées verticalement ; quoiqu'un poids tende toujours à tomber,
il peut être élevé, fi par le moyen
d'une poulie on le met en oppofition
avec un plus fort.

Les leviers coudés ou angulaires ,
comme nous l'avons déja fait remarquer , changent bien auffi les directions ; mais la poulie a cet avantage
fur eux qu'elle rend le mouvement
continu , & qu'elle conferve les puiffances toujours dans les mêmes directions qu'on leur a fait prendre d'a-
bord. Cette différence s'apperçoit
aifément par la feule infpection des
Figures 22. & 36.

Comme une poulie qui a plufieurs
gorges concentriques , * peut fervir à
rendre égales des forces qui font différentes entr'elles , lorfque les diamétres de ces gorges font dans des rapports convenables ; on peut conféquemment entretenir l'équilibre , ou
bien un rapport conftant entre deux
puiffances dont les forces relatives

* *Fig.* 37.

changent continuellement. Car au

IX.
Leçon.

lieu de plufieurs gorges concentriques, on peut n'en faire qu'une qui ne
rentre pas fur elle-même, mais qui prenant la forme fpirale, s'éloigne peu-
à-peu du centre, fuivant la proportion
dont l'une des deux forces s'affoiblit.

Une des plus heureufes applications qu'on ait faites de cette conféquence, c'eft d'avoir rendu uniforme l'action des refforts qui ani-
ment les montres & les pendules.
Nous avons dit dans la feconde Le-

Tome I. p. 135. Fig. 10. çon *, que ces refforts comme tous
les autres, agiffent toujours de plus
en plus foiblement, à mefure qu'ils fe
détendent ; le rouage qu'il mettent
en mouvement, leur oppofant toujours la même réfiftance, il eft évident que la montre ou la pendule
iroit toujours en retardant, pendant
tout le tems que le reffort mettroit à
fe développer, fi l'on n'avoit pas
trouvé un moyen de prévenir cet inconvénient. Au lieu d'envelopper
fur un cylindre la chaîne qui fert à
tendre le reffort, on la reçoit fur une

Fig. 39. fufée, dont la figure * eft telle, que
les tours vont toujours en diminuant
de

de diamétre, comme la tenſion du reſſort augmente. Tout l'art conſiſte à trouver ce rapport ; car la théorie ne peut ſervir qu'à en approcher , les Horlogers ſont toujours obligés d'en venir à des épreuves, parce que les reſſorts ne ſont jamais réguliérement flexibles & élaſtiques dans toutes les parties de leur étendue.

Quand on ſçait de combien l'axe d'une poulie doit être chargé, on eſt en état de lui donner les dimenſions les plus convenables : ce qu'on doit avoir principalement en vue , c'eſt premiérement , qu'il ſoit aſſez fort ; ſecondement, qu'il n'ait que la groſſeur néceſſaire, àfin d'éviter les frottemens d'une trop grande ſurface. Mais comme la chappe d'une poulie eſt toujours attachée à quelque point fixe, il faut auſſi faire attention que ce qui la ſoutient ſoit aſſez ſtable pour réſiſter aux efforts qui ſe font ſur l'axe : il faut même avoir égard aux différentes directions que peuvent prendre ces efforts ; car tel appui réſiſteroit dans un cas , qui céderoit dans l'autre.

On peut auſſi conſidérer la poulie

Tome III. H

simple comme un levier du second genre ; elle en a effectivement les propriétés , lorfque la réfiftance R, *Fig.* 40. étant attachée à la chappe, un des bouts de la corde tient à un point fixe *a* , ou *g*, pendant que l'autre eft tiré ou foutenu par la puiffance *P* , ou *d*. Et alors ou les directions de la puiffance & de la réfiftance font paralléles entr'elles comme *c I*, *d E*, ou elles font inclinées l'une à l'autre comme *P k*, *c k*.

Dans le premier cas , la puiffance ne porte que la moitié du poids de la réfiftance ; dans le fecond , l'effort de la puiffance diminue , & le point d'appui fe dirige au point de concours des directions de la puiffance & de la réfiftance , c'eft-à-dire , en *k*.

XIII. EXPÉRIENCE.

PRÉPARATION.

A , *B* , *Fig.* 41. font deux petites broches longues de trois pouces , qui gliffent dans deux rainures à jour, pratiquées aux deux bras du fupport *G* ; la premiere fert de point fixe à un cordon qui embraffe une poulie char-

gée d'un poids *D*, & dont l'autre
bout s'attache au bras d'une balance
dont on a ôté un baſſin, & que l'on a
miſe en équilibre avec elle-même,
par le moyen d'un petit poids attaché
en *H*; & cette balance eſt ſuſpendue
à l'autre broche *B*.

On met d'abord les deux petites
broches à telle diſtance l'une de l'autre, que les deux bouts de la corde
venant de la poulie ſoient paralléles
entr'eux.

Enſuite en écartant les deux broches, on fait prendre aux deux bouts
de la corde, des directions inclinées
en ſens contraires; & dans l'un &
dans l'autre cas on charge le baſſin
de la balance, autant qu'il le faut
pour tenir le fléau dans une ſituation
horizontale.

EFFETS.

La poulie & ſon poids *D*, peſant
enſemble 8 onces, il n'en faut que 4
dans le baſſin de la balance pour faire
équilibre, lorſque les deux bouts de
la corde ſont paralléles entr'eux, &
dans une direction verticale; mais
lorſqu'ils ſont inclinés comme *P l*,

H ij

g m, de la *Fig.* 40. il faut charger davantage le baſſin de la balance pour
le tenir en équilibre.

EXPLICATIONS.

En conſidérant le bras *H* de la balance comme la puiſſance qui ſoutient la poulie & ſa charge , après
que l'autre bout de la corde eſt fixé
en *A*, le poids que l'on met dans
le baſſin exprime ſans équivoque l'effort qui ſe fait ſur la puiſſance , lorſque tout eſt en équilibre. Or , on
voit par les réſultats la preuve de ce
que nous avons avancé ci-deſſus ,
ſçavoir , 1°. que les directions des
forces oppoſées étant paralléles , la
puiſſance ne ſoutient que la moitié
de l'effort de la réſiſtance ; car dans
le premier cas où les deux bouts de
la corde ſont paralléles entr'eux, $c i *$,
direction de la réſiſtance , eſt auſſi
paralléle à *d e* qui eſt celle de la puiſſance , & 4 onces dans le baſſin de
la balance , en ſoutiennent 8 en *D*.
2°. Que les directions des forces oppoſées n'étant plus paralléles , la puiſſance n'eſt plus égale à la moitié de

※ *Fig.* 40.

l'effort de la réfiftance, & que la direction du point d'appui paffe au point de concours des deux autres directions ; car dans le fecond cas de l'expérience, où la puiffance agit obliquement comme $P\,k$, 4 onces dans le baffin de la balance ne fuffifent plus pour faire équilibre, & l'angle $g\,k\,c$, eft égal à celui de l'autre part $P\,k\,c$.

Quand les deux bouts de la corde font parallèles, comme $a\,b$, $d\,e$, on peut les confidérer comme étant attachés aux deux extrémités du diamétre $b\,e$; lorfqu'ils font obliques, comme $P\,l$, $g\,m$, on peut les concevoir comme tenant aux points de tangence l, m : mais les deux lignes $e\,b$, $m\,l$, font deux leviers du fecond genre partagés l'un & l'autre en deux bras égaux par la direction $c\,i$ de la réfiftance ; le cordon fufpendu en a, ou en g, tranfportant le point fixe en b ou en m, on voit tout d'un coup, que la puiffance appliquée en e ou en l, agit toujours à une diftance $e\,b$, ou $l\,m$, du point d'appui, double de celle de la réfiftance placée en c ou en i. Or fuivant ce qui a été enfeigné touchant le levier, 4 onces à une diſtance double du point d'appui, ſont capables d'en ſoutenir 8.

Mais quand la puiſſance ſe dirige obliquement, elle ne ſuffit plus aux mêmes effets qu'auparavant ; parce que la direction perpendiculaire au bras du levier, eſt, comme nous l'avons fait voir, la plus avantageuſe de toutes, & que par conſéquent toutes les autres le ſont moins. Il eſt vrai que Pl, eſt perpendiculaire au rayon lc; mais ce rayon par qui l'on peut concevoir que la puiſſance agit, eſt oblique à ci, direction de la réſiſtance, ce qui revient au même.

Enfin le point d'appui dirige ſon effort par gm, quand la puiſſance s'incline comme Pl; parce que dans l'inſtant de cette inclinaiſon la poulie n'étant point ſoutenue du côté de la puiſſance, elle roule juſqu'à ce qu'elle le ſoit également de part & d'autre, ce qui n'arrive que quand l'angle gkc eſt égal à celui de l'autre part Pkc.

APPLICATIONS.

Puiſque quand on a fixé la corde de la poulie en A, *Fig.* 41. il ne faut

plus en *H*, qu'une force de 4 onces
pour en foutenir une autre de 8 en
D; & qu'une force de 4 onces eft
toujours la même, foit qu'ellé agiffe
de haut en bas, foit que fon effort fe
faffe de bas en haut par le moyen
d'une balance; on peut donc fub-
ftituer au fléau *H K*, une autre poulie *L* ou *l*, *Fig.* 42. qui fera comme
lui l'office d'un levier du premier
genre, & il n'y aura jamais en *M* ou
en *m*, qu'un effort de 4 onces à foutenir.

Si, pour réfifter à cet effort de 4
onces, on prolonge la corde de *M*
en *N*, *Fig.* 43. & qu'on la faffe paffer fous une troifiéme poulie *N O*;
celle-ci femblable à la premiere, deviendra un levier du fecond genre,
où la puiffance *O*, une fois plus loin
du point d'appui *N*, que la réfiftance
qui charge l'axe, n'aura befoin que
d'une force abfolue qui foit moitié
de la fienne; il ne faudra donc plus
qu'un effort de 2 onces de bas en
haut, & s'il eft plus commode de
tirer de haut en bas, une quatriéme
poulie donnera, comme la deuxié-
me, cette direction.

La feconde & la quatriéme poulies qui fervent de renvoi pour changer la direction, peuvent être placées dans une même chappe ; & fi
cette chappe eft fixée par en haut,
fa partie inférieure pourra elle-même
fervir de point fixe au premier bout
de la corde que nous avons fuppofé
être attachée en *F*.

Cette maniére de placer ainfi dans
une même chappe plufieurs poulies
ou parallélement entr'elles, ou les
unes au-deffus des autres, eft connue
depuis long-tems fous le nom de
moufles, ou poulies *mouflées*. Ces machines font fort en ufage pour élever de grands fardeaux ; & elles font
commodes en ce qu'elles occupent
peu de place, & que l'on peut, fans
embarras, augmenter à fon gré l'action
d'une même puiffance ; mais cela ne
fe fait, comme dans toutes les autres
machines, qu'aux dépens d'une plus
grande vîteffe dans la puiffance : car
fi la poulie qui eft chargée de la réfiftance, *Fig.* 40. s'éleve jufqu'à la
ligne *d a*, il eft évident que la puiffance qui produit cet effet, parcourt
deux fois autant de chemin dans le
même

même tems, puifque les deux parties *a b*, *d e*, de la corde par laquelle
elle agit, doivent fe trouver au-deffus de la ligne *d a*, quand le centre
de la poulie y fera parvenu; or ces
deux longueurs *a b*, *d e*, égalent deux
fois la hauteur *c h*.

L'avantage que les poulies mouflées donnent à la puiffance, ne peut
pas être augmenté à l'infini; quand
une fois les moufles contiennent une
certaine quantité de poulies, les frottemens inévitables caufent enfuite
un déchet dans le produit des forces
motrices, qui furpaffe ce qu'on pourroit gagner en augmentant encore
le nombre des poulies.

On doit auffi difpofer les moufles
de façon que les directions des cordes fe trouvent paralléles le plus qu'il
eft poffible; car nous avons fait voir
que les puiffances qui agiffent obliquement, en ont moins de forces,
toutes chofes égales d'ailleurs.

DES ROUES.

Une *roue* eft, comme la poulie, un
corps rond, ordinairement plat, &
mobile fur fon centre: la circonféren-

Tome III.   I

ce, au lieu d'être creusée en gorge, reçoit le mouvement qu'on lui communique, ou tranſmet celui qu'elle a reçu, par ſon frottement, ou par certaines parties ſaillantes qu'on y réſerve ou qu'on y ajoute, & que l'on nomme *dents*, *chevilles* ou *vannes*, ſuivant la forme & la grandeur qu'elles ont.

Les roues ſe meuvent de deux façons ; ou elles tournent toujours dans le même lieu, avec un axe qui eſt attaché à leur centre, & dont les pivots tournent dans des trous qui ſervent d'appui, comme on voit dans les horloges, tournebroches, moulins, &c. ou bien, roulant ſur leur circonférence, elles portent leur centre, & l'axe qui le traverſe, dans une direction paralléle au plan ou au terrein qu'elles parcourent : telles ſont celles que l'on met aux carroſſes & aux autres voitures.

Les roues qui n'ont qu'une ſorte de mouvement, dont les axes ne font que tourner, doivent être conſidérées comme des leviers du premier genre, qui ſervent de même que la poulie, à changer la direction du mouvement, à le tranſmettre au loin,

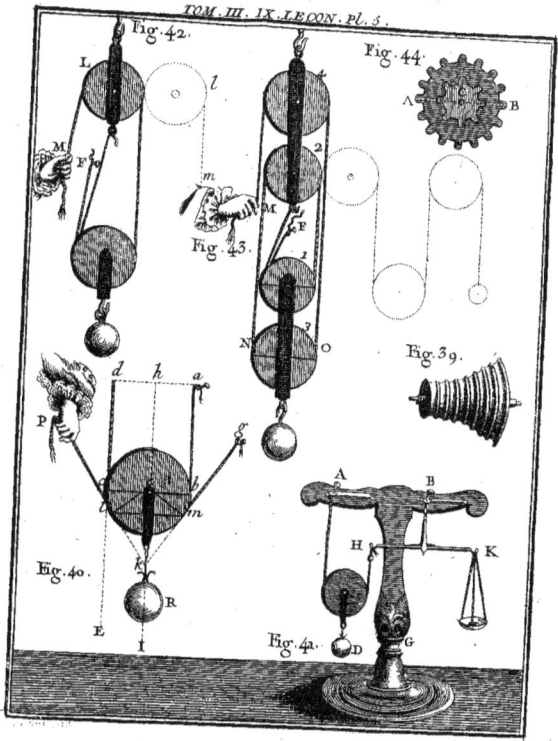

TOM. III. IX. LEÇON. Pl. 5.

à rendre égales entre elles des puiſſances fort différentes l'une de l'autre,
à augmenter la vîteſſe dans l'une des
deux.

1°. Les deux dents *A*, *B*, *Fig.* 44.
peuvent être priſes pour les extrémités d'un levier partagé en deux bras
égaux par le point fixe ou centre de
mouvement *C*; & ſi l'on place ſur le
même axe une autre roue une fois
plus petite, celle des deux puiſſances
qui agit par la dent *a*, étant une
fois plus près du centre que l'autre,
devient par cette raiſon une fois plus
foible. On peut donc par ce moyen
rendre égale la force d'une livre à
celle de deux.

2°. On auroit encore le même effet, ſi la petite roue, au lieu d'être
immédiatement appliquée ſur la
grande, étoit à l'autre bout de l'axe;
de cette maniere le mouvement de
la grande roue *H*, *Fig.* 45. ſe peut
tranſmettre à une grande diſtance
par la petite roue ou pignon *D*, qui
tient au même arbre.

3°. Si ce dernier pignon engréne
une autre roue *E*, qui ait des dents
parallèles à ſon axe, le mouvement

I ij

qui lui fera tranſmis changera de direction, & deviendra horizontal de
vertical qu'il étoit.

4°. Enfin ſi la roue *E* a quatre fois
plus de diamétre que le pignon *D*, comme celui-ci ne peut ſe mouvoir ſans
la roue verticale *H*, il faut que l'une
& l'autre faſſent quatre tours, pour
faire tourner une fois la roue horizontale *E* : & réciproquement ſi l'on
tourne une fois celle-ci, on fera
tourner quatre fois le pignon, l'arbre
& la roue verticale. Si l'on ſuppoſe
donc à chacune des deux grandes
roues une manivelle *F*, ou *G*, menée
par un homme, qui lui faſſe faire un
tour dans une ſeconde ; le mouvement aura quatre fois plus de vîteſſe,
lorſqu'il fera tourner la manivelle *F*,
que quand on appliquera la même
puiſſance en *G*.

Quant aux roues qui ont deux ſortes de mouvemens, comme celles
des voitures, dont le centre ſe porte
en avant tandis que les autres parties
tournent autour de lui ; on doit les
regarder comme un levier du ſecond
ou du troiſiéme genre, qui ſe répéte
autant de fois qu'on peut imaginer

de points à la circonférence. Car chacun de ces points eft l'extrémité d'un
rayon appuyé d'une part fur le terrein;
& dont l'autre bout chargé de l'effieu
qui porte la voiture , eft en même-
tems tiré par la puiffance qui la mene :
de forte que fi le plan étoit inflexible,
parfaitement uni & de niveau , fi la
circonférence des roues étoit bien
ronde & fans inégalités, s'il n'y avoit
aucun frottement de l'axe aux moyeux,
& fi la direction de la puiffance étoit
toujours appliquée parallélement au
plan , une petite force meneroit une
charrette très-pefante. Car la refiftan-
ce qui vient de fon poids, repofe entiérement fur le terrein par le rayon
C M, Fig. 46. ou par un femblable qui
lui fuccéde l'inftant d'après.

Mais de toutes les conditions que
nous venons de fuppofer , & dont
le concours feroit néceffaire pour
produire un tel effet , à peine s'en
rencontre-t-il quelqu'une dans l'ufage ordinaire.

Les roues des charrettes font groffiérement arrondies & garnies de
gros cloux ; les chemins font inégaux par eux-mêmes, ou ils le de-

viennent par le poids de la voiture qui les enfonce ; ces inégalités , foit des roues , foit du terrein , font appuyer la roue par un rayon CQ ou CN, oblique à la direction de la puiffance PC, ou à celle de la réfiftance CM ; le poids qui réfide en C péfe donc en partie contre la puiffance , qui ne peut le faire avancer , qu'en le faifant monter autant que le point Q ou N eft au-deffus de M.

D'ailleurs, quand les circonférences rouleroient fur des furfaces parfaitement unies & droites ; il fe fait indifpenfablement de l'effieu aux moyeux, un frottement qui eft de nature à être toujours confidérable , comme nous l'avons remarqué dans la troifiéme Leçon *.

*Tome I. p. 233.

Les creux & les hauteurs qui fe rencontrent dans les chemins , changent auffi la direction de la puiffance. Un cheval placé plus haut ou plus bas , par la difpofition du terrein , au lieu de faire fon effort par la ligne CP, *Fig.* 46. paralléle à la portion du plan qui porte actuellement les roues, le fait affez fouvent par CS, ou CR, c'eft-à-dire , obliquement à la direc-

tion *C M* de la réfiftance, & par conféquent avec défavantage.

Mais s'il n'eft pas poffible de fe
mettre abfolument au-deffus de toutes ces difficultés, on peut cependant les prévenir en partie, en employant de grandes roues ; car il eft
certain que les petites roues s'enga-
gent plus que les grandes, dans les
inégalités du terrein, comme on le
peut voir par la *Fig.* 47. & parce que
la circonférence d'une grande roue
mefure en roulant plus de chemin
que celle d'une petite ; elle tourne
moins vîte, ou elle fait un plus petit
nombre de tours pour parcourir un
efpace donné ; ce qui épargne une
partie des frottemens.

Nous entendons par grandes roues
celles qui ont cinq ou fix pieds de
diamétre ; dans cette grandeur, elles
ont encore l'avantage d'avoir leur
centre à peu-près à la hauteur du trait
d'un cheval ; ce qui met fon effort
dans une direction perpendiculaire
au rayon qui pofe verticalement fur
le terrein ; c'eft-à-dire, dans la direction la plus favorable, au moins
dans les cas les plus ordinaires.

I iiij

IX. LEÇON.

Du TREUIL, ou TOUR: & du VINDAS ou CABESTAN.

L'infpection feule des *Figures* 48. & 49. fuffit pour faire connoître que ces deux machines, à proprement parler, font la même à qui l'on donne différens noms, felon les différentes pofitions dans lefquelles on l'employe. Quand le rouleau ou cylindre *A B*, qui reçoit la corde, & qui eft la partie principale, fe trouve placé horizontalement, la machine fe nomme *Tour* ou *Treuil*; elle s'appelle *Vindas* ou *Cabeftan*, quand ce même rouleau eft vertical.

Ces deux machines font employées fréquemment aux puits, aux carriéres, dans les bâtimens, pour élever les pierres & autres matériaux, fur les vaiffeaux & dans les ports, pour lever les ancres, &c. Et quand on y fait attention, on les retrouve en petit, dans une infinité d'autres endroits où elles ne font différentes que par la façon, ou par la matiére dont elles font faites. Les *tambours*, les *fufées*, les *bobines* fur lefquelles on enveloppe les cordes ou les chaînes, pour remonter les poids ou les reſ-ſorts des horloges, des pendules, des montres mêmes, &c. doivent être regardés comme autant de petits treuils & de petits cabeſtans.

Ce que nous avons dit des pou-lies & des roues, comprend ce qu'il y a de plus important à ſçavoir tou-chant le treuil : car ſi l'on conçoit l'arbre tournant comme une ſuite de poulies enfilées ſur le même axe, ſi l'on conſidére les leviers en croix, qui ſervent à le mettre en mouve-ment, comme des rayons prolon-gés, de la premiere de ces poulies ; enfin, ſi l'on fait attention que quand l'axe tourne, tout ce qui fait corps avec lui participe à ſon mou-vement ; on verra tout d'un coup que cette machine fait l'office d'un levier ſans fin, du premier ou du ſecond genre, qui a deux bras inégaux à compter du point fixe h, ſçavoir, le demi-diamétre du cylindre $g\,h$, *Fig.* 50. par lequel agit la réſiſtance, & un autre rayon $h\,k$ du même cylindre prolongé par un des leviers qui for-ment la croix, & par lequel la puiſ-ſance fait ſon effort.

La puiſſance P ou p eſt donc à la réſiſtance G, comme la longueur P h, ou p h, eſt à g h, ou k h; c'eſt-à-dire, que ſi chacun des leviers croiſés, à compter depuis le centre du cylindre, eſt quatre fois plus long que le demi-diamétre g h, un poids de 400 livres, attaché à la corde G g, peut être ſoutenu par un effort équivalent à 100 livres, qui réſiſteroit en P.

Mais ſi l'on n'avoit qu'un effort de 100 à employer de cette maniére contre 400; lorſque le levier P viendroit à tourner, la puiſſance prendroit une direction déſavantageuſe & ne ſuffiroit plus, comme on l'a expliqué en parlant des manivelles; & d'ailleurs, ſi ces leviers croiſés étoient fort longs, un homme ne pourroit pas facilement quitter l'un pour reprendre l'autre; c'eſt pourquoi aux carriéres, aux miniéres, & dans les grues où le treuil eſt employé en grand, les leviers croiſés aboutiſſent à une circonférence, & forment une grande roue que l'on garnit de chevilles, comme T, T. Fig. 51. Par ce moyen la force des hommes, toujours appliquée à une même diſtance du

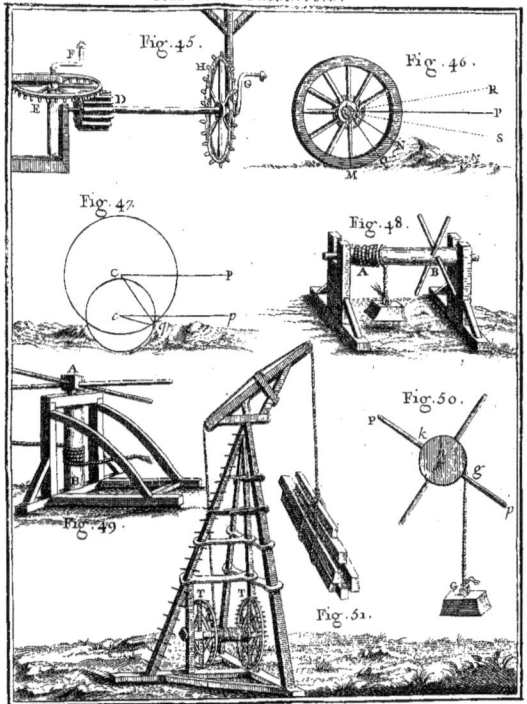

TOM. III. IX. LECON. Pl. 6.

Fig. 45.

Fig. 46.

Fig. 47.

Fig. 48.

Fig. 49.

Fig. 50.

Fig. 51.

centre de mouvement, & perpendiculairement au levier, agit uniformément, & plufieurs peuvent travailler en même tems par un même rayon
fans s'incommoder réciproquement.

Si la corde, après avoir enveloppé
le rouleau dans toute fa longueur,
retournoit fur elle-même pour l'envelopper une feconde ou une troifiéme fois, comme il arrive quand on
fe fert du treuil pour élever des fardeaux à une grande hauteur ; il faut
avoir égard à l'augmentation du diamétre du rouleau ; car puifque fon
rayon eft le levier de la réfiftance,
quand le diamétre de la corde eft a-
jouté une ou deux fois à la longueur
de ce rayon, l'effort du fardeau fe
trouve plus loin de l'axe ou point
d'appui, ce qui l'augmente d'autant :
mais auffi, par une forte de compen-
fation, la partie de la corde qui eft
enveloppée fur l'arbre, ceffe de pefer
contre la puiffance.

II. SECTION.

Du Plan incliné.

EN traitant de la pesanteur dans la sixième leçon *, nous avons donné la définition du plan incliné, & nous avons fait connoître comment & dans quels rapports il retarde la chûte des corps graves. Nous supposerons donc comme une vérité prouvée, qu'une masse qui roule ou qui glisse de haut en bas le long d'un plan incliné, est en partie soutenue par ce plan, & qu'elle l'est d'autant plus, que l'inclinaison est plus grande.

* Tome II. pag. 177. & suiv.

Il suit de ce principe, qu'une puissance appliquée à soutenir un corps sur un plan incliné, n'a pas besoin d'être égale au poids de ce corps : & comme un poids n'est autre chose qu'une force dont la direction est déterminée, on peut dire plus généralement, qu'une puissance quelconque, qui est obligée de suivre un plan incliné à sa direction, peut être égalée ou vaincue par une autre puissance plus foible.

Mais puifqu'un plan fait obftacle à
la chûte d'un corps, parce qu'il eft
oblique à la direction de la pefanteur, on doit préfumer qu'il affoiblira
de même toute autre puiffance dont
la direction fera oblique à la fienne;
& en effet l'expérience prouve, 1°:
Qu'une petite force en foutient une
plus grande fur un plan incliné; 2°:
Qu'une petite force employée contre une plus grande, n'agit jamais
avec autant d'avantage, que quand
fa direction eft paralléle au plan incliné, par lequel elle fait fon effort.

I. EXPERIENCE.

PREPARATION.

La machine qui eft repréfentée par
la *Fig.* premiere, eft compofée d'une
tablette *A C*, longue d'environ 15
pouces & large de trois ou quatre;
elle eft jointe par une charniére en *C*
à une autre tablette au bout de laquelle eft fixé un quart-de-cercle qui
fert à régler & à fixer fon inclinaifon:
D eft un cylindre de bois dur qui péfe 5 ou 6 onces, & qui tourne très-
librement fur fon axe, dans une efpé-

ce de chappe de métal, foutenue par deux cordons qui paffent fur deux poulies de renvoi *e*, *e*, & au bout defquels font attachés deux poids *d*, *d*, de deux onces chacun. Les deux petites poulies font portées par une piéce de métal, que l'on peut placer à différens endroits fur le quart-de-cercle.

On incline le plan *A C* à peu-près de 45 dégrés ; on place le cylindre ou rouleau *D* en fa partie inférieure, & l'on met les poulies de renvoi de façon que les cordons qui tirent le rouleau foïent paralléles au plan incliné, & on laiffe agir les deux poids *d*, *d*.

Enfuite on répéte la même chofe, excepté feulement qu'on place les poulies de renvoi en *E* ou en *F*, afin que leurs directions fe trouvent au-deffus & au-deffous du plan incliné, & faifant un angle avec lui, comme *ADF*, ou *ADE*.

E f f e t s.

Les cordons étant dans une direction paralléle au plan incliné, les deux poids qui péfent enfemble 4 onces, commencent à enlever le rouleau qui en péfe environ 6. Mais lorfqu'on a placé les poulies en *F* & en *E*, ces mêmes poids ne fuffifent plus pour faire monter , ni même pour arrêter le rouleau. Le même effet arrive, fi, au lieu de changer les poulies de place, on incline plus ou moins le plan *AC.*

EXPLICATIONS.

Le rouleau de notre expérience eft un corps grave qui eft naturellement déterminé à fe mouvoir de haut-en-bas, & perpendiculairement au plan de l'horizon : deux caufes concourent à l'arrêter ; la premiere eft la réfiftance du plan incliné fur lequel il pofe ; la feconde eft l'effort des deux poids *d*, *d*. Si cette derniere caufe agiffoit feule, il faudroit que la fomme des deux poids fût égale à la maffe du rouleau : on a vû par le réfultat de l'expérience, que 4 onces en foutiennent 5 ou 6, par le moyen du plan incliné ; il eft donc indubitable qu'en pareil cas une petite force en peut foutenir une plus grande.

Pour rendre raifon de cet effet, fuppofons que la ligne *a c*, *Fig.* 2.

foit le plan incliné, que le cercle *d f g*
eft la bafe du cylindre ou rouleau,
que tout le poids de ce corps réfide
au centre *k* , & qu'il eft en équilibre
avec une puiffance dont la direction
eft *k p* , pendant que fon poids le
follicite à tomber par la ligne *k h*,
perpendiculaire à l'horizon *b c*. Voilà
donc deux forces appliquées à l'extrémité *k* , d'un même rayon ou levier, dont l'autre bout *d* eft appuyé
fur le plan ; mais l'une des deux fait
avec ce levier un angle droit *p k d* ,
elle agit dans la direction la plus avantageufe qu'elle puiffe avoir ; l'autre
au contraire agit par une ligne inclinée à ce même levier , & fait avec
lui un angle aigu *d k h*, ce qui le réduit à la longueur *d e*, felon ce que
nous avons enfeigné dans la fection
précédente ; ainfi comme *d e* eft plus
court que *d k* , on peut dire que le
poids du rouleau le céde d'autant à
la puiffance *p* : & pour ramener ceci
à une regle générale , on doit faire
attention que le triangle *d k e* eft femblable à celui qui repréfente le plan
incliné *a b c* , & que les deux lignes
d e , *d k* , par conféquent ont le même

me rapport entr'elles que *a b* & *a c*;
d'où il fuit cette propofition, que *le*
poids du mobile eft à la puiffance qui le
foutient, comme la hauteur du plan incli-
né eft à fa longueur : c'eft-à-dire, que
fi la ligne *a b*, hauteur du plan, eft à
la ligne *a c*, qui exprime fa longueur,
dans le rapport de 2 à 3, avec un
effort de 2 onces on peut foutenir un
poids de 3 onces, placé fur un plan
incliné.

Mais comme la puiffance n'a cet
avantage fur la réfiftance qu'en conféquence d'une direction plus favorable à fon effort, elle doit en avoir
moins lorfqu'elle ceffe d'agir parallélement au plan ; car dans toute autre
pofition, elle eft inclinée au rayon
d k. Le plan incliné n'eft favorable à
la puiffance, que parce qu'il foutient
en partie le poids du mobile. Quand
cette puiffance agit au-deffus du plan
comme *k i*, elle ne laiffe pas porter
au plan tout ce qu'il pourroit porter;
& fi elle s'en éloigne jufqu'à tirer directement le poids fuivant la ligne
k l, il eft évident qu'alors le plan
n'eft plus chargé de rien, & que l'effort de la puiffance doit être égal au

Tome III. K

poids du mobile pour le foutenir.
Lorfqu'elle agit au-deſſous du plan,
comme *k m*, une partie de ſa force
eſt employée en pure perte contre
le plan ; & l'on conçoit bien que ſi
elle s'abaiſſoit juſqu'à prendre la
direction *k n*, la réſiſtance du plan
devenant directe, l'empêcheroit d'a-
voir aucune action contre le poids
du mobile.

APPLICATIONS.

L'expérience que nous venons
d'expliquer fait voir, non-ſeulement
qu'on peut tirer avantage des plans
inclinés pour vaincre des réſiſtances,
ou pour ſoutenir de grands poids avec
des forces moins grandes qu'il n'en
faudroit employer pour les arrêter,
ou pour les élever dans une direction
verticale ; elle fait connoître auſſi,
qu'un mobile dont le centre de peſanteur n'eſt point ſoutenu, doit toujours tomber, quoiqu'il poſe d'ailleurs. Car il ne ſuffit pas que le rouleau
porte au point *d* ſur le plan * ; ſans
l'effort de la puiſſance *p* il rouleroit
de haut en bas, parce que le centre
de ſa peſanteur qui agit dans la di-

* Fig. 2.

section *k h* n'eſt point ſoutenu.

C'eſt ainſi qu'on peut rendre raiſon d'une infinité d'effets dont on eſt ſurpris, & qu'on a peine à expliquer, quand on ignore, ou qu'on ne fait point attention à ce principe. La *Fig.* 3. par exemple, repréſente un ſolide *A* compoſé de deux cônes qui ſont joints par leurs baſes ; on poſe ce corps ſur deux régles *B C*, *D C*, qui font enſemble un angle aigu, & qui font plus élevées par l'autre bout *B*, *D*, de ſorte qu'il eſt comme ſur un plan incliné ; lorſqu'on le laiſſe libre, il monte en roulant, & ſuit en apparence une route toute contraire à celle que tous les corps graves ont coutume de prendre.

Cet effet vient de ce que le centre de gravité du corps *A* n'eſt point ſoutenu ; car lorſqu'il eſt placé en *C*, il y reſteroit en repos, s'il portoit ſur un rayon *a e*, perpendiculaire au plan horizontal *e f*; *Fig.* 4. mais comme les deux regles font un angle, elles touchent ce double cône par des points qui ſont plus reculés comme *g* : ainſi le centre de gravité qui eſt en *a* porte à faux, & le corps entier com-

K ij

mence à rouler de *C* vers *B*. A mesure qu'il s'avance dans cette direction, les deux régles étant de plus en plus écartées, le mobile descend d'une quantité égale au demi-diamétre *a e*, plus grande que la hauteur *f B*, à laquelle il semble s'être élevé ; & le point *a*, par rapport à l'horizon, descend réellement de la quantité *h B*.

Si les corps tombent toutes les fois que le centre de gravité n'est point soutenu, il est vrai de dire aussi qu'ils ne tombent jamais, tant que ce même centre est appuyé ; c'est pour cela qu'on voit tant d'édifices, qui ont perdu leur à-plomb & qui ne laissent pas que de se soutenir, & certains ouvrages bâtis en saillie, qui ne manquent point pour cela de la solidité qu'il leur convient d'avoir.

On feroit peut-être tenté de croire que c'est pour le bon air qu'un danseur de corde gesticule presque toujours des bras ; mais la vraie raison, c'est que comme il marche sur une espéce de plan très-mobile, qui s'incline continuellement, & de différentes maniéres sous ses pas : lorsqu'il s'apperçoit que le centre de sa pesan-

teur n'eſt pas ſoutenu, il le rappelle
dans la ligne de direction, en allon-
geant le bras du côté oppoſé, comme un levier dont le poids eſt d'autant plus puiſſant que ſes parties ſont
plus loin du centre de leur mouvement : & lorſqu'il n'eſt point encore
aſſez habile dans ſon art, il employe
pour cet effet un contrepoids, qu'il
avance à droite & à gauche, ſelon
le beſoin.

Les enfans qui commencent à
marcher, & qui n'ont point encore
acquis l'habitude de diriger leurs
corps relativement aux différens
plans ſur leſquels ils paſſent, évitent,
par les mouvemens de leurs bras, une
partie des chûtes auſquelles les expoſe preſque continuellement une dé-
marche qui n'eſt pas encore bien aſ-
ſûrée.

Pourquoi les perſonnes qui ont un
gros ventre ſe penchent-elles en arriére ? c'eſt que ſans cette attitude,
le centre de peſanteur trop peu ſoutenu, les mettroit en danger de tomber ſur la face. Un crocheteur au contraire, qui porte un gros fardeau ſur
le dos, ſe courbe en avant, parce

que fa charge & lui ont un centre de gravité commun, qui le plus fouvent fe trouve placé hors du porteur, & qui ne feroit point foutenu s'il marchoit droit. Il faut donc de nécessité qu'il fe penche jufqu'à ce que ce centre fe trouve dans une ligne verticale qui paffe entre fes deux pieds.

Quand on veut fe tenir debout fur une jambe, on eft obligé de faire un mouvement de côté, pour mettre le corps perpendiculairement fur celui des deux pieds qui doit le foutenir ; fi l'on veut fe baiffer en portant la tête en avant, il faut néceffairement porter en arriére la partie oppofée, pour entretenir l'équilibre entre l'une & l'autre ; voilà pourquoi l'on ne peut ni fe tenir fur un feul pied, ni rien ramaffer devant foi en fe baiffant, lorfque l'on a immédiatement à côté & derriére foi un mur ou un arbre qui empêche les mouvemens qu'il faut faire, pour placer ou pour maintenir le centre de gravité dans la ligne de direction qui paffe au point d'appui.

DES MACHINES

Qui sont composées de plans inclinés.

Parmi les machines qui agissent comme plans inclinés, les plus simples, & celles dont l'usage est le plus commun, sont les *Coins* & les *Vis :* je me bornerai à ces deux espéces ; & en examinant leurs principales propriétés, j'en indiquerai quelques autres qui peuvent s'y rapporter.

DU COIN.

On donne communément le nom de Coin à un corps dur composé de trois plans qui terminent deux triangles comme *D A C, Fig.* 5. les deux plus longs de ces plans forment un angle à la ligne *A a,* qu'on appelle *la Pointe* ou *le Tranchant* : le plus petit *D c,* qui détermine leur écartement se nomme *la Base,* ou *la Tête,* & la hauteur se mesure par la ligne *A B* qu'on regarde aussi comme l'*axe* du coin.

On se sert ordinairement de cette machine pour fendre, soulever, ou presser quelque matiére ; & pour la faire agir, on employe la preſſion d'un reſſort ou d'un poids, & plus communément encore le choc d'un corps dur qu'on fait mouvoir avec une certaine vîteſſe, comme un marteau, un maillet, &c.

Le plus ſouvent la réſiſtance que l'on a à vaincre avec le coin, vient de la ténacité des parties qu'il faut déſunir & écarter; cette adhérence qui varie à l'infini, ſelon la nature des corps, leur grandeur, leur figure, & quantité d'autres circonſtances, ne peut s'eſtimer que très-difficilement; d'un autre côté, la percuſſion que l'on employe pour faire agir le coin, eſt une force qu'il eſt bien difficile de comparer ſans erreur à celle d'une ſimple preſſion, parce que le produit de ſon effort ne dépend pas ſeulement de la quantité du mouvement dans le corps qui frappe, mais encore de la nature de celui qui eſt frappé, de la maniere dont il reçoit le coup, & de pluſieurs autres cauſes qui influent ſouvent plus ou moins qu'on ne l'a penſé. J'écarterai donc toutes ces conſidérations comme étrangéres à mon objet préſent; &

pour

pour me renfermer précisément dans les propriétés du coin, je supposerai des puissances dont on connoît la force absolue, comme des poids ou des ressorts d'une force déterminée, afin de n'avoir plus à considérer que les rapports que prennent entr'elles la puissance & la résistance, par la seule interposition du coin.

En considérant les différentes manières dont le coin peut agir, j'en conçois principalement deux, auxquelles il me semble qu'on peut rapporter toutes les autres avec des modifications. Premiérement, j'imagine deux corps A, B, *Fig. 6.* appuyés sur un plan bien solide, sur lequel ils ne puissent que glisser ou rouler dans les directions C D, C D; je suppose aussi qu'une force déterminée, comme de 10 livres, par exemple, appliquée en E, s'oppose à ce mouvement: si je fais descendre entre les deux corps, le coin FGH de toute sa hauteur, il est certain qu'à la fin de cette action les deux mobiles A, B, seront écartés l'un de l'autre de toute la largeur de la base F H. On conçoit bien aussi qu'ils le seroient plus ou moins, si j'employois

Tome III. L

un autre coin dont l'angle fût plus ou moins ouvert, comme *i m* G, ou *l n* G; mais pour tranfporter ainfi deux maffes qui réfiftent, il faut de la force, & l'on eft obligé d'en employer davantage quand on les tranfporte à une diftance plus grande dans un temps déterminé.

Secondement, je me repréfente un coin qui fait effort pour écarter davantage les deux parties d'une buche entr'ouverte, *Fig.* 7. tandis qu'elles réfiftent à cet écartement, par la liaifon des fibres qui font encore unies au-deffous de l'angle *p*. Je conçois les deux lignes *∫ p*, *p q*, & de l'autre part *t p*, *t r*, comme deux leviers angulaires, dont les bras *p r*, *p q*, font liés enfemble par des fils également diftans l'un de l'autre ; le coin agiffant en *t* & en *∫*, fait donc fon effort par les deux bras *t p*, *∫ p*, contre le premier lien qui eft à l'angle *p*, tandis que les deux autres bras s'appuyent mutuellement l'un contre l'autre au-deffous. Si ce lien eft inflexible, & qu'il ne puiffe céder fans fe rompre, l'effort du coin produira cet effet s'il excéde un peu la force de ce fil; & s'il eft une fois rompu, celui qui le suit immédiatement, quoiqu'auſſi fort, ſe rompra plus facilement par la même action du coin, parce qu'alors le levier de la puiſſance eſt augmenté en longueur, comme on le peut voir par les deux lignes ponctuées qui répondent au ſecond lien ; & par la même raiſon, cet avantage que reçoit la puiſſance doit aller toujours en augmentant. N'eſt-ce pas pour cela que les bois durs & ſecs, les pierres, le verre, & en général toutes les matiéres dont les parties ſont fort roides, ſe caſſent par éclat, & ſe fendent fort aiſément dès qu'on a commeneé à les entamer ? Il n'en ſeroit pas tout-à-fait de même ſi ces liens que je ſuppoſe étoient fléxibles, parce que les premiers venant à céder un peu, laiſſeroient porter aux autres une partie de l'effort du coin, & la même force ne ſuffiroit pas pour les rompre tout-à-fait.

Que le coin agiſſe de l'une ou de l'autre façon, il paroît 1° : Qu'on peut s'en ſervir avantageuſement pour vaincre de grandes réſiſtances : 2°. Que ſon action devient d'autant

plus puiſſante , qu'il eſt plus aigu.
L'expérience , en confirmant ces
deux propoſitions , nous donnera lieu
de déterminer le rapport des puiſſances qui agiſſent l'une contre l'autre
par le moyen de cette machine.

II. EXPERIENCE.

PREPARATION.

Les deux plans $A C$, $B C$, Fig. 8.
forment les deux faces d'un coin,
qui peut devenir plus ou moins aigu,
par le moyen d'une charniere qui eſt
au point C, & de deux écroux E, F,
qui arrêtent les deux autres extrémités
à la régle $G H$; pour cet effet cette
derniere piece doit être percée d'une
rainure à jour dans laquelle on fait
gliſſer deux tourillons à vis que l'on a
ajoûtés aux bouts des deux plans. $D I$
eſt un chaſſis placé horizontalement
fur deux montans qui aboutiſſent à
une tablette qui leur fert de pied.
Deux rouleaux m, n, tournent dans
de petites chappes qui gliſſent avec
beaucoup de facilité, fur deux fils de
métal tendus d'un bout à l'autre du
chaſſis. Deux cordons qui tiennent de

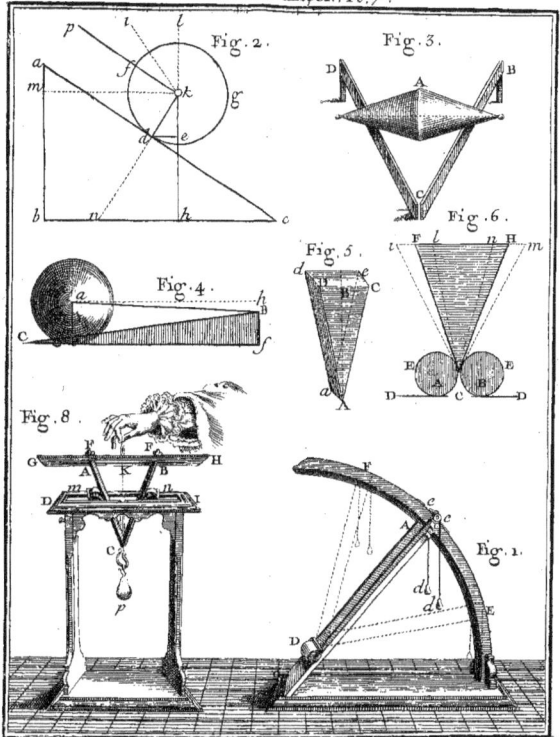

Fig. 2.

Fig. 3.

Fig. 4.

Fig. 5.

Fig. 6.

Fig. 8.

Fig. 1.

part & d'autre aux chappes des rouleaux,& qui paffent fur deux paires de
poulies placées au milieu du chaffis
D I, font reçus en *C* par une bride de
métal à laquelle on attache un poids.
On voit, par cette difpofition, que
les rouleaux ne peuvent être écartés
l'un de l'autre que par une force capable d'élever le poids *p*, & que le coin
ABC, agiffant contre eux par fon propre poids, ou par celui qu'on lui
ajoute, il eft facile de comparer l'effort de la puiffance avec celui de la
réfiftance.

Le poids *p* étant de deux livres, on
rend le coin tellement aigu, que fon
propre poids fuffife pour écarter les
rouleaux ; enfuite on l'ouvre de maniere que fa bafe *A B*, foit égale à la
moitié de la hauteur *K C*.

E F F E T S.

1°. Lorfque le coin eft affez aigu,
quoiqu'il ne péfe qu'environ 8 onces,
fon effort devient fuffifant pour écarter les rouleaux.

2°. Lorfque fa hauteur égale deux
fois la largeur de fa bafe ; il écarte encore les rouleaux, c'eft-à-dire, qu'a-

vec un effort d'une demie livre il fait équilibre à une force qui eſt quadruple.

EXPLICATIONS.

Si le poids *p* de notre expérience, étoit partagé en deux autres d'une livre chacun, comme *p*, *r*, *Fig. 9*. & que les deux rouleaux *m*, *n*, ne puſſent s'écarter l'un de l'autre ſans faire monter d'autant ces deux poids, il eſt certain que ſans l'interméde de la machine, il faudroit une maſſe égale à deux livres pour leur faire équilibre, & un peu plus pour les faire monter : or nous voyons que par le moyen d'un coin, 8 onces les enlevent ; nous voyons auſſi qu'avec ces 8 onces on produit le même effet quand la baſe du coin égale ſeulement la moitié de ſa hauteur : nos deux propoſitions ſont donc prouvées ; il s'agit maintenant d'expliquer le fait.

La force d'un corps qui ſe meut, ou qui tend à ſe mouvoir, vient de ſa maſſe & du dégré de vîteſſe qu'il a ou qu'il auroit ſi le mouvement avoit lieu. Or le coin *abc* ne peut deſcendre de toute ſa hauteur, que les rouleaux ne

parcourent en même temps les deux
efpaces *c l*, *c i*, & que par conféquent
les deux poids *p*, *r*, ne faffent autant
de chemin en montant; mais chacun
de ces efpaces n'eft que le quart de la
hauteur du coin, de forte qu'un poids
placé en *k* fait dans le même temps
quatre fois autant de chemin en defcendant, que les poids *p*, *r*, en font
en montant; ainfi dans le cas de l'é-
quilibre, le poids *k* doit être à la fomme des deux autres en raifon réciproque des vîteffes, c'eft-à-dire, une demie
livre contre 2 livres lorfque la ligne *k c*
eft quadruple de la ligne *ak*; d'où il fuit
cette propofition générale : *La puiffance eft à la réfiftance, dans le cas d'équilibre, comme la demie bafe du coin eft à fa
hauteur;* ce qui n'a lieu cependant à la
rigueur, que quand les forces oppofées peuvent être comparées à des
poids, comme dans l'expérience précédente, & que le coin eft bien aigu.

APPLICATIONS.

Les ufages du coin ne font pas bor-
nés à fendre du bois ou des pierres, &
fa forme n'eft pas toujours celle d'un
morceau de fer groffiérement aiguifé

L iiij

qu'on chaffe à coups de marteaux : on peut dire en général que tous les outils tranchans , de quelque nature qu'ils foient , la coignée & la ferpe du bucheron , le cifeau & la gouge du fculpteur & du menuifier , la lancette & le fcapel du chirurgien , le couteau & le rafoir qui font entre les mains de tout le monde , font autant de coins, dont l'angle , la grandeur , la figure, la dureté font proportionnés à la qualité des matiéres fur lefquelles ils doivent agir , & à l'action du moteur qui doit régler leur effort. Cette obfervation fe préfente d'elle-même, lorfqu'on fait attention que tous ces inftrumens ont effentiellement deux furfaces plus ou moins inclinées l'une à l'autre,& qui forment toujours à l'endroit de leur jonction , un angle plus ou moins aigu.

Comme c'eft l'angle qui eft la partie effentielle du coin , il n'eft pas néceffaire qu'il foit formé par le concours de deux feuls plans ; les cloux qui ont quatre faces qui aboutiffent à une même pointe, les poinçons ronds, les épingles , les aiguilles , &c. dont la fuperficie peut être regardée com-

me un affemblage de lignes qui fe réuniffent à un angle commun, font auffi l'office de coins, & doivent être
confidérés comme tels.

Il faut remarquer que, parmi les différentes fortes de tranchans, il y en
a beaucoup que l'on fait agir en les
traînant felon leur longueur, en même temps qu'on les appuye directement contre le corps qu'on veut entamer ; tels font les couteaux, les bi-
ftouris, &c. Ces fortes d'inftrumens
agiffent en même temps comme des
coins & comme des fcies ; car il faut
favoir que le tranchant le plus fin eft
compofé de parties qui ne font pas
toutes exactement dans la même ligne : les unes plus hautes que les autres forment autant de petites dents
qu'on peut appercevoir avec le microfcope, & qui ne tiennent pas contre un long ufage ; c'eft pourquoi l'on
a foin de les réparer comme on les
avoit fait naître, en frottant les faces
de la lame fur une pierre à aiguifer ;
(ce que l'on nomme *donner le fil* :)
tout inftrument qui coupe de cette
maniere n'a pas befoin qu'on l'appuye
auffi fort qu'un autre ; c'eft pourquoi

dans les opérations de Chirurgie on préfere, autant que l'on peut, l'ufage du biftouri à celui des cifeaux qui ne coupent qu'en ferrant, pour éviter la contufion des parties, & pour épargner de la douleur au malade.

Mais quoiqu'un tranchant foit fait pour couper en traînant, comme les couteaux ordinaires, il ne faut point oublier qu'il peut auffi entamer & divifer un corps contre lequel il ne feroit que preffé directement. C'eft une témérité que de frapper, comme on fait quelquefois, avec la paume de la main fur le tranchant d'un rafoir; la peau véritablement réfifte un peu plus quand l'inftrument n'agit fur elle que comme un coin, fur-tout s'il attaque à la fois une grande étendue; mais il eft toujours dangereux d'effayer jufqu'où peut aller cette réfiftance.

Des Visses.

La *Vis* eft un cylindre ou un cône fort allongé fur lequel on a creufé une gorge qui tourne en fpirale; la cloifon qui eft réfervée entre les tours de cette gorge, s'appelle le *Filet* de la vis; & la diftance qu'il y a d'un filet à l'autre se nomme le *Pas* : on pratique aussi ce filet & cette gorge dans une cavité cylindrique pour en faire une vis intérieure ; & quand ces deux sortes de vis sont tellement proportionnées que le filet de l'une peut se mouvoir dans la gorge de l'autre, & réciproquement, celle qui est creuse prend le nom d'*Ecrou.*

En jettant seulement les yeux sur les *Fig.* 10 & 11 on reconnoît facilement que le filet d'une vis, à ne considérer que l'endroit qui reçoit l'effort de la résistance, n'est autre chose qu'un plan incliné à la base du cylindre qu'il enveloppe ; & que ce plan est d'autant plus incliné que les pas sont moins grands ; ainsi lorsqu'une vis tourne dans son écrou, ce sont deux plans inclinés dont l'un glisse sur l'autre. La hauteur est déterminée pour chaque tour par la distance d'un filet à l'autre, & la longueur est donnée par cette hauteur, & par la circonférence de la vis ; car si l'on développe un de ces filets *a b*, avec son pas *b c*, on aura le triangle *a b c*, *Fig.* 10.

Quand on veut faire usage de cette machine, on attache ou l'on applique l'une des deux pieces (la vis ou l'écrou) à la résistance qu'il faut vaincre, & l'autre lui sert comme de point d'appui ; alors en tournant , on fait mouvoir l'écrou sur la vis , ou la vis dans l'écrou, selon sa longueur ; & ce qui résiste à ce mouvement, avance ou recule d'autant. Aux étaux des Serruriers, par exemple, une des deux mâchoires est poussée par l'action d'une vis contre l'autre, à laquelle est fixé un écrou : il faut, comme on voit, que la puissance fasse un tour entier pour faire avancer la resistance d'un pas, c'est-à-dire, d'un filet à l'autre : ainsi en la supposant appliquée immédiatement à la circonférence de la vis, l'espace qu'elle parcourt , ou son dégré de vîtesse, est $a c$, & celui de la résistance est $b c$; mais comme on fait ordinairement tourner les vis, & sur-tout celles qui sont grosses , avec des leviers ou avec quelque chose d'équivalent, la force motrice fait beaucoup plus de chemin que si elle menoit immédiatement la vis ; ce n'est plus $a c$ qui exprime sa vîtesse, c'est la circonférence d'un cercle dont le levier $D E$ est le demi-diamétre. On peut donc établir en général que dans l'usage des vis, si l'on n'a point égard aux frottemens, *la puissance est à la résistance, dans le cas d'équilibre, comme la hauteur du pas* b c, *est à la circonférence que décrit l'extrémité* E *du levier par lequel on agit,* c'est-à-dire, *en raison réciproque des vitesses.*

Selon la matiere dont on fait les vis, & les efforts qu'elles ont à soutenir, on donne différentes formes aux filets ; le plus souvent ils sont angulaires, comme dans la *Fig.* 10, ou quarrés comme dans la *Figure* 11. Ceux-ci se pratiquent ordinairement aux grosses vis de métal qui servent aux presses & aux étaux, parce qu'elles en ont moins de frottemens. On fait aux vis de bois des filets angulaires pour leur conserver de la force ; car par cette figure, ils ont une base plus large sur le cylindre qui les porte : on donne aussi la même forme aux filets des vis en bois, je veux dire, ces petites vis de fer qui finissent en pointe, & qui doivent creuser elles-mêmes leur écrou dans le bois ; on doit les considérer, de même que les *mêches* des vrilles & des tarieres ;

comme des coins tournans, dont l'angle ouvre le bois d'autant mieux qu'il est plus aigu.

Parmi un grand nombre de machines dont la partie principale est une vis, il en est deux qui tiennent un rang distingué ; l'une est cette fameuse vis qui porte depuis près de deux mille ans le nom d'Archimédes son Auteur, & qui peut, dans bien des occasions, s'appliquer fort utilement à élever les eaux ; l'autre est la *vis sans fin*, ainsi nommée, parce que son action est continue du même sens, au contraire des vis ordinaires, qui se meuvent dans un écrou, & qui cessent de tourner quand elles ont avancé de toute leur longueur.

La vis d'Archimédes est composée d'un cylindre incliné à l'horizon, qui tourne sur deux pivots *A*, *B*, *Fig.* 12. & d'un canal ou tuyau qui l'enveloppe en forme d'hélice. Un corps grave placé à l'embouchure *C* du canal, tombe par son propre poids en *d* : lorsqu'on fait tourner la vis, le point *d* du tuyau passe au point *e*, & le mobile que son poids retient toujours à l'endroit le plus bas, se trouve dans

le canal au point *f* qui a fait un demi-
tour, & qui eſt venu en g. En continuant ainſi, on lui fait parcourir toute la longueur de la vis de bas en
haut ; de ſorte que par le moyen de
cette ingénieuſe machine, un corps
monte en vertu de la même force qui
le fait deſcendre. Si la partie inférieure de cette vis eſt plongée dans l'eau,
on conçoit facilement que ce canal
doit s'emplir à meſure qu'il tourne,
& procurer un écoulement par la partie d'en-haut.

Comme cette machine ſe meut ſur
deux pivots, une force peu conſidérable peut la faire tourner, pourvû
qu'elle ſoit bien en équilibre avec
elle-même ; mais on ne peut gueres
s'en ſervir que pour élever l'eau à une
hauteur médiocre, comme lorſqu'il
s'agit de deſſécher un terrein ; parce
que cette vis étant néceſſairement inclinée, ne peut porter l'eau à une
grande élévation, ſans devenir elle-
même fort longue, & par-là très-pe-
ſante, & ſans courir les riſques de ſe
courber & de perdre ſon équilibre.

Ce que l'on nomme ordinairement,
Vis ſans fin, eſt une machine compo-

136 LEÇONS DE PHYSIQUE

IX. Leçon.

fée d'une vis dont le cylindre ou noyau tourne toujours du même fens fur des pivots qui terminent fes deux extrémités ; les filets de cette vis, qui font le plus souvent quarrés, menent en tournant une roue verticale dont ils engrennent les dents. Cette roue porte à fon centre un rouleau avec une corde à laquelle on attache le fardeau qu'on veut élever, de la même maniere qu'au treuil. *Voyez la Figure 13.*

Par le moyen de cette machine, on peut vaincre avec très-peu de force une très-grande réfistance : mais cet avantage coûte bien du temps ; car il faut que la vis fasse un tour entier pour faire passer une dent de la roue, & il faut que toutes les dents passent, pour faire tourner une fois le rouleau ; de forte que si le nombre des dents est 100, & que le diamétre du rouleau foit de 4 pouces, pour élever la réfistance P à la hauteur d'un pied, il faut que la puissance F fasse tourner 100 fois la manivelle ; mais il y a bien des occasions où cette lenteur est le principal objet qu'on fe propofe, comme lorfqu'il s'agit de modérer le

mouvement

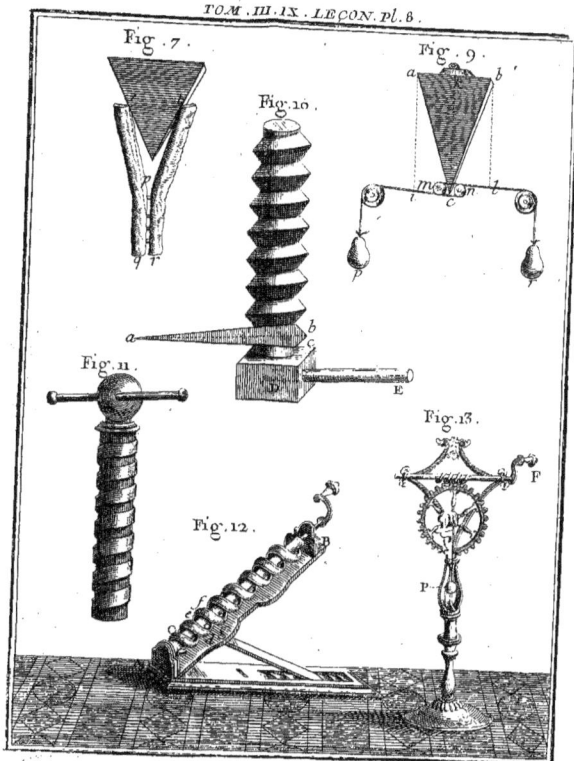

Fig. 7.

Fig. 9.

Fig. 10.

Fig. 11.

Fig. 13.

Fig. 12.

mouvement d'un rouage, ou bien de faire avancer ou reculer un corps d'une très-petite quantité qu'il importe de connoître.

Dans cette section, comme dans la précédente, j'ai toujours fait abstraction des frottemens, pour n'avoir égard qu'aux effets qui naissent de chaque machine considérée en elle-même; il est bon d'avertir cependant que dans l'usage des vis & du coin, il arrive souvent que l'effet principal vient des frottemens, & que si dans la pratique on négligeoit d'avoir égard à cette espece de résistance, il y auroit bien peu de cas où les forces opposées pussent se comparer avec quelque justesse : deux exemples justifieront cette remarque. Lorsqu'avec un effort équivalent à 100 livres on a chassé un coin entre les deux parties d'une buche entr'ouverte, la réaction ou le ressort du bois qui s'oppose à l'effort de la puissance, subsiste toujours quoiqu'on cesse d'agir contre ; pourquoi donc le coin ne revient-il point de lui-même, quand il n'est point fort obtus ? c'est qu'il oppose alors à la pression du bois qui le sollicite à reculer, le frottement de sa surface qui égale ou qui surpasse même la force qui l'a fait entrer. Quand on a serré les deux mâchoires d'un étau avec la vis, au moment que l'on cesse de la faire tourner, la résistance est en équilibre avec la puissance : sans le frottement de la vis dans son écrou, la moindre force devroit écarter les mâchoires qui ont été serrées ; cependant les plus grands efforts ne le font pas ; & c'est en quoi consiste le principal avantage de cet outil.

III. SECTION.

Des Cordes.

LES cordes sont des corps longs & flexibles, quelquefois simples, mais le plus souvent composés de plusieurs fibres ou fils de matiere animale, végétale ou minérale. Les chaînes mêmes, par rapport à l'emploi qu'on en fait dans les machines, doivent être considérées comme des cordes ; car quoique leur structure soit tout-à-fait différente, elles ont les qualités es-

fentielles des cordes, la longueur &
la flexibilité qui les rendent propres
aux mêmes ufages.

En méchanique on employe communément les cordes : 1°. pour changer la direction du mouvement, comme lorfqu'avec une poulie on fait
monter un poids par l'effort d'un autre qui defcend : 2°. pour tranfporter
la puiffance ou la réfiftance dans un
lieu plus avantageux ou plus commode ; c'eft par le moyen d'une corde,
par exemple, qu'un cheval placé fur
le rivage tire un bateau qu'il ne pourroit prefque jamais faire mouvoir
autrement : 3°. pour lier, ferrer, arrêter d'une maniere fimple & facile
toutes fortes de mobiles qui tendent
d'eux-mêmes à fe défunir, ou qu'une
force extérieure follicite à s'écarter
ou à fe déplacer.

Les cordes par elles-mêmes ne
peuvent ni augmenter ni diminuer
l'intenfité des forces qui agiffent contr'elles, ou contre lefquelles on les
fait agir; que la corde avec laquelle
on fonne une cloche ait 15 braffes,
ou qu'elle n'en ait qu'une ou deux,
le fonneur n'en a ni plus ni moins

d'effort à faire ; la force d'un cheval
est la même lorsqu'il tire avec un gros
ou avec un petit trait : mais parce
qu'une corde est plus grosse ou plus
longue , elle est plus pesante ; elle
se courbe, lorsqu'elle n'agit pas dans
une direction verticale , & elle est
moins flexible ; or le poids , la courbure & la roideur des cordes font des
résistances ou des désavantages qui
exigent un plus grand effort de la part
de la puissance, & sur lesquels il est nécessaire de compter dans la pratique.

En parlant des puits où l'on tire
l'eau par le moyen de deux seaux qui
montent & descendent alternativement , nous avons déja observé que
la corde , dans les temps où elle est
plus longue d'un côté que de l'autre,
augmente la charge, & que cette augmentation devient considérable, lorfque la profondeur du puits ou du fouterrein est grande : on peut dire la
même chose des fardeaux que l'on
traîne ; les cordes ou les chaînes dont
on se sert augmentent de leur propre
poids la charge sur laquelle on agit.

La résistance qui vient de la pesanteur des cordes croît comme leur fo-

lidité ou quantité de matiere ; en les
confidérant comme des cylindres on
doit donc, à longueurs égales, eftimer la différence de leur poids par le
quarré du diamétre. Si, par exemple, à la place d'une corde qui péfe
30 livres, ayant un pouce de diamétre, on en met une autre de même
longueur & de même nature qui foit
deux fois auffi groffe, celle-ci péfe-
ra 120 livres, c'eft-à-dire, quatre fois
autant que la premiere, parce que
fon diamétre eft double.

Non-feulement le poids de la corde augmente la fomme des réfiftances dans l'ufage des machines; mais il
arrive encore affez fouvent qu'en la
faifant courber, il fait prendre à la
puiffance une direction moins avantageufe que celle qu'elle auroit fi la
corde fe tenoit parfaitement droite.
Lorfqu'on tire un fardeau fur un plan
incliné, nous avons fait voir que l'effort de la puiffance eft le plus grand
qu'il puiffe être, lorfqu'il eft dirigé
parallélement au plan, comme $A B$,
Fig. 1. Mais il y a bien des occafions
où la corde, devenant courbe comme
$A E B$, à caufe de fa longueur & de

son poids, incline l'action de la puissance au plan, & l'affoiblit d'autant.

La longueur seule de la corde, indépendamment du poids, peut apporter quelque changement à la direction de la puissance. Car si elle fait un angle avec le terrein, eu égard à l'élévation de la puissance, elle le fait d'autant plus grand qu'elle est moins longue : quoique les deux lignes *A C*, *A D*, * ne soient ni l'une ni l'autre paralléles au plan *F G* ; cependant la premiere s'écarte davantage du parallélisme que la derniere : ainsi toutes les fois qu'une force motrice sera appliquée à une résistance, par le moyen d'une corde ou d'une chaîne, il ne faut point avoir égard à sa direction, ou à sa tendance naturelle, mais à celle qui est indiquée par la chaîne ou par la corde qui transmet son effort.

Fig. 5.

La roideur des cordes, lorsqu'elles ont part au mouvement des machines, est ce qu'il y a de plus important à connoître : elle dépend principalement du poids ou de la force qui tend les cordes, de leur grosseur, de la quantité dont on les courbe,

& de la vîtesse avec laquelle on les fait plier. M. Amontons * est le premier qui ait traité méthodiquement, cette partie des méchaniques, dont on n'avoit avant lui qu'une idée confuse. Il en a montré l'importance, en faisant connoître que dans les cas les plus ordinaires la roideur seule des cordes peut augmenter d'un tiers la résistance, sur laquelle on doit faire agir la force motrice ; & il nous apprend d'après l'expérience, 1° : Que la résistance causée par la roideur des cordes, augmente en raison directe des poids ou des forces qui les tiennent tendues : 2° ; Que cette même résistance augmente encore comme le diamétre des cordes, toutes choses égales d'ailleurs : 3° ; Que les cordes se plient plus difficilement à mesure que les cylindres ou les poulies sur lesquels on les fait tourner, deviennent plus petits, quoique cette derniere résistance n'augmente pas en raison directe du décroissement des diamétres.

IX. LEÇON. * Mem. de l'Acad. des Scienc. 1699. p. 217.

PREMIERE EXPERIENCE.

PREPARATION.

On attache au plancher d'une chambre, ou à quelqu'autre appui folide, deux cordes femblables, *A*, *B*, *Fig.* 2. qui pendent parallélement à 5 ou 6 pouces de diftance l'une de l'autre, & qui foutiennent une tablette *CD*, fur laquelle on pofe des poids.

Ces deux cordes font dans le même fens chacune un tour fur un cylindre *E F*, & au milieu on enveloppe en fens contraire un ruban ou un fil au bout duquel on attache un baffin de balance que l'on charge jufqu'à ce qu'il commence à faire rouler le cylindre de haut en bas, comme on le peut voir par la *Fig.* 3. On employe dans ces expériences plufieurs paires de cordes, qui font toutes de même matiere, & dont les diamétres font différens, & faciles à comparer : le cylindre doit toujours être du même poids, quoiqu'on varie fa groffeur; & afin que le ruban ou fil qui pend en *f*, foit toujours à la même diftance du point *e* *, on diminue le cylindre

* *Fig.* 3.

en

en fon milieu ; ou bien en évaluant
l'effort du poids qui eft fufpendu au
ruban ou fil , on tient compte de
la diftance du point *f* au point *e* , fi elle
eft augmentée.

Dans cette premiere expérience ,
le diamétre des cordes eft de trois lignes , celui du cylindre , d'un $\frac{1}{2}$ pouce , & l'on charge d'abord la tablette
C D de 20 livres , & enfuite de 40 liv.

Effets.

1°. Lorfque les cordes font tendues
par un poids de 20 livres , il faut que
le poids *G* foit de 45 onces , pour
commencer à faire defcendre le cylindre : 2°. Lorfque l'on tend les cordes
avec un poids de 40 liv. le cylindre
n'obéit qu'à l'effort de 90 onces.

Explications.

Le cylindre par fon propre poids ,
ou par celui qui agit en *f* , tend à defcendre : fi quelque chofe le retient ,
ce ne peut être que la corde qui l'enveloppe de part & d'autre ; car fans
cet obftacle , on conçoit bien qu'il
tomberoit : mais cet obftacle n'en feroit point un , fi la corde avoit une

Tome III.   N

flexibilité parfaite , fi elle fe plioit fans aucune difficulté ; car alors toutes fes parties s'envelopperoient fucceffivement fur le cylindre, & le laifferoient librement paffer de l'endroit le plus haut à l'endroit le plus bas : toute la réfiftance qui céde premiérement à 45 onces, vient donc de la roideur des cordes qui font tendues par le poids CD ; & puifque cette roideur ne peut être vaincue que par 90 onces, quand le poids qui la fait naître, augmente de 20 à 40 , c'eft une preuve qu'elle croît , comme nous l'avons dit, en raifon directe des forces qui tendent les cordes ; car 45 font à 90, comme 20 font à 40.

II. EXPERIENCE.

PREPARATION.

On employe d'abord une paire de cordes, dont le diamétre eft de deux lignes ; elles font tendues par un poids de 20 livres, & elles enveloppent un cylindre qui a un demi-pouce de diamétre.

Enfuite on fait fervir une autre paire de cordes une fois plus menues

que les précédentes, à qui l'on donne le même dégré de tenſion, & que
l'on fait tourner ſur le même cylindre.

EFFETS.

Dans le premier cas il faut 30 onces pour vaincre la roideur des cordes ; dans le ſecond il n'en faut que
15.

EXPLICATIONS.

Quand la corde ſe courbe, ſon
diamétre perpendiculaire à la ſurface
du cylindre qu'elle enveloppe, doit
être conſidéré comme un levier qui a
ſon point d'appui au cylindre même ;
plus ce diamétre eſt grand, plus la
puiſſance ou le poids qui tend la corde, eſt éloigné de ce point d'appui,
& par conſéquent plus il réſiſte au
poids du cylindre, ou à celui qu'il
ſoutient en g *. Ou bien l'on peut
conſidérer le diamétre de la corde &
celui du cylindre, comme ne faiſant
qu'un même levier, dont le centre
du mouvement eſt en e ; on voit facilement que ſi le bras $e f$ reſtant le même, $e h$ devient plus long, la puiſ-

* *Fig.* 3.

N ij

fance qui agit en *L* en aura d'autant plus de force pour vaincre celle qui pèfe en *g*. En confidérant ainfi la roideur qui vient de la groffeur des cordes, on voit tout d'un coup pourquoi lorfqu'on double leur diamétre, il faut auffi doubler le poids qui tend à faire defcendre le cylindre. On voit de même pourquoi cette efpèce de réfiftance ne croît pas en raifon de la folidité des cordes, comme on le pourroit croire, mais feulement en raifon des diamétres, comme nous l'avons établi dans notre propofition.

III. EXPERIENCE.

PREPARATION.

Les cordes étant de trois lignes de diamétre, & tendues par un poids de 60 livres, on employe d'abord un cylindre d'un pouce, & enfuite un autre d'un $\frac{1}{2}$ pouce de diamétre.

EFFETS.

La roideur des cordes avec le premier cylindre céde à 114 onces, & avec le fecond à 135.

Explications.

Les cordes & les poids qui les tiennent tendues reftant les mêmes, leur roideur ne peut varier que par le diamétre du cylindre qu'elles enveloppent. Quand ce cylindre eft plus petit, la corde eft obligée de fe courber davantage ; or puifque cette courbure en général eft un obftacle à la defcente du cylindre, comme nous l'avons fait voir par la premiere expérience, une plus grande courbure doit augmenter la réfiftance. On pourroit être tenté de croire, que le diamétre du cylindre une fois plus petit, devroit rendre la même corde une fois plus roide : mais l'expérience fait voir que ce rapport n'a pas lieu dans tous les cas ; car 135 onces, à beaucoup près, n'égalent pas deux fois 114, comme le premier cylindre égale deux fois le fecond, par la grandeur de fon diamétre.

Applications.

Ce que nous avons prouvé par les expériences précédentes doit fervir de régle dans l'ufage des poulies, des

N iij

treuils, des cabeftans, &c. toutes ces machines ne peuvent s'employer qu'avec des cordes, ou pour parler plus exactement, les cordes en font une partie effentielle ; fi l'on négligeoit de compter fur leur roideur, on tomberoit infailliblement dans des erreurs confidérables, & le mécompte fe trouveroit principalement dans les cas où il eft le plus important de ne fe point tromper, je veux dire dans les grands effets ; car alors les cordes font néceffairement groffes & fort tendues.

On doit donc avoir foin, 1°. de préférer les grandes poulies aux petites, fi la place le permet, non-feulement parce qu'ayant moins de tours à faire, leur axe a moins de frottement, mais encore parce que les cordes qui les entourent, & qu'elles font mouvoir, y fouffrent une moindre courbure, & leur oppofent par conféquent moins de réfiftance ; cette confidération eft d'une fi grande conféquence dans la pratique, qu'en évaluant la roideur de la corde, felon la régle de M. Amontons *, on voit clairement que fi l'on vouloit enlever un fardeau de

* Mém. de l'Acad. des Scienc. 1699. pag. 227.

800 livres avec une corde de 20 lignes
de diamétre, & une poulie qui n'eût
que trois pouces, il faudroit augmenter la puissance de 212 livres pour
vaincre la roideur de la corde ; au lieu
qu'avec une poulie de 2 pieds de diamétre, cette espece de résistance céderoit à un effort de 22 liv. toutes
choses égales d'ailleurs.

On peut juger de-là que les poulies
mouflées ne peuvent jamais avoir
tout l'effet qui devroit résulter du
nombre & de la disposition des leviers
qu'elles représentent ; car dans ces
sortes de machines les cordes ont
plusieurs retours, & quoique les
puissances qui les tendent, chargent
d'autant moins les axes, que les poulies sont plus nombreuses, cependant, parce qu'il n'y a point de corde dont la flexibilité soit parfaite, en
multipliant les courbures, on augmente nécessairement la résistance qui
vient de leur roideur.

Cet inconvénient qui est commun
à toutes les moufles, est encore plus
considérable dans celles où les poulies
rangées les unes au-dessus des autres,
doivent être de plus en plus petites,

pour donner lieu à la corde de se mouvoir sans se toucher & se frotter. Car
nous avons fait voir par la troisiéme
expérience, que la corde a plus de
peine à se plier, quand elle enveloppe un cylindre d'un plus petit diamétre : les poulies mouflées qui sont toutes de même grandeur, sont donc
préférables dans les cas où la raison
que nous venons d'exposer, n'est
point combattue par d'autres plus
fortes.

Les personnes qui sont dans l'habitude de tourner, soit au pied, soit
à l'archet, savent, par leur propre expérience, combien il est nécessaire
de proportionner la grosseur de la
corde à celle de la piece qu'on fait
tourner : si l'on n'a point cette attention, on ne peut jamais exécuter aucun ouvrage délicat entre deux pointes, parce que l'effort qu'il faut faire
pour vaincre la roideur de la corde,
porte sur la piece qu'on fait tourner ;
cette piece ne peut le soutenir qu'autant qu'elle est forte de matiere : &
rien ne marque mieux combien une
corde trop grosse a de peine à se mouvoir, que le peu de temps qu'elle met

à s'échauffer & à s'ufer, quand elle enveloppe une partie fort menue.

Les cordes que l'on employe dans les machines deftinées à faire de grands efforts, doivent être durables, parce qu'elles ne fe font & ne fe réparent qu'à grands frais : elles doivent être capables auffi d'une grande réfiftance, fans quoi elles deviendroient inutiles, ou elles occafionneroient des accidens fâcheux. Mais ces deux qualités font difficiles à concilier avec une grande flexibilité, parce qu'elles ne peuvent gueres s'acquerir que par une groffeur confidérable, & par quelque préparation qui donne néceffairement de la roideur. Les cables qu'on employe dans les bâtimens, & mieux encore ceux qui fervent dans la navigation, feroient d'un ufage bien plus avantageux & plus commode, fi l'on pouvoit trouver quelque moyen de les rendre plus légers & plus flexibles, fans leur ôter la force qui leur eft néceffaire, & fans les rendre moins durables ; le choix des matieres, la façon de les préparer & de les mettre en œuvre, doivent fans doute contribuer beaucoup à cet effet ; mais une attention qu'on néglige un peu trop; & qu'on devroit avoir cependant, c'est de proportionner les cordes aux eforts qu'elles ont à soutenir, de les choisir assez fortes pour ne point manquer; mais de ne rien faire de superflu à cet égard, parce que cette force surabondante ne va point ordinairement sans une augmentation de poids, de roideur, & de frais qu'il est toujours utile d'épargner.

La fabrique des cordes a été presque entierément abandonnée jusqu'ici à des ouvriers peu intelligens pour la plûpart, qui n'y travaillent que par routine, & qui se contentent de répéter servilement ce que d'autres ont fait avant eux : cet objet cependant est d'une assez grande importance, pour mériter l'attention des savans, & l'on ne peut être que très-satisfait de voir qu'il occupe quelques-uns de ceux qui refusent leur temps à des spéculations sublimes, assez souvent inutiles, pour le donner à des choses qui tendent plus directement au bien-être de la société. M. Duhamel du Monceau, pour remplir une partie des vues que les devoirs de sa place *lui ont fait naître ; nous donnera

* Inspecteur
général de la
Marine.

un ouvrage qui contient l'art de la
Corderie, fondé sur un grand nombre d'expériences qu'on lui a vû faire
dans nos Ports. Ce n'est pas seulement une histoire ou une description
de ce qu'on a coutume de pratiquer
dans les atteliers où l'on fabrique
des cordes, mais un recueil d'instru-
ctions nouvelles & utiles qui pourront procurer à cet Art la perfection
dont il a besoin.

Aprés avoir parlé de la roideur
des cordes, & de la maniere dont on
peut estimer la résistance qui en résulte dans les machines, il nous reste à dire quelque chose de leur force,
& des changemens dont elles sont sus-
ceptibles, lorsqu'elles deviennent
alternativement seches & humides.

Les cordes qui sont le plus en usage dans la méchanique, celles dont
il s'agit principalement ici, sont des
assemblages de fibres que l'on tire des
végétaux comme le chanvre, ou du
regne animal, comme la soie ou certains boyaux que l'on met en état d'ê-
tre filés. Si ces fibres étoient assez
longues par elles-mêmes, peut-être

se contenteroit-on de les mettre ensemble, de les lier en forme de faisceaux sous une enveloppe commune ; cette maniere de composer les cordes , eût peut-être paru la plus simple , & la plus propre à leur conserver cette qualité qui est la plus nécessaire , la fléxibilité : mais comme toutes ces matieres n'ont qu'une longueur fort limitée , on a trouvé le moyen de les prolonger en les filant, c'est-à-dire, en les tortillant ensemble , de maniere que les unes s'unissant en partie aux autres , sont embrassées & retenues de même par celles qui suivent ; le frottement qui naît de cette sorte d'union est si considérable , qu'elles se cassent plutôt que de glisser l'une sur l'autre selon leur longueur : c'est ainsi que se forment les premiers fils dont l'assemblage fait un cordon , & de plusieurs de ces cordons réunis & tortillés ensemble on compose les plus grosses cordes.

On juge aisément que la qualité des matieres contribue beaucoup à la force des cordes ; on conçoit bien aussi qu'un plus grand nombre de cordons également gros , doit faire

une corde plus difficile à rompre;
comme une plus grande quantité de
fils forme un cordon d'une plus grande réſiſtance : mais quelle eſt la maniere la plus avantageuſe d'unir les
fils ou les cordons ? le tortillement
par lequel on a coutume de lier ces
aſſemblages, donne-t-il plus de force
aux cordes qu'elles n'en auroient , ſi
les parties qui les compoſent étoient
ſeulement réunies en forme de faiſ-
ceaux ? c'eſt ce qui ne s'apperçoit pas
auſſi facilement ; ſi l'on en croyoit le
préjugé , il ſemble qu'on décideroit
en faveur du tortillement , parce que
cette façon fait naître une union plus
intime entre les parties compoſantes,
& que la force du compoſé ſemble dé-
pendre de cet union.

Il y a même des raiſons ſpécieuſes
qui ont porté pluſieurs Savans à juger
comme le vulgaire à cet égard : on ſait
en général que la force d'un corps dépend de ſa ſolidité , de ſa groſſeur : le
tortillement rend une corde plus groſſe qu'elle ne le ſeroit , ſi ſes fils ou
cordons n'étoient qu'aſſemblés à côté
les uns des autres ; car c'eſt un fait certain, qu'en tortillant enſemble cinq ou

IX.
Leçon.

six fils , on rend cet assemblage plus court & plus gros ; il semble donc que cette grosseur acquise aux dépens de la longueur , devroit faire un corps plus difficile à rompre.

D'ailleurs le tortillement fait prendre aux fils une direction qui est oblique à la longueur de la corde qu'ils composent ; & comme l'effort d'une corde se fait sur sa longueur, il s'ensuit que la force qui la tient tendue, n'agit qu'obliquement sur les fils, & que par conséquent ils en sont plus en état de résister ; car une action oblique a moins d'effet qu'un effort qui se fait directement.

Malgré ces vraisemblances, l'expérience a décidé que cette façon que l'on donne aux cordes, commode & avantageuse à d'autres égards, les affoiblit plutôt qu'elle n'augmente leur force. C'est ce qui paroît d'une maniere bien décisive, par un mémoire fort curieux de M. de Reaumur *, où cette matiere paroît avoir été traitée pour la premiere fois, & d'où j'ai tiré les preuves que je vais rapporter.

* Mém. de l'Acad. des Scienc. 1711. p. 6.

IV. EXPERIENCE.

PREPARATION.

On choifit un écheveau de fil à coudre, le plus égal qu'il eft poffible, on le divife en plufieurs bouts dont on éprouve la force en y fufpendant des poids connus jufqu'à ce qu'ils rompent. Lorfqu'on eft affuré de ce qu'ils peuvent porter féparément fans fe caffer, on en tortille enfemble 2, 3, ou 4, &c. pour en faire une petite corde à laquelle on fufpend pareillement des poids, pour favoir combien elle eft en état d'en foutenir. Voyez la *Figure* 4.

EFFETS.

Les fils tortillés, en quelque nombre que ce foit, ne portent jamais un poids qui égale la fomme de ceux qu'ils portoient féparément.

EXPLICATIONS.

Si le fil de notre expérience, employé fimple, a une force équivalente à 6 livres, deux de ces fils C, D, porteront fans doute la fomme de 12 livres ; mais il faut pour cet effet, que l'effort soit partagé également à l'un & à l'autre , que chacun des deux n'ait à porter que la moitié de la somme totale , c'est-à-dire, 6 livres.

Pour faire mieux sentir la nécessité de cette condition , imaginons que ❧ *Fig.* 4. les deux poids de 6 livres *E*, *F* *, soient joints ensemble , & de maniere que de cette somme de 12 livres, les deux tiers portent sur le fil *D* , & l'autre tiers sur *C* : le premier de ces fils cassera d'abord , parce que , suivant notre supposition, il ne peut porter que 6 livres , & non pas 8. Mais aussi-tôt qu'il sera rompu par cet effort excessif, l'autre se rompra aussi ; parce qu'il se trouvera chargé seul de tout le poids , dont il ne pourroit porter que la moitié. Ainsi quoique chacun de ces fils puisse résister à un effort de 6 livres, l'un & l'autre ensemble ne peuvent soutenir 12 livres , à moins qu'ils ne soient également chargés. Mais lorsque les deux fils sont tortillés ensemble , il arrive infailliblement que l'un des deux l'est plus que l'autre ,

&

& que l'effort du poids eſt inégalement partagé entr'eux ; de-là il arrive qu'ils ne peuvent jamais ſoutenir
enſemble les 12 livres qu'ils auroient
porté ſéparément.

Une autre raiſon de cet effet,
c'eſt qu'en tortillant ainſi les fils,
on les tend ; & cette tenſion tient
lieu d'une partie de l'effort qu'ils
peuvent ſoutenir. Ils ne ſont donc
plus en état de réſiſter autant qu'ils
auroient pû faire avant que d'être
tortillés.

APPLICATIONS.

Les cables & autres gros corda-
ges qu'on employe, ſoit ſur les vaiſſeaux, ſoit dans les bâtimens, étant
toujours compoſés de pluſieurs cordons, & ceux-ci d'une certaine quantité de fils unis enſemble, comme
ceux de notre derniere expérience ;
il eſt évident qu'on n'en doit point
attendre toute la réſiſtance dont ils
ſeroient capables, s'ils ne perdoient
rien de leur force par le tortillement ;
& cette conſidération eſt d'autant
plus importante, que de cette réſiſtance dépend ſouvent la vie d'un
grand nombre d'hommes.

Mais fi le tortillement des fils en général rend les cordes plus foibles, comme nous l'avons fait voir, on les affoiblit d'autant plus, qu'on les tord davantage ; & c'eft une attention qu'on doit faire valoir, fur-tout dans les fabriques établies pour le fervice de la marine, de ne tordre qu'autant qu'il eft néceffaire pour lier les parties par un frottement fuffifant. Il feroit bien à fouhaiter qu'on eût fur cela une regle à prefcrire aux ouvriers, & qu'on pût compter fur leur docilité, & fur leurs foins pour l'obferver.

Lorfqu'on a quelque grand effort à faire avec plufieurs cordes en même temps, ce qui empêche affez fouvent de réuffir, c'eft qu'on ne les fait point tirer également ; & alors elles caffent les unes après les autres, par les raifons que nous avons dites ci-deffus, & mettent en rifque ceux qui les ont employées. Le tirage égal des cordes qui concourent à un même effort, n'eft pas toujours auffi facile qu'il eft néceffaire à obtenir ; c'eft un de ces cas affez ordinaires en méchanique, où le fuccès dépend pref-

que autant de l'adreffe & de l'intelligence de celui qui opere, que des
forces qu'il fait agir.

QUANT aux changemens qui peuvent arriver aux cordes, par la féchereffe ou par l'humidité, ils dépendent principalement de la matiere
& de la façon dont elles font faites:
je ne m'arrêterai ici qu'aux plus re-
marquables, & à ceux qui font de
quelque importance dans l'ufage des
machines.

Toutes les cordes qui font compofées de plufieurs fibres, filets ou
cordons que l'on a tortillés enfemble, fe gonflent & deviennent plus
groffes lorfque l'eau les pénétre ; &
au contraire à mefure qu'elles fe fé-
chent, elles diminuent un peu de
groffeur ; mais en devenant plus groffes, elles perdent une partie de leur
longueur, & elles fe détordent un
peu ; ce font deux faits connus depuis long-temps, & que j'ai fouvent
conftatés par l'expérience fuivante.

O ij

V. EXPERIENCE.

PREPARATION.

J'attache au plancher, ou à quel-qu'autre endroit fixe, des cordes de chanvre, de boyaux, &c. aux bouts defquelles je fufpends des poids H, K, *Fig. 5.* affez forts feulement pour les tenir tendues, & qui finiffent en poin-te au-deffus & fort près de la tablette IL ; au bout de chacune des cor-des, immédiatement au-deffus du poids, je place un petit index de car-ton, g, ou h, qui fait un angle droit avec la corde que je mouille enfuite d'un bout à l'autre, par le moyen d'une éponge, ou autrement.

EFFETS.

On remarque 1^{ment}, que les cordes s'accourciffent, parce que les poids qui les tiennent tendues, s'élèvent un peu au-deffus de la tablette : 2^{ment}, qu'elles fe détordent, par le mouve-ment de l'index qui tourne peu-à-peu de droite à gauche.

EXPLICATIONS.

L'eau s'introduit dans une corde, comme elle entre dans tous les corps poreux ; elle en écarte les parties, & par cette raison la corde mouillée devient plus grosse. Mais les parties d'une corde sont des fibres qui se croisent un grand nombre de fois par le tortillement, & qui ne peuvent s'écarter l'une de l'autre, sans former un ventre, & sans que les extrémités se rapprochent ; de-là vient le raccourcissement de toute la corde. Les particules d'eau qui ouvrent les petits interstices qui sont entre les fibres, dilatent aussi ceux qui se trouvent entre les cordons, & cette dilatation fait que la corde devient un peu moins torse.

Ce qu'il y a de plus remarquable, c'est que ces effets ont lieu, nonobstant les poids qui tiennent les cordes tendues, & ces poids peuvent être assez considérables ; c'est un des exemples qu'on peut citer pour faire voir que de très-petites forces multipliées sont capables de produire de grands efforts. Une expérience qui

IX.
LEÇON.

eſt aſſez curieuſe par elle-même, &
que je vais rapporter, apprendra
comment un fluide qui s'introduit
dans une corde, peut la rendre plus
courte en la groſſiſſant, quoiqu'une
puiſſance conſidérable s'oppoſe à cet
effet.

VI. EXPERIENCE.

PRÉPARATION.

A, *B*, *C*, *Fig.* 6. ſont des veſſies
qui communiquent enſemble par des
petits bouts de tuyaux qui ſervent à
les joindre : *D* eſt un poids de 30 liv.
qui repoſe ſur le pied de la machine,
quand les veſſies ſont vuides.

EFFETS.

Quand on ſouffle de l'air dans les
veſſies par le tuyau qu'on voit en *E*,
elles s'enflent, & le poids s'élève de
pluſieurs pouces.

EXPLICATIONS.

L'air qui s'introduit dans les veſſies les dilate ; mais les parois *A A*,
B B, *C C*, ne peuvent s'écarter l'une
de l'autre que les extrémités de cha-

que veffie ne fe rapprochent, & que
tout l'affemblage par conféquent ne
devienne plus court, & n'oblige le
poids à s'élever.

Pour concevoir comment on peut
élever par un fimple fouffle un poids
auffi confidérable, il faut faire attention que tout fon effort fe partage
également à toute la furface des veffies ; l'orifice du canal $E\,e$, n'occupe
qu'une très-petite partie de cette furface : s'il n'en occupe qu'un $\frac{1}{1000}$, par
exemple, la réfiftance qui s'oppofe à
fon embouchure, & qu'il faut vaincre
pour introduire l'air en foufflant, n'eft
donc que la $\frac{1}{1000}$ partie de 30 livres.

Les côtés $b\,A\,b$, $c\,A\,c$, * d'une de
ces veffies repréfentent affez bien les
fibres qui compofent les cordes ;
comme l'air dilate les unes, l'humidité enfle les autres, & leur fait faire
de grands efforts.

* Fig. 6.

APPLICATIONS.

Ce qui arrive aux cordes que l'on
mouille, fe fait de même à l'égard des
fils tords qu'on doit confidérer comme de petites cordes, foit qu'on les
employe fimples, foit qu'on en for-

me des tissus. C'est pourquoi les toiles neuves se raccourcissent au premier blanchissage ; & généralement on voit toutes les étoffes se retirer lorsqu'on les mouille : celles qui sont fabriquées avec deux sortes de fils placés en différens sens, se retirent inégalement, & font prendre une mauvaise forme aux ouvrages auxquels on les fait servir. Les bas & les gands tricotés ne se mettent & ne peuvent s'ôter qu'avec peine lorsqu'ils sont humides ; cette difficulté ne vient que du rétrécissement causé par les particules d'eau qui ont gonflé les fils ; sans cela, l'interposition d'un fluide ne serviroit qu'à les faire glisser plus aisément sur la peau.

Le moyen de raccourcir les cordes en les mouillant, pourroit être d'un grand secours en certains cas : on dit (& c'est une tradition assez reçue,) qu'en élevant un obélisque à Rome sous le Pontificat de Sixte V. l'entrepreneur se trouvant embarrassé, parce que les cordes étoient un peu trop longues, quelqu'un cria : *Mouillez les cordes* ; & que cet expédient ayant été tenté, réussit parfaitement.

Pour

Pour vérifier ce fait, j'ai eu la curiosité de parcourir quelques ouvrages où
l'on voit avec un grand détail, tout ce
que Dominique Fontana fit par les or-
dres du Pape, depuis 1586 jusqu'à la
fin de 1588, pour relever quatre anciens obélisques qui étoient enseve-
lis sous des ruines ; savoir, celui du
Vatican, qui fut placé devant l'Eglise de saint Pierre ; un autre qui avoit
servi au mausolée d'Auguste, & qui
fut placé devant l'Eglise de S. Roch ;
deux autres enfin qui étoient du
grand cirque, & dont l'un est aujour-
d'hui devant Saint Jean de Latran, &
l'autre devant Sainte Marie du Peuple : dans toutes mes recherches, je
n'ai pas vu un mot des cordes mouillées : je ne crois pas cependant que
cette anecdote eût été omise dans
ces descriptions, qui sont, à tous
égards, très-circonstanciées : je croi-
rois donc volontiers que le fait est
apocryphe ; mais sa possibilité n'est
contestée de personne, & on la peut
conclure des expériences que nous
avons rapportées ci-dessus.

Il est à propos d'observer ici que
les cordes mouillées ne peuvent vain-

Tome III. P

cre de grandes réfiftances en fe raccourciffant, qu'autant qu'elles font
faites de matieres peu fufceptibles
d'allongement par elles-mêmes, telles que font les fibres des végétaux
ou la foie : fi l'on mouille des cordes
de boyaux, quoiqu'elles tendent à
fe raccourcir par les raifons que nous
avons dites, cependant on les allon-
geroit infailliblement en les tirant
avec une certaine force, parce que
les fibres qui les compofent font ex-
tenfibles en toutes fortes de fens, &
elles le font d'autant plus alors, que
l'humidité en les pénétrant, augmente leur foupleffe.

Comme l'humidité & la féchereffe
ont des effets fenfibles fur les cordes,
on a tâché d'en profiter pour connoître l'état de l'atmofphere à cet égard;
ces inftrumens qu'on nomme *Hygrométres*, & à qui l'on donne tant de
formes différentes, confiffent principalement en une corde de chanvre
ou de boyaux qui marque en s'allon-
geant & en fe raccourciffant, ou bien
en fe tordant & en fe détordant, s'il
regne dans l'air plus ou moins d'humidité. Le plus fimple de tous fe fait

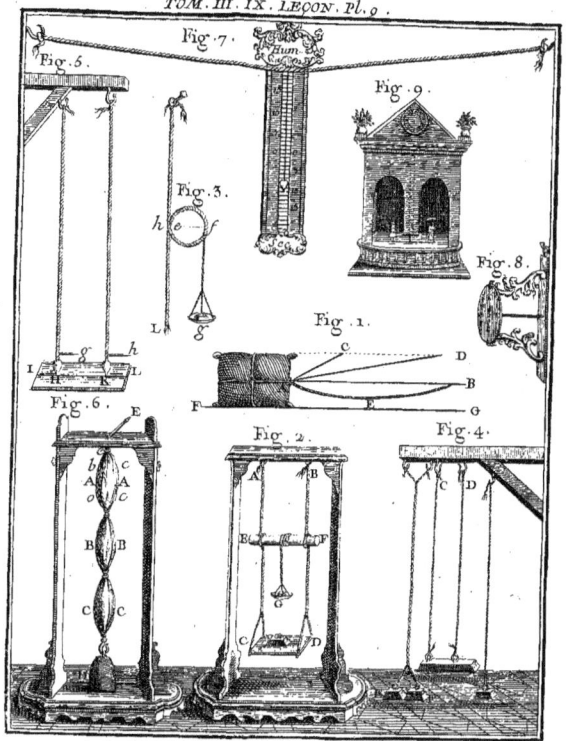

TOM. III. IX. LEÇON. Pl. 9.

avec une corde de 10 ou 12 pieds que
l'on tend foiblement dans une situation horizontale & dans un endroit
à couvert de la pluie, quoiqu'exposé
à l'air libre; on attache au milieu un
fil de laton, au bout duquel on fait
pendre un petit poids qui sert d'index,
& qui marque sur une échelle divisée
en pouces & en lignes les dégrés d'humidité en montant, & ceux de la sécheresse en descendant. *Voyez la Fig.* 7.

Assez souvent on fait des hygrométres avec un bout de corde de
boyaux que l'on fixe d'un côté à quelque chose de solide, & que l'on attache par l'autre, perpendiculairement
à une petite traverse qui tourne à mesure que la corde se tord ou se détord,
& qui marque, comme une aiguille,
sur la circonférence d'un cadran, les
dégrés de sécheresse & d'humidité,
Fig. 8. ou bien on place sur les extrémités de la petite barre deux figures
humaines de carton ou d'émail, dont
l'une rentre & l'autre sort d'une petite
maison qui a deux portiques, lorsque
le sec ou l'humide fait tourner la corde; & l'on fait porter un petit para-
pluie à celle des deux figures que le

P ij

mouvement de la corde fait fortir lorfque l'humidité augmente. *Voyez la Fig. 9.*

IX.
LEÇON.

Les hygrométres que l'on fait de cette façon ou d'une maniere équiva-lente, en cachant la corde pour y mettre un air de myftere, ne font bons que pour amufer les enfans; & l'on ne doit point s'attendre qu'ils appren-nent quel eft l'état actuel de l'atmo-fphere, par rapport à l'humidité & à la fécherefſe, parce qu'on les garde dans des appartemens fermés, & que la corde, qui en eft l'ame, eft conte-nue comme dans un étui, où l'air ne fe renouvelle que peu ou point.

Enfin le meilleur de ces inftrumens n'apprend prefque rien autre chofe, finon que la corde eft mouillée, ou qu'elle eft feche : car, 1°. l'humidité qui l'a une fois pénétrée n'en fort que peu-à-peu, & felon l'expofition du lieu, le calme ou le vent qui régne; & bien fouvent il arrive que l'atmo-fphere a déja perdu une grande par-tie de fon humidité, avant que la corde en puiſſe donner aucun figne; 2°. Tout ce qu'on peut attendre d'un hygrométre à corde, c'eft qu'il faſſe

connoître s'il y a plus ou moins d'humidité dans l'air, par comparaison au
jour précédent ; & l'on fait cela par
tant d'autres fignes , qu'il eft affez
inutile de faire une machine qui n'apprend rien de plus. Ce qu'il importe-
roit le plus de favoir , c'eft de combien l'humidité ou la féchereffe augmente ou diminúe d'un temps à l'autre , & de pouvoir rendre ces fortes
d'inftrumens comparables ; fans cet
avantage , que les hygrométres à
cordes n'auront probablement jamais,
ils ne méritent gueres qu'on les compte au nombre des inftrumens météorologiques.

X. LEÇON.

Sur la nature & les propriétés de l'Air.

IL est peu de matieres dont la connoissance nous intéresse autant
que celle de l'air : ce fluide, dans lequel nous sommes plongés dès l'instant de notre naissance, & sans lequel nous ne pouvons vivre, mérite
sans doute l'attention de tous les
êtres pensans qui le respirent : son
action continuelle sur nos corps a
beaucoup de part aux différens états
qu'ils éprouvent ; nous avons sans
cesse quelque chose à espérer ou à
craindre des changemens dont il est
susceptible. C'est par les propriétés
& par les influences de l'air, que la
nature donne l'acccroissement & la
perfection à tout ce qu'elle fait naître
pour nos besoins & pour nos usages :
c'est par l'air qu'elle transporte &
qu'elle distribue les sources de la fécondité aux différentes parties de la

P iiij

terre. L'air agité eft, pour ainfi dire, l'ame de la navigation: par le moyen du vent, des vaiffeaux qu'on pourroit regarder comme autant de villes flotantes, paffent d'un bord à l'autre de l'Océan; & l'on voit tous les jours en commerce des nations qui fembloient devoir s'ignorer perpétuellement, eu égard à la diftance des lieux. Le fon, la voix, la parole même ne font qu'un air frappé, un fouffle modifié, qui devient le véhicule de nos penfées, & qui a le pouvoir d'exciter & de calmer les paffions. (a). Tant de merveilleux effets ne peuvent s'apprendre avec indifférence : l'efprit qui eft capable de les admirer, ne peut être infenfible au plaifir d'en connoître les caufes.

En quelqu'endroit qu'on fe tranfporte fur la terre, foit qu'on change de climat, foit qu'on s'éleve des lieux les plus bas à la cime des plus hautes montagnes, on fe trouve toujours dans l'air ; on ne connoît aucun lieu ni aucun temps où ce fluide ait

(a) *Ipfe aer nobifcum videt, nobifcum audit, nobifcum fonat ; nihil enim eorum fine eo fieri poteft.* Cic. de Nat. Deor. lib. 2, cap. 33.

manqué : cette confidération nous autorife à croire que le globe que nous
habitons eft entouré d'air de toutes
parts : & cette efpece d'enveloppe que
l'on nomme communément l'*Atmofphere*, a des fonctions fi marquées,
elle a tant de part au méchanifme de
la nature, qu'on ne peut point douter qu'elle n'ait commencé avec la
terre, & qu'elle ne doive durer autant qu'elle.

En qualité d'atmofphere terreftre,
l'air a des propriétés qui ne lui appartiennent plus, lorfqu'on n'en confidere qu'une petite portion, & que l'on
fait abftraction de tout ce qui pourroit s'y mêler d'étranger. Comme ces
propriétés ne font, pour ainfi dire,
qu'accidentelles, & qu'elles ne procédent pas directement de la nature
de l'air, mais plutôt de fa quantité,
de la figure de fa maffe, de fon mélange avec d'autres corps, &c. je crois
qu'il eft à propos de commencer par
établir celles qu'il a toujours en qualité d'air, & indépendamment des
conditions dont nous venons de parler.

X.
LEÇON.

X.
Leçon.

PREMIERE SECTION.

De l'Air confidéré en lui-même, in-
dépendamment de la grandeur &
de la figure de fa maffe.

IL eft prefqu'inutile de dire que l'air
eft une fubftance matérielle : fi l'on
excepte les enfans qui n'ont point encore fait ufage de leur raifon, ou des
hommes groffiers & fans éducation
qui n'ont jamais réfléchi fur les chofes les plus communes, il n'y a perfonne maintenant qui ne reconnoiffe
dans ce fluide les principaux attri-
buts qui caractérifent les corps, l'é-
tendue, la divifibilité, la réfiftance,
&c. Tout le monde fait qu'il peut recevoir & tranfmettre le mouvement ;
& fi l'on dit qu'un vafe eft vuide quand
on en a répandu l'eau, c'eft une expref-
fion autorifée par l'ufage, mais dont
on reconnoît généralement la fauffeté
ou le peu de jufteffe.

Les Auteurs anciens, comme les
modernes, ont reconnu que l'air eft
une matiere. Ceux d'entr'eux qui

l'ont qualifié d'*esprit*, ont sans doute employé ce terme dans le sens figuré, pour exprimer la subtilité de ce fluide, ou pour faire entendre combien il est nécessaire, pour la vie des animaux, & pour l'accroissement des plantes; ou s'il faut prendre cette expression littéralement, on a tort de traduire le mot latin *Spiritus* par celui d'*Esprit* : il signifie également un souffle, un air agité; & l'on doit croire qu'aucun Physicien ne l'a entendu autrement. Au reste l'autorité n'a point de force lorsqu'elle se trouve en contradiction avec l'expérience : l'usage de l'éventail fait sentir la résistance de l'air aux personnes mêmes qui cherchent le moins à s'en convaincre; & lorsque nous avons prouvé l'impénétrabilité des corps en général, les expériences que nous avons employées ont fait connoître spécialement celle de l'air.

Quelques Physiciens * ont pensé que l'air pourroit bien n'être autre chose qu'un mélange des particules les plus subtiles qui s'exhalent de tous les autres corps, & qui étant trop divisées pour reprendre leur premiere

X. LEÇON.

* *Otto de Guerike, Exper. nov. Magdeb. lib. 2. c. 1. & lib. 4. c. 1. Boyle, Exp. Phys. Mech. edit. Genev. 1677. p. 69.*

X.
LEÇON.
s'Gravefan-
de, Phyfices
Elem. Mat.
p. 36. edit.
1742.

forme , demeurent fous celle d'un fluide particulier qu'elles compofent; mais outre que cette opinion n'eft appuyée fur aucune preuve , l'air a des propriétés conftantes , des caracteres inaltérables par lefquels il fe fait toujours connoître , & qui ne manqueroient pas de varier felon les circonftances du temps & du lieu, s'il étoit vrai qu'ils dépendiffent de la décompofition de plufieurs matieres & de l'affemblage de tant d'extraits. Il eft donc plus naturel de penfer que l'air eft une efpéce de fubftance particuliere , dont la nature eft fixe, que fes parties intégrantes font homogénes, ou que fes principes font unis de tout temps , pour ne céder à aucun des efforts que nous pourrions faire pour le décompofer.

La fluidité de l'air eft telle qu'on ne la voit jamais ceffer, tant que fes parties fe touchent, & que leur contiguité n'eft point interrompue par une trop grande quantité de matiere étrangere. Nous voyons communément des liqueurs fe glacer par le froid; certains fluides comprimés ou condenfés ceffent de couler , & fe fixent

fous la figure qu'on leur fait prendre :
mais dans quelque climat & dans quelque faifon que ce foit, on ne voit jamais
aucune partie de l'atmofphere devenir
folide ; & la compreffion la plus forte
qu'on ait jamais employée, n'a pû
durcir ou fixer l'air. La fluidité eft-
elle donc de fon effence ? eft-il abfolument impoffible qu'il la perde ? c'eft
ce que l'on ne voit pas ; mais auffi ce
feroit une témérité d'avancer le contraire, fans en apporter des preuves.

Cette fluidité fi conftante de l'air
viendroit-elle de la feule fubtilité de
fes parties, comme l'a penfé un favant Chymifte * ? c'eft ce que l'on
ne préfumera pas, fi l'on fait attention que l'eau, & quelques autres liqueurs, qui ceffent d'être fluides par
un grand froid, paffent au travers de
certains corps que l'air ne peut jamais pénétrer * * ; car fi la ténuité
des parties étoit capable d'entretenir
conftamment la fluidité, ou l'eau ne
devroit pas fe glacer plus que l'air,
ou l'air, qui ne fe glace jamais, devroit avoir des parties plus fines,
plus pénétrantes que ne le font celles
de l'eau. Or c'eft un fait conftaté par

X.
LEÇON.

* *Boerhaave*
Chemia, tom.
I. p. 320.

* * *Boyle,*
nov. Exper.
Phyf. Mech.
ed. Genev. p.
108.

X.
Leçon.
* Mem. de
l'Académie
des Sciences,
1714. p. 59.

M. de Reaumur*, que l'air ne paſſe point au travers du papier mouillé, & de quelques autres matieres qui ſont très-propres à filtrer l'eau ; d'où il réſulte que les parties de l'air ſont plus groſſieres ou moins ſubtiles que celles de l'eau, à moins que la figure dans les unes ne compenſe la ténuité des autres.

Il eſt aſſez vraiſemblable que l'air demeure conſtamment fluide, parce qu'il eſt parfaitement élaſtique : s'il n'étoit que compreſſible, ſes parties rapprochées pourroient peut-être ſe toucher d'aſſez près pour former un corps dur, & rien ne les obligeroit à ſortir de cet état, comme la neige preſſée entre les mains prend la figure & la conſiſtance d'une boule ſolide: mais le reſſort qu'elles ont, tend toujours à raréfier la maſſe qu'elles compoſent, parce que la plus forte compreſſion ne peut que le tendre & non pas le forcer; par ce moyen ces parties conſervent cette mobilité reſpective en quoi conſiſte la fluidité.

On peut concevoir les parties intégrantes de l'air comme des petits filamens contournés en forme de ſpi-

res flexibles & élastiques , & leur af-
semblage à peu-près comme un pa-
quet de coton ou de laine cardée
que l'on peut réduire en un plus petit volume lorsqu'on le presse , mais
qui tend toujours à se remettre dans
son premier état. Cette idée n'est
qu'une esquisse bien grossiere de la
nature de l'air ; & j'avoue qu'il y a
peut-être cent contre un à parier,
que les parties de cet élément n'ont
point la figure que je leur attribue ;
parce que, pour les supposer telles ,
je n'ai d'autre raison que leur flexibilité & leur ressort, & qu'elles peuvent
être élastiques avec cent figures différentes d'un filet spiral : aussi lorsque
j'adopte cette hypothése avec la plûpart des Physiciens , je ne prétends
point dire ce qu'elles sont, mais seulement ce qu'elles peuvent être ; &
c'est moins pour prendre un parti sur
leur figure , que pour être en état de
faire mieux connoître le ressort admirable du fluide qu'elles composent,
& quelques autres propriétés dont
nous parlerons ci-après.

ON dit communément que l'air est
sec ; mais pourquoi lui attribue-t-on

cette qualité ? eſt-ce parce qu'il en-
leve de la ſurface des corps l'humidité qui s'y trouve ? En effet, il arrive aſſez ſouvent qu'il fait l'office
d'une éponge ; mais auſſi dans pluſieurs cas il rend humides les corps
qu'il touche, parce que les parties
aqueuſes dont il eſt toujours plus ou
moins chargé, s'attachent à certaines
matieres plus facilement & plus fortement qu'à l'air même : on expoſe
du linge à l'air pour le faire ſécher ;
mais le même procédé auroit un effet
tout contraire à l'égard du ſel de tartre ou de quelqu'autre ſel ; c'eſt pourquoi les cordes ou les toiles qui ont
trempé dans l'eau de la mer ſe ſechent
difficilement à l'air, parce que l'eau
demeure opiniâtrément attachée aux
particules ſalines qui tiennent à la ſuperficie.

Dira-t-on que l'air eſt ſec, parce
qu'il ne mouille pas comme les liqueurs ? alors il faut convenir de ce
qu'on doit entendre par le terme de
mouiller : s'il ſignifie adhérer à la ſurface des corps ſolides, on doit demeurer d'accord que l'air mouille au
moins un grand nombre de matieres :

res : car c'est un fait certain que si
l'on verse dans un vase quelque liqueur qui oblige l'air d'en sortir, il
demeure toujours une couche de ce
fluide adhérente aux parois ; on ne
l'apperçoit pas communément, parce qu'elle est fort mince & transpa-
rente ; mais elle devient sensible
quand on la dilate, soit qu'on chauffe
fortement le vase, soit qu'on le mette
dans le vuide : & c'est par cette raison qu'un baromètre qui n'a point été
rempli au feu, c'est-à-dire, dont le
mercure n'a point bouilli dans le tube, paroît terne ; & qu'on y apperçoit une infinité de petites bulles
d'air qui font demeurées attachées au
verre. Si mouiller signifie cette impression qui se fait sur la peau lorsque nous touchons une liqueur, impression toujours différente de celle
d'un corps solide, parce que les parties mobiles entr'elles & très-déliées, se moulent dans les pores,
& procurent un attouchement plus
exact & plus complet ; dans ce sens
l'air mouille aussi, & si nous nous en
appercevons moins, c'est que l'impression qu'il a coutume de faire sur

Tome III. Q

notre peau nous eft plus familiere : fa façon de mouiller eft différente, fans doute, de celle des liqueurs, comme celles-ci mouillent auffi différemment les unes des autres ; l'efprit-de-vin mouille autrement que l'eau, & l'eau ne mouille pas comme l'huile ; c'eft-à-dire, que leur application fur la peau excite des fenfations différentes.

DE's que l'on fait par un nombre infini d'obfervations familieres, que l'air eft matériel, que fes parties réunies forment une maffe réfiftante, mobile, & capable de mouvoir d'autres corps, il eft prefque fuperflu d'examiner s'il eft pefant : car quoique la pefanteur ne foit pas un attribut effentiel à la matiere, & qu'on puiffe bien la concevoir fans cette tendance au centre de la terre ; cependant nous n'avons aucun exemple à citer qui nous autorife à excepter l'air de cette loi commune ; & nous devons préfumer qu'il y eft affujetti comme les autres corps fublunaires, à moins que nous n'ayons des preuves du contraire.

Mais bien loin d'avoir aucune raifon pour attribuer à l'air une légéreté absolue, des faits fans nombre nous forcent à reconnoître fon poids : nous en avons rapporté plufieurs en traitant de l'hydroftatique ; en voici d'autres qui le prouvent directement.

I. EXPERIENCE.

PREPARATION.

La *Figure* 1. repréfente une de ces pompes que l'on nomme communément, *Machines pneumatiques :* quoique ce nom, à le prendre felon fon étymologie, convienne également à toutes les machines qui fervent aux expériences qu'on fait fur l'air ; cependant par un ufage qui a prévalu, il défigne fpécialement celle avec laquelle on fait le *vuide*, c'eft-à-dire, avec laquelle on pompe l'air d'un vaiffeau, apparemment parce qu'elle a plus de célébrité que les autres, & que par fon moyen on a fait un grand nombre de curieufes & utiles découvertes en ce genre. Son premier Auteur fut Otto de Guerike, Conful ou Bourguemeftre de Magdebourg, qui commença à la faire connoître à Ratifbone l'an 1654. Quelques années

Q ij

après, Boyle en fit conftruire une à peu-près femblable qu'il a beaucoup perfectionnée depuis. Le grand ufage que fit de cette machine le Philofophe Anglois, & le fuccès de fes expériences, firent perdre de vûe le Magiftrat Allemand à qui l'on en doit l'invention, de forte qu'à préfent le principal effet de cette pompe fe nomme communément *le Vuide de Boyle*. M. Homberg touché des progrès qu'avoit fait la Phyfique en Allemagne & en Angleterre, par le moyen de cette ingénieufe machine, & n'ignorant pas de quelle utilité elle pouvoit être entre les mains des Savans, chercha les moyens de la rendre plus exacte qu'elle n'avoit été jufqu'alors; & par fes foins, l'Académie Royale des Sciences, dont il étoit membre, en fit faire une il y a environ 60 ans, que l'on voit encore au Jardin du Roi parmi les inftrumens qui lui appartiennent. Enfin depuis que j'ai embraffé une profeffion qui me rend l'ufage de cette pompe auffi fréquent que néceffaire, je me fuis appliqué à la rendre telle, qu'elle pût être d'un fervice plus fûr, plus commode & plus étendu qu'elle n'avoit été précédemment : on pourra juger si j'ai rempli ces trois objets, en lisant dans les Mémoires de l'Académie pour les années 1740 & 1741, les changemens & les augmentations que j'ai faits à cette machine, dont on trouvera l'histoire & la description, avec un détail que je ne puis me permettre ici.

Je dirai seulement, pour faciliter l'intelligence des faits que j'ai à rapporter dans la suite de cette Leçon, que la machine pneumatique dont je me sers est composée de six parties principales ; savoir : 1°, d'un corps de pompe de cuivre A : 2°, d'un piston dont le manche est terminé en forme d'étrier B, pour être abaissé avec le pied, & garni d'une branche montante avec une poignée C, pour être relevé avec la main : 3°, d'un robinet dont on voit la clef en D : 4°, d'une platine couverte d'un cuir mouillé, sur lequel on pose le récipient ou la cloche de verre E : 5°, d'un pied FG, avec deux tablettes H, H, qui peuvent se hausser & se baisser à volonté : 6°, d'un rouet IKL, avec lequel on peut tranfmettre un mouvement très-rapide dans un récipient, après qu'on en a pompé l'air.

Comme on ne peut pas faire le vuide d'un feul coup, il faut qu'on puiffe remonter le pifton fans faire rentrer dans le récipient l'air qu'on en a ôté, & qui a paffé dans le corps de la pompe : pour cet effet la clef du robinet eft percée de façon qu'en lui faifant faire un quart de tour, on ouvre une communication par laquelle le pifton, en fe relevant, pouffe l'air du dedans au-dehors de la pompe, & l'on ferme en même temps tout accès du côté du récipient : enfuite en remettant la clef dans la premiere fituation, on eft en état de donner un nouveau coup de pifton.

Les autres fonctions de cette machine dépendent des propriétés mêmes de l'air que je dois faire connoî-tre ; c'eft pourquoi je differe d'en parler jufqu'à ce que j'aye donné une idée affez étendue de ce fluide fur lequel elle agit.

La *Fig.* 2 eft un ballon de verre qui contient environ 15 pintes de Paris : le col eft garni d'une virolle de cuivre, & d'un robinet qui s'ajufte à une vis qui excede de quelques lignes la platine de la machine pneumatique au centre, de forte qu'on peut le vuider d'air, & le garder en cet état.

La *Fig.* 3. eft une balance très-mobile à laquelle on met en équilibre le ballon vuide ; & pour conferver au fléau une plus grande mobilité par la diminution des frottemens de fon axe, on peut pefer le ballon dans l'eau, ce qu'il eft aifé de faire en y attachant des poids qui l'obligent à fe plonger entiérement : alors la balance n'eft chargée que de la pefanteur refpective du ballon plongé, qui peut être diminuée autant que l'on veut, & du poids que l'on met de l'autre part pour le tenir en équilibre, comme nous l'avons fait voir dans la huitieme Leçon, par les expériences qui prouvent la feconde propofition.

E F F E T S.

Lorfqu'on ouvre le robinet du ballon fufpendu pour y laiffer rentrer l'air, & qu'on le referme enfuite pour le laiffer fe plonger fans que l'eau y puiffe entrer, il fe trouve toujours plus pefant que le poids de l'autre part avec lequel il étoit d'abord en équilibre.

EXPLICATIONS.

Cette expérience eft la plus fimple & la plus décifive de toutes celles qu'on employe pour prouver que l'air a une pefanteur abfolue ; car on fait que dans l'ufage de la balance ordinaire , un poids ne peut être enlevé que par un plus grand poids ; puifque le ballon devient plus pefant dès qu'il s'emplit d'air, c'eft une marque certaine que cette augmentation vient du fluide qu'il a reçu.

On dira peut-être que le ballon, en fe rempliffant , ne reçoit point ce nouveau poids de l'air même qui y rentre, mais plutôt des corps étrangers , & des vapeurs aqueufes dont il eft toujours chargé , & qui s'introduifent avec lui.

Quoique cette objection , au premier coup d'œil , ait tout l'air d'une mauvaife difficulté , & qu'elle n'ait arrêté prefque perfonne de ceux qui ont fait ou connu cette expérience avant moi , je ne puis cependant diffimuler

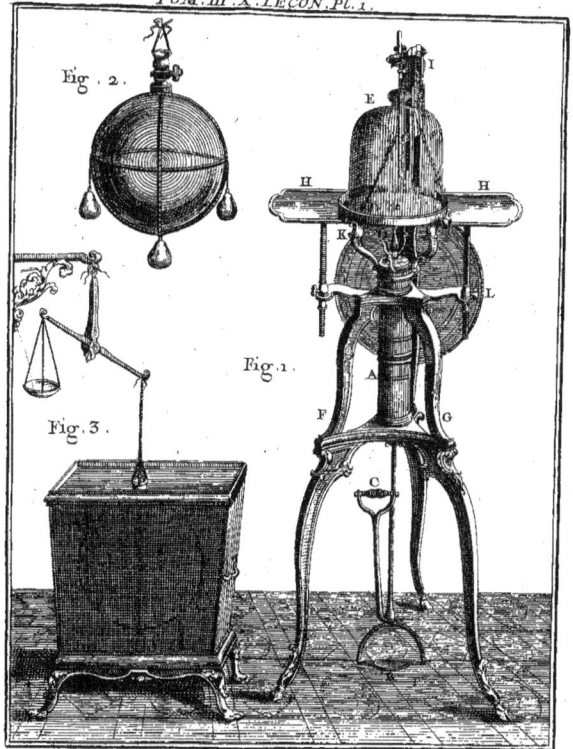

Fig. 2.

Fig. 1.

Fig. 3.

simuler qu'elle m'a paru forte, sur-
tout lorsque j'ai vû, par des épreuves
faites en différens temps, qu'un volume d'air de 2 ou 3 pintes pris au hazard dans l'atmosphere, contenoit
toujours assez d'eau pour rendre une
once de sel de tartre sensiblement
humide & plus pesante ; car si l'on
joint au poids de cette eau celui des
autres matieres qui sont infailliblement répandues avec elle dans le
même volume d'air, & que le sel de
tartre n'a point absorbées, on pourroit être tenté de croire que de toute
la pesanteur du fluide mixte, il n'y a
rien qui appartienne aux parties propres de l'air.

Cette considération a fait dire à
M. Boerhaave * que l'air, de même
que le feu, pourroit bien ne peser
vers aucun point déterminé de l'U-
nivers : je ne me suis point arrêté à
cette conjecture ; & bien loin de céder à la difficulté, je me suis mis en
état de la combattre par le procédé
que voici.

Je suspends le ballon plein d'air à
la balance, & je le tiens en équilibre
dans l'eau avec un poids connu : en-

R

X.
Leçon.

* Chemie
t. 1. p. 267.

suite, sans le changer de situation,
j'applique au robinet un siphon qui
répond à la machine pneumatique
pour y faire le vuide ; à mesure que
je raréfie l'air, je vois tomber au fond
du ballon les vapeurs dont il est chargé, & qui ne sont point de nature à
se raréfier comme lui & à le suivre ;
de cette maniere je fais rester dans le
ballon (au moins pour la plus grande
partie) ces corps étrangers à qui l'on
pourroit soupçonner qu'il doit tout
son poids, & je suis comme certain
que ce qui sort du vaisseau est de l'air
pur ; cependant lorsque j'ai fermé le
robinet, & que j'essaye de remettre
le ballon vuide en équilibre avec le
premier poids, je le trouve, à peu de
choses près, d'autant plus léger qu'il
étoit plus pesant dans la premiere expérience : d'où il suit incontestable-
ment que l'air par lui-même & indépendamment des vapeurs & des exhalaisons avec lesquelles il se trouve
mêlé, augmente le poids d'un vaisseau qu'il remplit.

APPLICATIONS.

Par le moyen des expériences que

je viens de rapporter, non-seulement on peut s'assurer de la pesanteur absolue de l'air; mais on peut connoître aussi quelle est sa pesanteur spécifique, en comparant un volume d'air connu dont on sait le poids, avec un pareil volume d'une autre matiere que l'on pése séparément : un exemple rendra ceci plus intelligible.

Après avoir mis mon ballon plein d'air & plongé dans l'eau en équilibre au bras de la balance, si je le rends plus léger en pompant la plus grande partie de l'air qu'il contient, le poids que j'ajoute ensuite de son côté pour rétablir l'équilibre, est justement celui de l'air qui en est sorti. Je renverse aussi-tôt le ballon dans l'eau, de maniere que l'orifice regarde le fond du vaisseau, & j'ouvre le robinet ; alors le poids de l'atmosphere pousse dans le ballon un volume d'eau qui égale celui de l'air qu'on a ôté : je ferme le robinet ; je remets le ballon dans sa premiere situation, & je charge le bassin de la balance, jusqu'à ce que tout soit en équilibre ; le poids que je suis obligé d'y mettre, est celui du volume d'eau qui est entré dans le ballon : ainſi en comparant les deux poids, je vois le rapport qu'il y a entre deux volumes égaux d'air & d'eau. En procédant ainſi, M. Hauxbée a trouvé que la peſanteur ſpécifique de l'air eſt à celle de l'eau, à peu-près comme 1 eſt à 885,

Au récit de ces expériences, on croiroit volontiers qu'il n'y a rien de plus facile à faire que cette comparaiſon du poids de l'air à celui d'un autre fluide par le moyen de la balance; cependant on n'en vient à bout qu'avec beaucoup de ſoins ; & quelques précautions que l'on prenne, il reſte toujours de l'incertitude dans le réſultat.

La difficulté vient, 1°, de ce que tous les fluides, & généralement tous les corps ſe dilatent par la chaleur, & ſe condenſent par le froid, de ſorte que l'air & l'eau que l'on compare dans le mois de Juin n'ont pas la même denſité qu'au mois de Janvier : cet inconvénient ne ſeroit pas d'une ſi grande conséquence, ſi ces matieres, en ſe dilatant ou en ſe condenſant, gardoient toujours entr'elles le même rapport; mais il s'en faut bien

que cela foit, & ce n'eft point une petite affaire que de bien connoître les
variations qu'elles éprouvent felon
leurs différentes températures.

2°. Comme il n'y a point d'air parfaitement pur, auffi n'y a-t-il point
d'eau qui ne contienne quelque chofe
d'étranger; & quoi qu'en difent quelques Auteurs, il y a bien des eaux,
qui, au même dégré de chaud & de
froid, différent fenfiblement de pefanteur entr'elles. Or s'il eft néceffaire de favoir quelle eau ou quel air
on a péfé, pour conclure avec précifion le rapport de l'une à l'autre, on
ne peut donc prononcer en général
qu'un à peu-près.

3°. Les variations du baromètre
nous apprennent que la preffion de
l'atmofphère n'eft pas toujours la même; & nous verrons bien-tôt que l'air
change de denfité felon qu'il eft plus
ou moins comprimé. Il peut donc
arriver que le volume d'air mefuré
par la capacité du ballon, foit plus
pefant dans un temps que dans un
autre; c'eft pourquoi M. Hauxbée,
dans le récit de fon expérience, n'a
omis ni la hauteur actuelle du mer-

cure dans le barométre (*a*), ni la
faifon dans laquelle il a operé ; au
lieu de citer feulement le mois (*b*),
il auroit fans doute défigné la température par le dégré du thermometre, s'il y en avoit eu alors de comparables comme à préfent.

4°. Pour comparer exactement le
poids de l'air avec celui de l'eau, il
faut qu'en plongeant l'orifice du ballon où l'on a fait le vuide, il y rentre
juftement autant d'eau qu'il en eft
forti d'air, fans quoi ce ne feroit plus,
comparer enfemble deux volumes
égaux. Mais on fait que quand une
liqueur fe trouve dans le vuide, l'air
qu'elle contient s'en dégage, & s'é-
leve au-deffus : c'eft le cas où fe trouve l'eau qui commence à monter dans
le ballon ; elle blanchit par la quantité des bulles d'air qui s'en échappent;
& cet air occupant la partie fupérieu-
re du vaiffeau, empêche qu'il ne reçoive autant d'eau qu'il devroit y en
entrer, eû égard au vuide qu'on y
avoit fait. Il faudroit donc avoir

(*a*) 29 p. ½ , mefure d'Angleterre, c'eft à-
dire un peu moins que 28 pouces de France.
(*b*) Mai.

bien purgé d'air l'eau dont on veut se servir dans cette expérience ; & c'eſt ce qu'il ne paroît pas qu'on ait fait juſqu'à préſent ; d'où il ſuit que l'on a conclu la peſanteur ſpécifique de l'air un peu plus grande qu'elle n'eſt en effet.

On ne doit donc pas être ſurpris de trouver ſi peu d'accord entre les Auteurs qui ont tenté ces ſortes d'ex-périences, ſur-tout dans des temps où les procédés étoient d'autant plus difficiles, qu'on étoit moins inſtruit des faits, & qu'on n'avoit pas les moyens dont on peut s'aider mainte-nant. Galilée établit le rapport de l'air à l'eau comme 1 à 400 ; le Pere Merſene comme 1 à 1346 : quelle dif-férence ! De tous les Phyſiciens qui ont cherché depuis à réſoudre cette queſtion, perſonne n'a trouvé l'air auſſi peſant qu'il le feroit ſuivant le premier de ces réſultats, ni auſſi lé-ger qu'il paroît l'être par le dernier (a) : & ſi l'on prend un milieu entr'eux,

_____

(a) Boyle dans ſes Expér. Phyſicoméch. conclut que l'eau commune eſt 938 fois plus peſante que l'air : & dans d'autres endroits, il varie ſur cette eſtimation. M. Homberg,

il paroît assez constant que l'eau de pluie est environ 900 fois plus pesante que l'air, l'un & l'autre étant pris dans une température moyenne, comme de 12 dégrés au-dessus du terme de la glace, le barometre étant à 28 pouces.

Comme les volumes sont en raison réciproque des pesanteurs spécifiques, il faudroit donc un volume d'air d'une densité uniforme & égal à 900 pieds cubes, pour faire équilibre à un pied cube d'eau qui pese environ 70 livres; d'où il suit que la pesanteur absolue d'un pied cube d'air, est à peu-près une once & deux gros (a).

La pesanteur de l'air étant une fois connue, on ne doit plus être surpris de sentir la main s'attacher sur un petit récipient ouvert par le haut, lorsqu'on y fait le vuide par le moyen de la machine pneumatique : car tant

comme il paroît par l'hist. de l'Ac. des Sciences, après avoir aussi changé plusieurs fois d'avis, a donné le rapport de l'air à l'eau, comme 1 à 1087 ; M Halley, comme 1 à 860; M. Hauxbée comme 1 à 885 ; M. Muschenbrock comme 1 à 681.

(a) Wolf. Elem. Aërom. p. 741. dit qu'un pied cube d'air pese une once 27 grains.

que le vaſe eſt plein d'un air auſſi denſe que celui de l'atmoſphere, la main
ſe trouve appuyée non-ſeulement ſur
les bords, mais encore ſur la maſſe
du fluide qui eſt renfermé, & qui réſiſte à la preſſion extérieure ; mais
quand on a fait le vuide, la main, toujours preſſée par l'air du dehors, ne ſe
trouve plus ſoutenue que par les
bords du récipient ; & pour l'en ſéparer, il faudroit faire de bas en haut
un effort capable de ſoulever la colonne d'air qui péſe deſſus. Or le
poids de cette colonne égale celui
d'un cylindre de mercure qui auroit
pour baſe le plan qui eſt terminé par
les bords du récipient, & 27 à 28 pouces de hauteur, comme on l'a vû par
la fameuſe expérience de Toricelli*.

Il ſuit de-là que cette preſſion eſt
d'autant plus grande & plus ſenſible,
que le récipient a plus d'ouverture
par en haut ; c'eſt pourquoi la main y
tient bien davantage que le bout du
doigt, lorſqu'on le poſe ſur le trou
même qui eſt au centre de la platine ;
& par la même raiſon, une clef fo-
rée que l'on ſucce, & qui s'attache
enſuite à la langue ou à la lévre, s'en

* 7. Leçon,
p. 295.

détache d'autant plus difficilement
que le canal est plus gros.

Quand on fait ainsi le vuide sous
la main, ou sous quelqu'autre partie
du corps, on doit avoir soin que les
bords du récipient ne soient pas trop
aigus ; car ils pourroient bien entamer la peau : on peut en faire l'é-
preuve avec la moitié d'une pomme
ou avec une tranche de navet ; au
premier coup de piston, il arrive
presque toujours qu'il s'en détache
un cercle qui entre dans le vase avec
impétuosité & avec bruit.

Cette adhérence que l'on peut faire
naître par la pression de l'air extérieur,
pourroit être employée fort utilement
dans la Chirurgie : je ne parle point
de la ventouse qui est si connue,
& dont l'usage est maintenant assez
négligé en France ; mais n'y auroit-il
pas des occasions où l'on auroit besoin de saisir, pour un peu de temps,
une partie délicate, qui, par sa figure, par son volume, ou par sa molles-
se, ne donne point de prise aux tene-
tes & autres instrumens ? une petite
pompe dont l'orifice formé en pavil-
lon, pourroit être de telles dimen-

fions, & garni de telle maniere qu'on le jugeroit à propos pour l'opération, deviendroit un moyen fûr & avantageux entre les mains d'un homme intelligent; c'eft aux gens de l'art à juger de l'application qu'on en pourroit faire.

Il femble d'abord que cette preffion extérieure de l'air, qui vient de fon poids, devroit écrafer les cloches de verre, dont on couvre la platine de la machine pneumatique pour faire le vuide; mais pour peu qu'on y faffe attention, on verra que ces vaiffeaux, étant toujours uniformément arrondis en forme de cylindre ou de voûte, font à l'abri de cet accident: comme la furface extérieure eft néceffairement plus grande que celle du dedans, toutes les parties qui compofent l'épaiffeur, reffemblent à celles dont on fait les cintres; ce font autant de coins ou de pyramides tronquées, qui fe foutiennent mutuellement, à mefure qu'elles font preffées vers un axe ou un centre commun, par l'action d'un fluide qui péfe en tout fens. On peut voir par la *Fig.* 4. l'épaiffeur d'un récipient coupé felon son axe, & par la *Fig.* 5. le même vaisseau coupé parallélement à sa base.

Ce qui prouve bien que la forme arrondie défend les vaisseaux contre le poids de l'air, lorsqu'ils en sont vuides, c'est qu'ils se cassent infaillible-ment, quand ils ont une autre figure. Que l'on applique à la machine pneumatique celui qui est représenté par la *Fig.* 6. il est ouvert de part & d'autre, comme le petit récipient sur lequel on applique la main : mais au lieu de le boucher ainsi, on étend & on lie dessus un morceau de vessie mouillée qui lui sert de fond, & qu'on laisse sécher ; à mesure qu'on fait agir la pompe dessous pour le vuider, le poids de l'air extérieur fait prendre à cette vessie tendue la forme d'une ca-lotte renversée , & enfin elle creve avec éclat. Un morceau de verre de vitre, ou de glace de miroir, que l'on poseroit en la place de cette vessie, se briseroit de même, s'il étoit exacte-ment appliqué sur les bords du vais-feau, par le moyen d'un cuir inter-posé, ou autrement. Les bouteilles de verre mince qui sont fortappla-

ties, & ordinairement couvertes d'o-
fier, crevent aſſez ſouvent, quand on
les porte à la bouche à demi-pleines
de liqueur, pour boire à même ; car
la ſuccion raréfie l'air intérieur, & le
poids de l'atmoſphere agiſſant ſur les
deux côtés plats, les porte l'un vers
l'autre, & briſe le vaiſſeau.

Ces ſortes d'épreuves, & ſur-tout
celle de la veſſie, cauſent toujours
quelque étonnement aux perſonnes
qui les voyent pour la premiere fois,
par le grand bruit qui les accompa-
gne. Cet effet vient de ce que l'air
entre avec une grande vîteſſe (a) &
tout à la fois en grand volume, dans
un vaiſſeau vuide dont il frappe les
parois : car le bruit vient primitive-
ment du choc des corps, comme
nous le ferons voir par la ſuite ; & les
fluides ſont très-capables de heurter
les ſolides.

On remarque quelque choſe de
ſemblable, lorſqu'on tire bruſque-
ment le couvercle d'un étui à cure-

(a) Selon M. Papin, l'air de l'atmoſphere
en rentrant dans le vuide, va avec une vîteſſe qui lui feroit parcourir 1305 pieds dans une
ſeconde. *Abrég. de Lowtorps*, *T.* 1. *p.* 586.

dents, d'une écritoire de poche, ou le piſton hors d'une ſeringue qui eſt bouchée par l'autre bout ; c'eſt qu'a-lors on fait une ſorte de vuide que l'air du dehors ſe hâte de remplir, dès que l'accès lui eſt libre : car pendant qu'on ouvre l'étui, la capacité *A B*, *Fig*. 7. s'augmente de la quantité *B C*, & l'air intérieur en devient d'autant plus rare ; puiſqu'au lieu d'être contenu entre *A B*, comme il l'étoit dans ſon état naturel, il s'étend juſ-ques en *C* : mais ceci s'entendra encore mieux, quand nous aurons expliqué de quelle maniere l'air ſe raréfie, lorſ-qu'on fait uſage de la machine pneu-matique.

LA denſité de l'air, d'où dépend ſa peſanteur ſpécifique, n'eſt point conſ-tante, elle varie beaucoup, non-ſeu-lement par le froid & par le chaud, comme il arrive à toutes les autres matieres, mais auſſi par une compreſ-ſion plus ou moins grande à la manie-re des corps à reſſort. Je dis à la ma-niere des corps à reſſort, parce que pendant tout le temps que l'air eſt comprimé, il conſerve conſtamment la faculté de s'étendre & d'occuper un plus grand efpace, aufli-tôt que l'on fait ceffer les caufes qui refferrent fon volume, comme le crin, la laine, le duvet de plume, &c. avec cette différence cependant, que toutes ces matieres perdent leur élafticité en tout ou en partie, quand elles font trop fortement ou trop long-temps comprimées, au lieu que l'air fe rétablit toujours parfaitement; au moins peut-on dire qu'il n'y a jufqu'à préfent aucun fait connu qui prouve le contraire (a).

L'air fe comprime lui-même par fon propre poids, de forte que celui que nous refpirons dans la plaine, eft plus denfe que celui qu'on trouve fur une montagne; parce que celui-ci eft chargé d'une colonne moins longue que celui-là.

Mais de quelque maniere que l'air foit comprimé, fon reffort fait toujours équilibre à la puiffance qui reftraint fon volume, de maniere que

(a) M. de Roberval a gardé pendant 15 ans de l'air comprimé dans une canne à vent; & après cet efpace de temps, l'air a montré dit-il, autant de force qu'il a coutume d'en avoir, en pareil cas.

si sa réaction devient libre, il pourra faire, en qualité de fluide élastique, tout ce qu'auroit pû faire la force qu'on a employée pour le comprimer : les expériences suivantes serviront d'éclaircissement & de preuves à ces propositions.

II. EXPERIENCE.

PREPARATION.

EFG, *Fig.* 8. est un tuyau de verre recourbé en forme de siphon, dont la plus longue branche a environ 8 pieds de longueur, & la plus courte 12 pouces, à compter de *d* en G : ce tuyau peut avoir intérieurement 3 ou 4 lignes de diametre, & la partie *d* G doit être parfaitement cylindrique; il est ouvert en *E*, & fermé en G; & il est attaché solidement sur une planche assez épaisse pour ne point plier facilement, & divisée en pouces de *d* en *E*, & de *d* en G. Cet instrument étant debout, on y fait couler un peu de mercure, de maniere que le coude en soit rempli : on continue ensuite de verser du mercure dans la branche la plus longue ; & à
mesure

mesure qu'elle s'emplit, on observe, par les graduations qui sont
marquées de part & d'autre, quels
rapports gardent entr'elles les élévations du mercure dans les deux
branches.

EFFETS.

Lorsque le mercure est élevé de
4 pouces au-dessus du point *d* dans
la plus courte branche ; à compter
du niveau de cette élévation , il
s'en trouve 14 pouces dans la plus
longue.

En continuant de verser du mercure, on remarque que 6 pouces d'élévation vers *G* , répondent à 28 pouces
de l'autre part; & 9 pouces à 84.

EXPLICATIONS.

Avant que de faire couler du mercure dans l'instrument, toute sa capacité est remplie d'un air qui est comprimé par le poids même de l'atmosphere : en mettant du mercure dans le
coude *d*, on divise cet air en deux colonnes , dont une *E d*, souffre toujours la même compression de la part
de l'air extérieur, avec qui elle com-

Tome III.   S

munique : & l'autre *d* G doit être
confidérée comme un reſſort précédemment tendu par le poids de l'atmoſphere ; tant que le mercure eſt en
équilibre avec lui-même dans la ligne
d h, cette petite colonne d'air faiſant
auſſi équilibre par ſon reſſort à l'autre , qui péſe en *d* , ſon volume ne
doit ni augmenter ni diminuer ; mais
lorſqu'on ajoute du mercure dans la
plus longue branche, il ne s'éleve pas
également dans la plus courte , parce que l'air qui s'y trouve renfermé ,
lui fait obſtacle. Cette oppoſition cependant n'empêche pas qu'il ne ſoit
reſtraint dans un plus petit eſpace ,
parce qu'alors il eſt preſſé , non-ſeulement par le poids de l'atmoſphere,
comme auparavant , mais encore par
une colonne de mercure dont la hauteur ne doit ſe compter que du niveau
de ſon élévation dans la plus courte
branche , puiſque ce qu'il y en a au-
deſſous de cette ligne eſt égal de part
& d'autre.

On doit ſe ſouvenir qu'en parlant
du barometre * , nous avons obſervé qu'une colonne de mercure d'environ 28 pouces de hauteur , péſe au-

*Tome II.
VII.Leçon,p.
295, & ſuiv.

tant qu'une colonne d'air de même
bafe, & de la hauteur de l'atmofphere : 14 pouces de mercure ajoutés au
poids de l'air extérieur augmentent donc d'un tiers la preffion qu'il
exerce contre celui qui eft entre G *d* ;
voilà pourquoi le volume de cette
portion d'air fe condenfe, & que
ce cylindre, au lieu de demeurer
long d'un pied, diminue de 4 pouces, qui font le tiers de fa premiere
longueur.

Par la même raifon, lorfque la colonne de mercure eft de 28 pouces
au-deffus de fon niveau, le poids de
l'atmofphere eft doublé, & l'air qui
foutient cette double compreffion,
ne forme plus qu'un cylindre de fix
pouces de hauteur ; c'eft-à-dire, que
fon volume diminue de moitié.

Enfin 84 pouces de mercure font
trois colonnes l'une fur l'autre de 28
pouces chacune, dont la fomme égale trois fois le poids de l'atmofphere,
& qui doivent par conféquent faire
perdre les trois quarts de fon volume
à la colonne d'air *d* G qu'elles compriment ; ainfi cette colonne de 12
pouces fe réduit à trois.

S ij

X.
LEÇON.
*Contra Li-
num, p. 42.
** Oeuvres
de M. Mariot-
te, in-4. T.
I. p. 153.

Cette expérience que l'on doit à Boyle * & à M. Mariotte **, prouve fort bien, comme on voit, que l'air comprimé diminue de volume comme la preſſion augmente : & puiſque la denſité d'une matiere croît à meſure que ſes parties ſe rapprochent & qu'elles occupent enſemble un moindre eſpace, on peut dire que l'air ſe condenſe, en raiſon directe des poids dont il eſt chargé. Cependant il eſt

* Hiſt. de
l'Ac. 1702.
p. 2.

aſſez raiſonnable * de croire que cette proportion n'a pas lieu dans les dégrés extrêmes, ou bien il faudroit ſuppoſer gratuitement, que l'air eût à cet égard un privilége excluſif ; car nous ne connoiſſons aucun corps élaſtique qui puiſſe être comprimé à l'infini, & toujours proportionnellement aux puiſſances dont il éprouve l'action. D'ailleurs comme l'air n'eſt jamais pur, & que les matieres dont il eſt chargé, ne ſont pas compreſſibles comme lui, on doit croire, qu'après une compreſſion très-grande, ſes parties ceſſeroient d'être flexibles, parce qu'elles ſeroient appuyées ſur des corps étrangers, dont la nature eſt de ne céder à aucune force connue.

Pour faire avec exactitude l'expérience que je viens de rapporter, il faut 1°. Que les deux branches de l'instrument soient parallèles entr'elles, & les tenir dans une situation bien verticale pendant qu'on observe les élévations du mercure ; car comme les liquides pésent en raison de leur hauteur perpendiculaire à l'horison, si ces branches étoient penchées, la pression ne seroit pas comme la longueur des colonnes qu'elles renferment. 2°. Il faut prendre garde d'échauffer ou de refroidir le volume d'air contenu dans la branche dG ; car il changeroit de dimensions, indépendamment de la pression qu'il souffre de la part du mercure, & de l'air intérieur. 3°. On doit avoir soin que la branche courte soit intérieurement bien cylindrique ; car autrement des parties égales mesurées sur sa longueur, ne donneroient pas des capacités semblables, & l'on ne pourroit pas conclure avec justesse, le dégré de condensation de l'air par le raccourcissement de la colonne, qu'il représente à mesure que la compression augmente.

X.
Leçon

III. EXPERIENCE.

PREPARATION.

II, *Fig.* 9. repréfente un feau rempli d'eau, dont on obferve la température par le moyen d'un thermometre qu'on y plonge ; on affujettit dans ce premier vaiffeau, avec un poids ou autrement, une bouteille dont l'orifice *L L* eft fort large : on prépare enfuite un bouchon de liege que l'on perce au milieu pour recevoir le tube du barometre *K M*, & l'on place l'un & l'autre de façon que la partie inférieure du barometre foit dans la bouteille; après quoi l'on verfe fur le bouchon de la cire fondue & mêlée de térébenthine, pour empêcher qu'il n'y ait aucune communication entre l'air du dedans & celui du dehors ; mais de peur que la chaleur de la cire n'échauffe l'air intérieur, & n'en change la denfité, il faut pratiquer au travers du bouchon & de fon enduit, un petit canal que l'on ne ferme que quand tout eft bien refroidi : alors on marque avec un index à quelle hauteur le mercure fe tient dans le barometre.

EFFETS.

Non-feulement le mercure ne hauf-
fe ni ne baiffe au moment qu'il eft
renfermé : mais quoique par la fuite
il faffe appercevoir ces fortes de variations fuivant la température du lieu
où il eft ; toutes les fois qu'on le rappelle au dégré de chaud ou de froid
qu'il avoit dans le vaiffeau *I I*, où s'eft
faite la préparation, le mercure fe
remet à la hauteur indiquée par l'index : & cet effet eft toujours le même
après plufieurs années.

EXPLICATIONS.

Un inftant avant qu'on fermé la
bouteille, l'air qu'elle contient communiquant avec celui du dehors, fait
encore partie de l'atmofphere, en
foutient la preffion, & la tranfmet
en s'appuyant contre les parois inté-
rieures du vaiffeau, & contre tout ce
qui s'y trouve renfermé ; cet air agit
alors comme pefant fur le réfervoir du
barometre, & foutient le mercure à
28 pouces. Auffi-tôt que la bouteille
eft bouchée, cette même maffe d'air
n'a plus que fon propre poids, qui eft

bien peu de chofe en comparaifon de celui de l'atmofphere, à qui elle étoit jointe précédemment : mais elle refte comprimée felon toute la force de ce poids dont elle n'eft plus chargée, & fa réaction eft égale à cette force ; c'eft pourquoi elle foutient, en qualité de corps à reffort, les 28 pouces de mercure qu'elle portoit, lorfqu'elle pefoit avec l'air extérieur.

Il fuit de cette épreuve que non-feulement le reffort de l'air eft égal à la force qui l'a comprimé ; mais on voit auffi que cette élafticité ne s'af-foiblit pas, comme celle des autres corps, par fucceffion de temps, puifque le mercure fe foutient, ou revient toujours au même dégré d'élévation, quoique pendant plufieurs années on tienne la même maffe d'air en expérience.

IV. EXPERIENCE.

PREPARATION.

La *Fig.* 10. repréfente deux hémifpheres concaves de cuivre, & de 6 pouces de diametre, dont l'un eft garni d'un robinet, par lequel il peut
s'ajufter

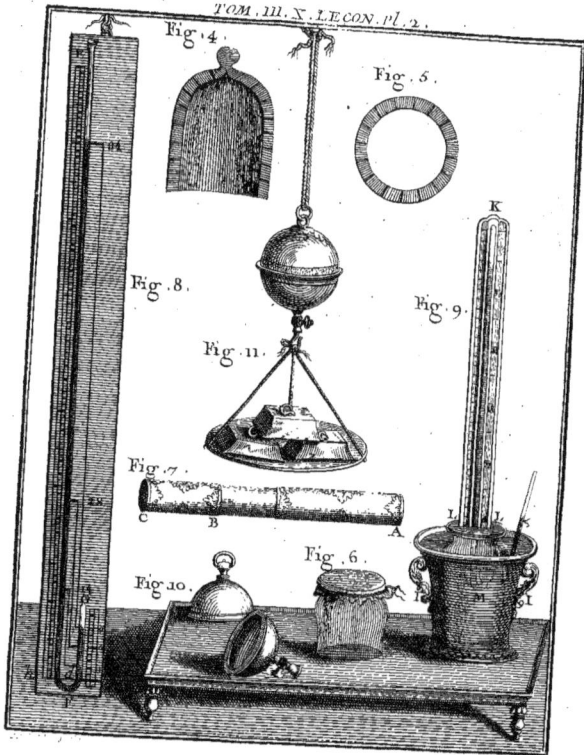

TOM. III. X. LECON. Pl. 2.

Fig. 4.

Fig. 5.

Fig. 8.

Fig. 9.

Fig. 11.

Fig. 7.

Fig. 10.

Fig. 6.

s'ajufter à la machine pneumatique :

& l'autre porte un anneau au milieu
de fa convexité, pour être facilement
fufpendu. Ces deux calottes fe joignent en forme de globe ; & pour rendre la jonction plus facile & plus exacte, l'une des deux a fes bords garnis d'un anneau plat dont la largeur
excede autant en - dedans qu'en dehors ; on le couvre d'un cuir mouillé
fur lequel s'appliquent les bords de
l'autre hémifphere, qu'on a eu foin
de bien dreffer.

X.

Tout étant ainfi difpofé, on fait
le vuide dans cette boule creufe, &
l'on ferme le robinet pour la tenir en
cet état ; lorfqu'elle eft détachée de
la machine pneumatique, on joint au
robinet un crochet de métal capable
de porter un poids de 60 livres, &
l'on attache l'anneau à quelque point
fixe.

E F F E T S.

Quand ces deux hémifpheres ainfi
joints font fufpendus, comme on le
peut voir par la *Fig.* 11. le poids de
60 livres qu'on y attache, n'eft pas
capable de les féparer l'un de l'autre ;

& quand on ouvre le robinet pour laisser rentrer l'air, la moindre force les défunit.

V. EXPERIENCE.

PREPARATION.

Quand les deux hémispheres sont attachés ensemble par l'évacuation de l'air, au lieu de les ôter de la machine pneumatique, il faut seulement dévisser deux ou trois tours, le robinet par lequel ils sont appliqués à la pompe, afin qu'on puisse faire le vuide dans un récipient dont on les couvrira. Ce vaisseau doit être ouvert par le haut, & garni d'une boîte de cuivre rempli de cuirs gras pressés les uns sur les autres, au travers desquels on fait passer une tige de métal bien arrondie & bien cylindrique. Cette tige porte d'un côté un anneau par lequel on la peut faire mouvoir de bas en haut & en tournant ; & à son autre bout on ajuste un crochet qui s'engage dans l'anneau de la calotte supérieure, comme il est représenté par la *Fig.* 12.

Par le moyen de cette boîte à

cuirs, lorſqu'elle eſt bien faite, on
peut tranſmettre toutes ſortes de
mouvemens dans le vuide, ſans que
l'air y rentre, au moins d'une quantité
ſenſible. Il eſt inutile de dire, qu'au
lieu du crochet dont on ſe ſert dans
cette expérience, on peut ajuſter au
bout de la tige tout autre inſtrument
dont on aura beſoin ſelon les circonſtances.

E F F E T S.

Quand on a raréfié l'air du récipient à un certain dégré, & que l'on
tire la tige de la boîte à cuirs, de bas
en haut, les deux hémiſpheres ſe ſé-
parent ſans peine; & ſi l'on remet
en place celui qu'on a ſoulevé, en
faiſant rentrer l'air dans le récipient,
on les attache auſſi fortement qu'ils
l'étoient avant qu'on les plaçât dans
le vuide.

E X P L I C A T I O N S.

Les deux hémiſpheres ne s'attachent point enſemble tant que l'air
qui s'y trouve renfermé demeure dans
ſon état naturel, c'eſt-à-dire, auſſi
denſe que celui du dehors, parce

T ij

que l'effort qu'il fait pour s'étendre, & pour écarter ces deux calottes qui lui font obstacle, est précisément égal à celui de l'atmosphere qui les presse extérieurement ; chacune d'elles se trouve en équilibre entre deux puissances de même valeur.

Mais quand cet air intérieur se trouve raréfié par l'action de la pompe, la force de son ressort en est d'autant affoiblie ; l'équilibre est rompu, & l'adhérence des deux hémispheres est proportionnelle à la différence qu'il y a entre la densité de l'air qui presse extérieurement, & celle de l'air qui résiste en dedans ; de sorte que si celui-ci pouvoit être réduit à zéro, il faudroit employer, pour séparer ces deux pieces, un effort un peu plus grand que le poids d'une colonne entiere de l'atmosphere, dont la base auroit six pouces de diamétre, ce qui seroit plus de 400 livres ; en supposant seulement, selon l'évaluation commune, qu'une colonne de l'atmosphere ait une pression de 12 livres sur un espace circulaire d'un pouce de diamétre.

Lorsqu'on a placé la boule vuide

ſous un récipient qui lui ôte toute
communication avec l'atmoſphere ,
ce n'eſt plus , à la vérité , le poids de
cet atmoſphere, qui retient les deux
hémiſpheres l'un contre l'autre ; mais
c'eſt la réaction d'une maſſe d'air comprimé précédemment par ce poids , &
qui eſt capable des mêmes effets : c'eſt
pourquoi ces deux pieces ne ſe ſépa-
rent facilement , que quand on a détendu le reſſort de l'air environnant ,
en diminuant ſa denſité par pluſieurs
coups de piſton , juſqu'à ce qu'il ſoit
autant raréfié que celui qui reſte dans
la boule.

Si l'air, en rentrant dans le récipient,
trouve les deux hémiſpheres rejoints
de maniere qu'il ne puiſſe pas s'y introduire & s'y étendre comme dans le reſte du vaiſſeau, il les preſſe de nouveau
l'un contre l'autre, par la même raiſon
qu'ils avoient été d'abord attachés, &
avec autant de force, s'il y a la même
différence entre les deux airs , celui
du dehors & celui du dedans.

APPLICATIONS.

C'eſt en conſéquence des principes
dont on vient de voir les preuves,

que le vuide fe fait dans un vaiffeau, par le moyen de la machine pneumatique : car en abaiffant le pifton d'un bout à l'autre de la pompe, on fait naître un efpace fans air, dans lequel celui du récipient ne manque pas de s'étendre en vertu de fon élafticité ; mais une maffe d'air qui fe partage ainfi à deux efpaces, devient néceffairement plus rare dans chacun des deux ; c'eft pourquoi le poids de l'atmofphere produit en même temps les deux effets fuivans : 1°. il attache le récipient à la platine, comme on a vû qu'il fait tenir enfemble les deux hémifpheres de métal : 2°. fi l'air extérieur ne peut pas rentrer par le haut de la pompe, ce même poids de l'atmofphere remonte le pifton en partie, c'eft-à-dire, jufqu'à ce que l'air qui eft dans la pompe foit auffi denfe que celui de dehors.

Ce dernier effet mérite attention : bien des gens fe dégoûtent de la machine pneumatique fimple, par la difficulté qu'ils trouvent à remonter le pifton : on s'épargne une grande partie de cete peine quand on fait la clef du robinet de façon que l'air puisse bien passer du dedans au-dehors de la pompe, mais non pas réciproquement : car avec cette précaution *, le piston se releve comme de lui-même ; & il reste peu de chose à faire, sur-tout lorsqu'on approche des derniers dégrés de raréfaction.

* Voyez les Mémoires de l'Acad. pour l'ann. 1740. p. 413.

Quant à l'adhérence du récipient à la platine, elle augmente à mesure que l'air se raréfie ; & cette raréfaction, à chaque coup de piston, suit le rapport des capacités. Si, par exemple, celle de la pompe est égale à celle du récipient, au premier coup, la densité de l'air diminue de moitié, parce que son volume devient double, puisqu'il remplit deux espaces semblables à celui qu'il occupoit d'abord : au second coup, il se raréfie encore dans la même proportion, & par conséquent sa densité est réduite au quart, & ainsi de suite ; d'où il paroît qu'une machine pneumatique, quelque parfaite qu'elle puisse être, ne peut jamais évacuer parfaitement l'air du récipient, puisque la densité de cet air diminue toujours en proportion géométrique. En un mot, pour ne point se faire une idée fausse du vuide qui se fait ainsi , on doit considérer le récipient comme étant toujours plein , mais d'un fluide dont la densité diminue de plus en plus , jusqu'à ce que le ressort de ses parties soit autant détendu qu'il peut l'être , dans un espace où il est peu gêné : je dis peu gêné , pour ne pas dire absolument qu'il ne l'est plus ; car il paroît qu'il l'est encore , quand on a épuisé tous les efforts de la meilleure machine pneumatique , comme on le verra par ce qui va suivre.

Que la raréfaction de l'air , dans le récipient , soit proportionnelle au rapport qu'il y a entre la capacité de ce vaisseau & celle de la pompe ; c'est un fait dont il est facile de s'assurer par l'expérience. Que l'on adapte un barometre à un récipient , dont la capacité soit à celle de la pompe , par exemple , comme 2 à 1 , & qu'on l'applique à la machine pneumatique de la maniere qu'on le voit par la *Fig.* 13. au premier coup de piston la densité de l'air sera diminuée d'un tiers ; aussi le mercure descendra d'un tiers de sa hauteur ; en partant de 27 pouces , il sera donc à 18 : au second coup, l'air fera d'un tiers encore plus rare qu'il n'étoit après le premier coup ; & le mercure defcendra auffi du tiers de 18 pouces, c'eft-à-dire, à 12 ; & toujours ainfi de la troifieme partie du dernier reftant.

Ce fait étant bien conftaté , on pourra donc trouver tout d'un coup le rapport des capacités entre un récipient quelconque , & la pompe à laquelle on l'applique ; & fi l'on connoît la grandeur abfolue de l'une des deux , cette comparaifon fera connoître l'autre : car premiérement , fi le mercure defcend au premier coup de pifton du quart de fa hauteur , on peut conclure en toute fûreté , que la capacité du récipient eft à celle de la pompe , comme 3 eft à 1 ; & 2°. fi l'on fait d'ailleurs que la pompe tient une pinte , on faura de cette maniere que le récipient en tient trois : cette façon de jauger les vaiffeaux , pourroit trouver des applications utiles.

On peut auffi , par ce moyen, eftimer les dégrés de raréfaction de l'air ; & il y a long-temps qu'on applique pour cet effet le barométre à la machine pneumatique : mais comme d'ordinaire on n'a befoin de connoître au jufte l'état de l'air, que quand il approche des derniers dégrés de raréfaction, on peut alors fe difpenfer d'employer un baromètre entier, qui feroit trop cafuel & toujours fort embarraffant ; puifque dans un air très-raréfié le mercure ne garde que quelques pouces ou quelques lignes de hauteur, on peut regarder le refte du tuyau qui demeure vuide audeffus comme inutile, & le fupprimer : par ce moyen on a un baromètre tronqué qui n'eft autre chofe qu'un petit fiphon renverfé, dont la plus longue branche que l'on emplit de mercure, eft fcellée hermétiquement par le haut ; & que l'on attache debout fur un petit pied de plomb avec une régle de bois mince & graduée en pouces & en lignes. *Voyez la Fig.* 14.

Mais foit qu'on fe ferve de cette efpece de jauge, foit qu'on employe le baromètre entier, on ne voit jamais defcendre le mercure parfaitement à fon niveau ; il demeure toujours élevé un peu au-deffus, s'il n'y a point d'ailleurs quelques caufes étrangeres *. On ne doit pas s'en prendre au poids de l'air qui refte dans le récipient : la colonne qui répond à celle du mercure eft trop courte, & fa denfité eft trop diminuée pour avoir une pefanteur fenfible ; mais il eft naturel de penfer que quand l'air eft extrêmement raréfié, fon reffort quoique fuffifant encore pour foutenir une ligne de mercure, eft déja trop affoibli pour forcer les frottemens & les vapeurs graffes qui s'oppofent à fon paffage dans le canal étroit du robinet. C'eft une petite imperfection dont les machines pneumatiques les mieux faites ne font point exemptes ; mais ce défaut ne tire point à conféquence ; & quand elles n'ont que celui-là, on peut toujours réduire la denfité de l'air à $\frac{1}{300}$ de celle qu'il a quand le barométre marque 28 pouces ; car une bonne pompe abaiffe le mercure a-peu-près à une ligne de fon niveau, & 28 pouces donnent 336 lignes.

Si l'on entend bien de quelle maniere l'air agit, foit par fon poids, foit par fon reffort, on expliquera facilement une infinité de faits cu-

X. Leçon.
* Voyez les Mémoires de l'Acad. des Scienc. pour l'année 1741. p. 345.

rieux que l'ufage des machines pneumatiques, & la facilité que l'on a ac-
quife de faire le vuide, ont donné occafion de connoître.

Une veffie dans laquelle on enfer-
me un peu d'air, & que l'on tient
dans le vuide, ne manque pas de s'enfler, parce que ce peu d'air qu'elle
contient, fe raréfie lui-même, à mefure que celui qui l'environne perd de
fa denfité : & en pareil cas un plomb
qui péferoit 12 ou 15 livres ne l'empêcheroit pas de s'enfler, parce qu'il
ne feroit point équivalent à la preffion
de l'air qu'on fait ceffer d'agir autour
d'elle dans le récipient.

Par la même raifon, une bouteille
de verre mince & pleine d'air que
l'on a bien bouchée, creve dans le
vuide, parce que rien ne fait plus
équilibre au reffort de l'air qu'elle contient, & qui fait un effort continuel
pour fe déployer.

Un œuf placé dans un gobelet fe
vuide par un fort petit trou que l'on
fait en fa partie inférieure, quand on
raréfie l'air qui l'environne ; il fe remplit auffi par le même trou quand on
laiffe rentrer l'air dans le récipient :

c'est qu'un œuf, sur-tout s'il est vieux,
contient de l'air qui surnage dans
l'endroit le plus élevé de la coque,
à cause de sa légéreté : cet air s'étend
& chasse devant lui la matiere propre
de l'œuf, à mesure qu'on diminue
la pression de l'air extérieur avec lequel il étoit d'abord en équilibre ;
dès qu'on rend l'air dans le récipient,
sa pression fait rentrer tout ce qui est
sorti de la coque, & resserre l'air intérieur dans le premier espace qu'il
occupoit.

Cette explication devient sensible,
si dans une phiole pleine d'eau dont
on plonge l'orifice dans un vase, on
laisse une bulle d'air qui ne manque
pas d'occuper la partie supérieure, &
qu'on fasse passer le tout dans le vuide. *Voyez la Fig.* 15. Car, à mesure
qu'on raréfie l'air du récipient, on
voit que la bulle s'étend de plus en
plus (*a*), & qu'elle précipite l'eau
qui est renfermée avec elle jusqu'au

(*a*) Par une pareille expérience, M. Mariotte conclut que l'air, en partant de l'état
où il est à la surface de la terre, peut remplir un espace 4000 fois plus grand que celui qu'il a coutume d'occuper. *De la nature
de l'Air, p.* 173.

deſſous du niveau ; après quoi ſi l'air vient à rentrer dans le récipient, la liqueur remonte, & l'air reprend ſon premier volume au-deſſus d'elle.

Une vieille pomme ſe déride dans le vuide, parce que l'air qui eſt ſous la peau s'étend & la ſouléve ; mais elle devient plus ridée qu'auparavant quand elle ſort du vuide, parce que l'air qu'elle contenoit en ſe mettant au large, en eſt ſorti en partie, & qu'il en reſte d'autant moins, pour réſiſter à la preſſion de l'air extérieur, ce qui fait augmenter les plis de la peau.

Il ſeroit ſuperflu de rapporter ici toutes les expériences de cette eſpece qui ont été faites, & qui feroient plutôt un ſpectacle agréable & amuſant, qu'un concours de preuves néceſſaires pour confirmer ou pour éclaircir les principes, que nous croyons avoir établis aſſez ſolidement : il ſuffit qu'on entende bien quelques-uns de ces faits ; tous les autres deviennent faciles à expliquer.

Mais après avoir fait connoître le reſſort de l'air tendu par le poids de l'atmoſphere, & les différens dégrés

de raréfaction dont ce fluide eſt ſuſ-
ceptible , en partant de l'état où il
eſt communément à la ſurface de la
terre , il eſt à propos maintenant de
faire voir combien on peut augmenter
ſa denſité & ſon reſſort , lorſqu'on
le ſoumet à une preſſion plus grande
que celle de l'atmoſphere.

VI. EXPERIENCE.

PREPARATION.

La *Fig.* 16. repréſente un vaiſſeau
de cuivre que l'on remplit d'eau environ juſqu'aux deux tiers de ſa capacité : on y joint enſuite le canal *N O* ,
garni d'un robinet qui s'ajuſte à vis
au vaiſſeau , & dont le bout inférieur
O , qui eſt ouvert, deſcend à une ligne près du fond. On adapte en *N*,
la petite pompe foulante *P R*, *Fig.* 17.
avec laquelle on fait entrer à force
beaucoup d'air ; après quoi le robinet
étant fermé , on ôte la pompe pour
viſſer en ſa place un ajutage percé
d'un ou de pluſieurs trous.

La pompe prend l'air par un trou
pratiqué en *P*, au-deſſus duquel on
éléve le piſton ; & ce même piſton ,

en defcendant, le force de paffer par un petit trou pratiqué au fond, & fur lequel on a mis une foupape en-dehors, pour empêcher que l'air ne revienne dans la pompe quand on éléve de nouveau le pifton.

Effets.

Dès que l'on ouvre le robinet, l'eau fort du vaiffeau en forme de jet, qui monte d'abord à la hauteur de 25 ou 30 pieds, & qui baiffe fur la fin.

Explications.

La quantité d'air qu'on force d'entrer dans le vaiffeau remonte d'abord à travers l'eau, à caufe de fa légéreté, & va fe joindre à celui qui occupe la place $L\,Q$, dont il augmente d'autant la denfité : cet air ainfi comprimé a une force élaftique beaucoup plus grande que le poids de l'air extérieur qui réfifte à l'orifice N du canal. Cette force fe déploye fur la furface de l'eau, & la chaffe par le canal qui eft ouvert, avec d'autant plus de vîteffe qu'il y a de différence entre la denfité de l'air qui eft renfermé dans le vaiffeau, & celle de l'air extérieur : & comme cet air qui chasse l'eau se trouve plus au large à mesure que le vaisseau se vuide, son ressort s'affoiblit de plus en plus ; & par cette raison le jet en devient moins élevé vers la fin.

Si l'on avoit lieu de douter que l'effet dont il s'agit ici ne vînt, comme nous le disons, d'un défaut d'équilibre entre l'air du vaisseau & celui du dehors ; il seroit aisé de s'en convaincre par une expérience assez jolie, & qui mérite d'être rapportée.

On peut cimenter un tuyau de verre, qui finisse en pointe à une bouteille de même matiere, de sorte qu'elle soit en petit ce qu'est en grand le vaisseau de cuivre de l'expérience précédente : si l'on renverse cette bouteille dans un gobelet plein d'eau, & qu'on couvre le tout d'un récipient sur la platine d'une machine pneumatique, comme dans la *Fig.* 18. à mesure qu'on fera le vuide, on verra sortir de la bouteille une partie de l'air qui formera des bouillons dans l'eau du gobelet ; & ensuite lorsqu'on laissera rentrer l'air dans le récipient, sa pression poussera dans la bouteille autant d'eau qu'il en sera sorti d'air,

Je ne m'arrête point à expliquer ces deux premiers effets, on doit les entendre par ce qui a été dit ci-deſſus. Mais ſi l'on redreſſe la bouteille, comme dans la *Fig.* 19. & qu'on raréfie de nouveau l'air du récipient, celui qui eſt au-deſſus de l'eau venant à ſe raréfier lui-même, fera naître un jet qui s'élevera d'autant plus, qu'on aura rompu davantage l'équilibre entre les deux airs. Ici ce n'eſt pas l'air comprimé artificiellement qui force la réſiſtance du poids de l'atmoſphere, comme dans l'expérience précédente ; mais c'eſt le reſſort naturel de ce fluide que l'on met en état d'agir, en affoibliſſant celui qui lui réſiſte à l'orifice de la bouteille : c'eſt toujours un air plus fort contre un air plus foible, en un mot, de l'eau entre deux portions d'air qui ne ſont plus en équilibre.

VII. EXPÉRIENCE.

PRÉPARATION.

La *Fig.* 20. repréſente une eſpece d'arquebuſe compoſée de deux canons de métal, placés l'un dans l'au-

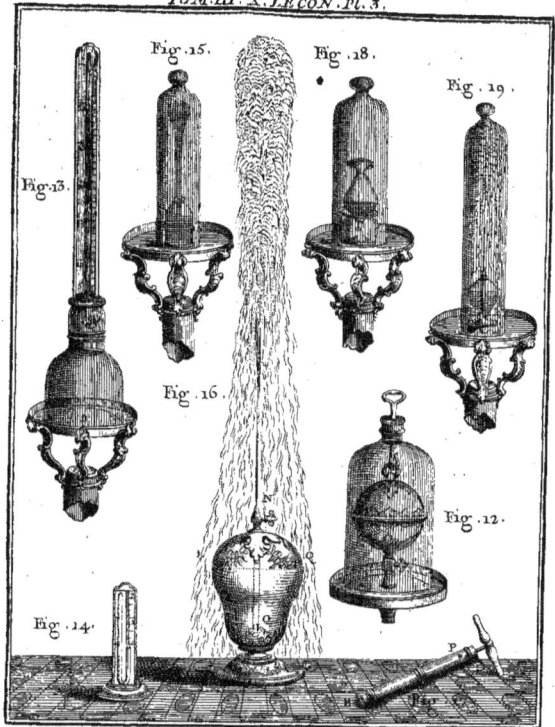

tre, & entre lefquels il refte un efpace
bien fermé où l'on condenfe fortement l'air par le moyen d'une petite
pompe foulante qui eft logée dans
la croffe. Il y a deux foupapes ; favoir, une au bout de la pompe, pour
empêcher que l'air n'y revienne,
quand on tire le pifton ; & l'autre au
bout du canon intérieur du côté de
la culaffe, où l'on a foin de placer
une balle de calibre. La derniere de
ces foupapes fe leve par le moyen
d'une détente, pour laiffer paffer l'air
dans le petit canon, & fe referme
très-promptement, pour n'en faire
échapper qu'une partie. Comme ces
fortes d'armes ne font pas fort en ufage, j'ai fait conftruire celle dont je me
fers, de maniere qu'on ne courût aucun rifque en mettant les balles, &
qu'on pût les ôter de même, fans être
obligé de décharger l'air ; pour cet
effet, il y a un canal ou réfervoir qui
contient 12 balles, & une efpece de
robinet que l'on tourne, pour les placer fucceffivement dans la direction
du petit canon, ou pour les déplacer
fi l'on ne veut pas tirer. Pour conferver à cet inftrument toute la forme ex-

V ij

térieure d'un fufil, on l'a garni d'une platine dont la batterie fert à tourner la clef du robinet, & le mouvement du chien fait lever la foupape.

EFFETS.

Le chien étant armé, dès qu'on le détend, la balle eft chaffée avec tant de force, qu'on peut l'ajufter affez bien à 70 pas dans un cercle d'un pied de diamétre.

Les derniers coups ont toujours bien moins de force que les premiers: mais communément le huitieme perce encore une planche de chêne épaiffe de 6 lignes, & placée à la diftance de 20 ou 25 pas.

L'air & la balle, en fortant, font peu de bruit, fur-tout fi le lieu où l'on eft, n'eft point fermé ; ce n'eft qu'un fouffle violent qu'on entend à peine à 30 ou 40 pas.

EXPLICATIONS.

Après l'explication que j'ai donnée de l'expérience précédente, la feule préparation de celle-ci, doit fuffire pour en faire entendre les effets : l'air condenfé entre les deux canons fait effort pour en fortir; dès qu'on lui donne fon paffage par le petit canon, il emporte tout ce qu'il y rencontre : la balle reçoit donc une vîteffe prefqu'égale à celle avec laquelle cet air commence à s'échapper. Mais comme la foupape ne demeure ouverte qu'un inftant, il ne s'en échappe à chaque fois qu'autant qu'il en faut pour faire partir une balle : cependant les dernieres font pouffées plus foiblement, parce que le reffort de l'air diminue à mefure que ce qu'il en fort lui laiffe plus de place pour s'étendre. Le bruit eft incomparablement plus foible que celui d'une arme à feu ; parce que ni la balle, ni l'air qui la pouffe, ne frappent jamais l'air extérieur avec autant de violence & de promptitude qu'une charge de poudre enflammée, dont l'explofion fe fait toujours avec une vîteffe extrême. L'arquebufe à vent fe fait pourtant plus entendre dans un lieu fermé, que dans un endroit découvert, parce qu'alors la maffe d'air qui eft frappée étant appuyée & contenue par des murailles ou autrement, fait une plus grande réfiftance.

APPLICATIONS.

Les fusils, piftolets, ou cannes à vent, font des inftrumens plus curieux qu'utiles ; la difficulté de les conftruire, celle de les entretenir long-temps en bon état, les rend néceffairement plus chers, & d'un fervice moins commode & moins fûr que les fufils à poudre ordinaires : le feul avantage qu'on y pourroit trouver, je veux dire celui de frapper fans être entendu, pourroit devenir dangereux dans la fociété ; & c'eft une précaution fort fage de reftraindre le plus qu'il eft poffible l'ufage de ces fortes d'inftrumens. Ceux qui les aiment en parlent fouvent avec enthoufiafme, & leur font plus d'honneur qu'ils n'en méritent, en leur attribuant des effets dont ils ne font pas capables : il n'eft point vrai, par exemple, qu'ils ayent jamais autant de force qu'une arme à feu ; & c'eft une chofe fort rare que les foupapes tiennent l'air affez conftamment, pour les garder long-temps chargés.

Si les hiftoires qu'on fait de la *pou-*

dre *blanche* ont quelque réalité, on
doit fans doute les entendre dans le
fens figuré, du fufil à vent, qui eft
capable de porter un coup affez meur-
trier fans faire un bruit confidérable;
car comme le bruit d'un fufil ne vient
point de la couleur de la poudre,
mais qu'il eft une fuite néceffaire de
l'explofion fubite dont elle eft capable, on doit croire que toute matiere qui fe dilatera avec la même vîteffe, qu'elle foit blanche ou noire,
éclatera de même.

Quant aux fontaines artificielles où
l'eau reçoit fon mouvement du reffort
de l'air, on les peut varier de cent
manieres différentes, plus curieufes
& plus agréables les unes que les autres : elles le font d'autant plus qu'on
y voit l'eau s'élever au-deffus de fa
fource, tout au contraire des jets ordinaires, qui fe font, comme on fait,
par une chûte d'eau, dont le réfervoir
eft plus haut. Je me contenterai d'un
feul exemple, pour ne point m'arrêter infructueufement à des chofes qui
fe trouvent dans tous les livres de
Phyfique.

La fontaine qui eft repréfentée par

la *Fig.* 21. porte le nom d'Hero, à qui l'on en attribue l'invention ; on la conftruit communément de deux baffins ou boîtes de métal que l'on joint par des tuyaux de même matiere : celle-ci eft faite de verre, afin qu'on en apperçoive mieux le méchanifme : la matiere & la forme extérieure font tout-à-fait indifférentes, on les peut varier felon fon goût. Pour mettre cette fontaine en jeu, j'emplis d'eau jufqu'aux trois quarts le globe *A B*, par le canal *C D*, qui eft ouvert de part & d'autre ; j'en mets enfuite dans le baffin *G H*, pour tenir toujours plein le tuyau *I K*, qui eft ouvert d'un bout à l'autre. Cette colonne d'eau qui tend à fe répandre dans le globe inférieur *E F*, charge de tout fon poids la maffe d'air dont il eft plein : cet air ainfi comprimé s'échappe par le canal *L M*, & exerce fa preffion fur la furface de l'eau qui eft en *A B* ; & enfin cette eau preffée par l'air, s'élance en forme de jet par le canal *C D*, au bout duquel on met un ajutage percé, fi l'on veut, de plufieurs trous pour former une gerbe d'eau.

II

Il suffit de mettre d'abord un peu d'eau dans le bassin pour emplir le tuyau I K ; le jet qui naît aussi-tôt, fournit assez pour l'entretenir plein, & l'écoulement qui se fait ainsi du globe A B , retombe dans celui d'en-bas, que l'on vuide après l'opération par une espece de robinet qui est dessous.

On fait usage aussi du ressort de l'air comprimé , pour rendre continuel l'écoulement d'une pompe qui n'a qu'un piston : supposons, par exemple, que la pompe aspirante & foulante n o p , Fig. 22. soit enveloppée d'un vaisseau cylindrique de métal, qui forme autour d'elle un espace bien fermé Q R S , qui communique avec le tuyau montant T V.

Quand l'eau élevée par l'aspiration sous le piston sera forcée ensuite par la compression de passer par la soupape qui est en o , non - seulement elle s'élevera dans le tuyau , mais elle montera aussi vers Q R, dans l'espace qui est autour de la pompe , & en s'élevant ainsi elle tendra le ressort de l'air qui sera entr'elle & le fond de cette cavité. C'est pourquoi

Tome III. X

pendant qu'on remontera le piston, pour faire une nouvelle afpiration, la réaction de cette maffe d'air comprimé fuppléera à la preffion du pifton, & fera continuer l'écoulement en *V*.

Par ce moyen on gagne certainement en vîteffe ; car le tuyau *TV*, fourniffant de l'eau fans interruption, il en paffe une plus grande quantité dans un certain temps : mais cet avantage ne s'acquiert qu'aux dépens de la force, qui doit être plus grande de la part du moteur, puifqu'il en faut non-feulement pour porter le poids de l'eau qui péfe en *T*, mais auffi pour comprimer l'air dont on veut tendre le reffort. Au refte il y a bien des cas où il eft important de fournir de l'eau fans interruption ; & c'eft pour cette raifon que l'on conftruit ainfi ces petites pompes portatives fi fort en ufage en Angleterre, en Hollande, & depuis quelques années à Paris, avec lefquelles chaque particulier peut arrêter au moins le progrès d'un incendie naiffant, en attendant des fecours plus puiffans.

Depuis l'invention de la machine

pneumatique, on a fait une grande quantité d'expériences dans le vuide ou dans l'air raréfié à différens dé- grés : il étoit naturel de penser qu'il y en avoit beaucoup à faire auffi dans l'air condenfé au-deffus de ce qu'il l'eft communément , & plufieurs Phyficiens ont déja mis la main à l'œuvre. On fe fert, pour ces fortes d'épreuves , d'un vaiffeau capable d'une grande réfiftance, & l'on y fait entrer de l'air à force avec une peti- te pompe femblable à celle dont nous avons fait ufage ci-deffus pour la fontaine de compreffion *. Mais l'air qui paffe ainfi par une pompe fe charge de vapeurs graffes & humides; & il y a bien des cas où il feroit à fouhaiter qu'il fût plus pur, afin que ce qui réfulte de l'expérience ne puif- fe être attribué à rien autre chofe qu'au dégré de compreffion qu'on lui a fait prendre, à la denfité de fa propre matiere. Cette confidération m'a fait imaginer une nouvelle ma- chine, avec laquelle on pourra com- primer l'air, fans diminuer le dégré de pureté qu'il a dans l'atmofphere, ou même en l'augmentant : lorfque

X.
Leçon.

* Fig. 17.

X ij

j'y aurai mis la derniere main, si elle en mérite la peine, j'en ferai part au public dans les Mémoires de l'Académie des Sciences, à la suite des instrumens qui servent aux expériences de l'air, dont j'ai commencé la description.

Il paroît par les expériences de Boyle, qu'on peut, par compression, rendre le volume d'une masse d'air 13 fois plus petit qu'il n'est dans son état naturel à la surface de la terre. D'autres Philosophes ont porté depuis cette épreuve plus loin par différens procédés : celui qui paroît avoir le plus fait à cet égard, est M. Hales, qui dit *, avoir réduit l'air à la 1837e. partie de son volume ordinaire (a) ; sur quoi M. Muschenbroek fait une réflexion qui paroît fort judicieuse. « L'air, par cette expérience, est devenu, dit-il, plus

*Stat. des végét. dans l'append. p. 390.

(a) Il y a de l'obscurité dans le calcul de M. Hales ; M. de Buffon son traducteur trouve qu'il faut corriger le résultat, en comptant 1551, au lieu de 1837. Par la traduction Italienne que Mademoiselle Ardinghelli a faite de ce même ouvrage, il paroît que M. Halles a compté avoir réduit l'air à la 1598e. partie du volume qu'il a dans l'atmosphere.

» de deux fois aussi pesant que l'eau ;
» ainsi comme l'eau ne peut être com-
» primée, il paroît de-là que les par-
» ties aëriennes doivent être d'une
» nature bien différente de celle de
» l'eau ; car autrement si l'air étoit de
» même nature, on n'auroit pû le ré-
» duire qu'à un volume 800 fois plus
» petit ; il auroit donc été alors pré-
» cisément aussi dense que l'eau, &
» il auroit aussi résisté à toutes sortes
» de pressions avec une force égale à
» celle qu'on remarque dans l'eau. »

M. Hales à cette occasion propose
une espece de jauge, propre à mesurer les hauteurs de la mer ; mais comme la regle de M. Mariotte sur la
condensabilité de l'air, n'est juste
que dans les dégrés moyens de compression, & qu'on ne sait point en
quelle proportion ce fluide se comprime dans les dégrés extrêmes, cette
jauge ne pourroit pas avoir lieu.

M. Amontons, bien loin de révo-
quer en doute cette grande condensabilité de l'air, l'a supposée bien
avant qu'on la connût par expérience, comme un principe par lequel
on peut expliquer, selon lui, certains

X iij

mouvemens inteftins de notre globe ; car après avoir prouvé que le reffort de l'air animé par la chaleur, eft d'autant plus fort que ce fluide a plus de denfité, il ne doute pas que les tremblemens de terre ne puiffent être excités par des maffes d'air fouterrein qui fe dilatent, & il fait voir que la partie inférieure d'une colonne de l'atmofphere prolongée de 18 lieues vers le centre de la terre, auroit, à cette profondeur, une denfité égale à celle du mercure*.

* *Mém. de l'Académie, 1703, p. 101.*

Les expériences précédentes & les obfervations que nous y avons jointes, ont appris comment l'air change de denfité, & de quelle maniere fon reffort augmente ou diminue par une preffion plus ou moins grande : il refte à favoir maintenant, quels effets produifent le chaud & le froid fur ce fluide.

Ce n'eft point ici le lieu d'examiner quelle eft la nature du feu, ni comment il agit fur les corps ; ces queftions feront traitées dans la fuite de cet ouvrage avec l'étendue qui leur convient ; nous dirons feulement par anticipation, & pour faciliter l'intelligence des effets que nous avons à expliquer préfentement, 1°. que le froid n'eft, ni un être réel, ni une qualité pofitive, mais feulement l'état d'un corps qui eft actuellement moins chaud qu'il ne l'a été ou qu'il ne le peut être, de forte qu'il n'y a rien dans la nature qui foit abfolument froid : la glace, par exemple, n'eft froide que par comparaifon à l'eau dont elle eft formée, ou à quelque corps plus chaud qu'elle ; c'eft une vérité que nous développerons davantage dans la fuite, & que nous appuyerons de toutes les preuves néceffaires. 2°. On peut confidérer la chaleur, comme l'effet d'une matiere extrêmement fubtile, dont l'abondance ou l'action tient écartées les unes des autres les parties propres du corps qu'elle pénétre, & leur communique une partie de fon mouvement.

En fe repréfentant la chaleur fous cette idée, on concevra facilement deux effets très-remarquables qu'elle produit dans une maffe d'air, & que nous allons faire connoître par des expériences. Le premier de ces effets

X iiij

eſt, qu'elle en augmente le volume, c'eſt-à-dire, qu'une même quantité d'air eſt capable d'occuper plus ou moins de place, quand elle eſt plus ou moins échauffée ; le ſecond effet de la chaleur ſur l'air, eſt d'augmenter ſon reſſort, à proportion de la preſſion dont il eſt chargé, de ſorte qu'un même dégré de chaleur appliqué à un même air doublement ou triplement condenſé, lui donne un reſſort double ou triple, comme on le verra par le détail des faits qui vont être rapportés.

VIII. EXPERIENCE.

PREPARATION.

Parmi pluſieurs tubes de verre, tels que ceux dont on fait les barométres, il en faut choiſir un qui ait environ un pied ou 15 pouces de longueur, & qui ſoit par-tout d'un diamétre égal ; ce que l'on connoîtra facilement, en faiſant aller d'un bout à l'autre une petite colonne de mercure: car ſi elle eſt toujours de la même longueur dans tous les endroits du tube où elle ſe trouvera, c'eſt

une marque que la capacité eſt égale
dans toutes les parties ſemblables.
Enſuite il faut ſceller hermétiquement une des extrémités , & le placer
ſur des charbons ardens , pour le faire
chauffer juſqu'à rougir ; alors on le
prend avec des pinces pour plonger
promptement le bout qui eſt ouvert,
dans du mercure bouillant , & on laiſſe le tout refroidir. *Voyez la Fig.* 23.

Pour donner un dégré de réfroidiſ-
ſement connu , on met pendant quelques minutes le bout qui eſt ſcellé ,
dans de la glace pilée , obſervant
néanmoins que le tube ſoit dans une
ſituation preſque horizontale , afin
que l'air qui y reſte ne ſoit preſque
point comprimé par le poids du mercure qui le tient renfermé.

E F F E T S.

Le tube rougi au feu, & plongé
dans le mercure, s'en remplit en partie ; & quand il a été quelque temps
dans la glace, la portion d'air qui eſt
contenue entre le bout ſcellé & le
mercure, occupe à peu-près le tiers
de la longueur du tuyau.

EXPLICATIONS.

X.
LEÇON.

Le tuyau de verre, avant que d'être chauffé, étoit rempli d'une colonne d'air femblable à celui de l'atmofphere : les parties de cette matiere qui fait la chaleur, quelle qu'elle foit, ayant pénétré le verre, & s'étant mêlées avec l'air, ont écarté les parties propres de ce fluide, & fon volume, pour cette raifon, s'eft augmenté confidérablement ; mais comme la capacité du tuyau ne s'eft point aggrandie proportionnellement, une grande partie de l'air en eft fortie, & le tube eft refté plein d'un peu d'air très-raréfié, & d'une grande quantité de la matiere du feu.

Ce tube ayant été plongé dans le mercure, a commencé à fe refroidir, c'eft-à-dire, que cette matiere étrangere qui avoit pénétré le verre pour fe mêler avec l'air, s'eft évaporée, ou qu'elle a perdu peu à peu la plus grande partie de fon mouvement, ce qui a donné lieu aux parties de l'air de fe rapprocher ; d'autant plus que le poids de l'atmofphere appuyant fur la furface du mercure, l'a obligé

d'entrer dans ce tube, & de s'y avancer, jufqu'à ce que le peu d'air qui
y étoit refté, eût acquis par une diminution fuffifante de fon volume,
affez de denfité pour lui réfifter.

On voit donc par cette expérience, qu'une certaine quantité d'air qui
a la température de la glace & qui eft
foumife au poids de l'atmofphere, n'a
que le tiers du volume qu'elle a fous
la même preffion, mais dans une chaleur capable de faire rougir le verre ;
ou, ce qui eft la même chofe, que le
volume de l'air dilaté par ce dégré de
chaleur eft à celui qu'il a dans le froid
de la glace, comme 3 à 1.

Par des expériences à peu-près
femblables, on a trouvé que le volume de l'air lorfqu'il commence à
geler, eft à celui qu'il a dans la chaleur de l'eau bouillante, comme 2
à 3, & qu'il fe dilate environ d'un
feptiéme à compter depuis le froid
de la glace commençante, jufqu'à
nos chaleurs communes d'été, qui
font à peu-près de 25 dégrés au ther-
momètre de M. de Reaumur.

Mais dans ces fortes d'expériences,
fur-tout lorfqu'on chauffe l'air confi-

dérablement, on trouve fouvent des différences bien confidérables, fuivant l'état actuel de l'air fur lequel on opere, ou des vaiffeaux qu'on employe ; car c'eft un fait, que l'humidité fe joignant à l'air que l'on fait chauffer, elle occafionne une dilatation, qui eft quelquefois 10 ou 12 fois plus grande qu'elle ne feroit avec le même dégré de chaleur, fi l'on employoit un air plus fec.

D'ailleurs, comme l'air eft plus denfe ou plus comprimé dans un tems que dans un autre, les réfultats varient auffi felon la hauteur actuelle du baromètre, qu'on ne doit pas négliger de confulter en pareil cas.

APPLICATIONS.

C'eft en dilatant l'air par une chaleur violente, que l'on fait crever avec éclat ces petites empoules de verre minces, qu'on fouffle à la lampe d'un émailleur, & qu'on fcelle hermétiquement : l'effet en eft plus fûr & plus grand, quand on y renferme une petite goutte d'eau, non-feulement parce que l'humidité procure une plus grande dilatation, mais auffi

parce que la fraîcheur de la liqueur
empêche que le verre ne s'amolliſſe
au grand feu, & ne ſe prête ſans rompre, à l'extenſion du fluide renfermé.
Quand on met ces pétards à la bougie pour ſurprendre quelqu'un, on
doit craindre que les éclats de verre
ne ſautent aux yeux, & n'incommodent ceux qui ne ſont point en garde.
Les châtaignes ou les marons qui
crevent ſous la cendre chaude, ne
ſont pas ſi dangereux, mais c'eſt encore un effet qui dépend de la même
cauſe ; l'air renfermé ſous l'écorce ſe
dilate, & la fait crever, quand on n'a
point pris la précaution de l'entamer;
plus elle réſiſte , plus ſa rupture eſt
éclatante.

Dans la premiere leçon *, j'ai fait
mention d'une petite caſſolette de
verre que j'ai ſuppoſé être en partie
pleine d'une liqueur odorante ; mais
je n'ai point dit alors comment on
s'y prend pour emplir ce petit vaſe,
dont le col & l'orifice ſont tellement
étroits, qu'il n'y a pas moyen de pen-
ſer à faire uſage d'un entonnoir. On
vient facilement à bout de cette opération, ſi l'on chauffe cette petite

* *Prem. Sect.
III. Exp. p.*
27.

bouteille, & qu'on plonge auſſi-tôt ſon ouverture dans la liqueur qu'on y veut introduire ; car en dilatant l'air par la chaleur, on en fait ſortir une grande partie, & ce qui reſte, venant enſuite à ſe condenſer à meſure qu'il ſe refroidit, laiſſe un vuide où le poids de l'atmoſphere porte la liqueur, comme il eſt arrivé à l'égard du tube qui a été employé dans l'expérience précédente.

C'eſt auſſi de cette maniere qu'on emplit les verres des thermométres, dont les tuyaux ſont ordinairement ſi menus, qu'on ne pourroit jamais y faire entrer la liqueur par tout autre moyen, à moins que d'y employer beaucoup de temps. La dilatation de l'air même, ne ſeroit encore qu'un moyen imparfait dans ces ſortes de cas où il s'agit d'emplir entiérement le vaiſſeau, puiſqu'une très-grande chaleur ne peut faire ſortir qu'environ les deux tiers de l'air ; mais on y en joint un autre dont nous parlerons par la ſuite, & qui procure une évacuation d'air beaucoup plus complette.

A propos des thermométres, ce

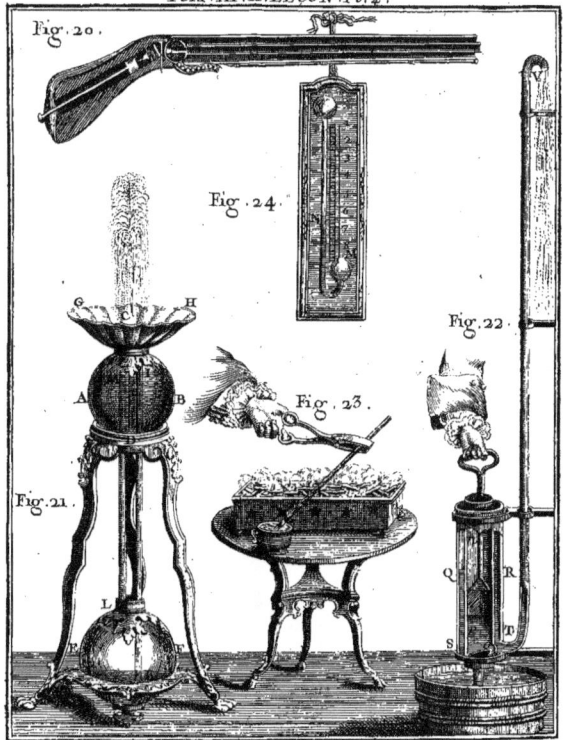

Fig. 20.

Fig. 24.

Fig. 21.

Fig. 23.

Fig. 22.

lui de Sanctorius, qui est représenté
par la *Fig.* 24. produit encore ses effets en conséquence de la dilatabilité
de l'air. Lorsqu'on applique la main
à la boule d'enhaut, l'air qu'elle contient, & qui remplit une partie du
tuyau jusqu'en *N*, s'échauffe, se dilate, & fait descendre dans le réservoir
d'enbas, une liqueur colorée, dont
la marche devient sensible, & peut se
mesurer par la graduation qui est sur
la planche. Si l'air que l'on a échauffé
se refroidit ensuite, il se condense, &
la même liqueur poussée par le poids
d'une colonne de l'atmosphere qui répond en *M*, remonte vers la boule ;
ce qui devient remarquable, par les
dégrés de l'échelle qu'elle parcourt
de bas en haut ; nous reprendrons
l'histoire de cet instrument, lorsque
nous parlerons de ceux qui servent à
mesurer les dégrés de chaud & de
froid.

Comme on fait jaillir l'eau par la
compression de l'air, on peut de même employer sa dilatation pour former des fontaines qui amusent les curieux : ces principes de mouvemens
auroient des applications sans fin ;

mais le recueil qu'on en pourroit faire n'entre point dans le deſſein de cet ouvrage, je me borne à deux exemples par leſquels on pourra juger des autres. *A B, Fig.* 25. eſt un vaſe de verre étranglé & ouvert en haut & en bas, dont la patte eſt arrêtée ſur le deſſus d'une caiſſe *C D*, formée en piedeſtal : on a cimenté en *A*, un petit tuyau *E F*, qui d'une part finit en pointe comme un ajutage, & dont l'autre bout touche à quelques lignes près, le fond du vaſe. Un autre tuyau qui aboutit en *G*, & qui eſt ouvert, paſſe dans l'étranglement *B*, où il eſt cimenté, & à travers du piedeſtal, pour ſe joindre à une eſpece de ballon de cuivre mince, auquel il eſt ſoudé. La caiſſe *C D*, eſt garnie de plomb par dedans ; & le deſſus qui peut ſe lever, s'attache avec des crochets.

Le ballon de cuivre ne contient que de l'air ; le vaſe *A B*, eſt rempli d'eau, environ juſqu'aux trois quarts de ſa capacité, & l'on verſe de l'eau bouillante dans la caiſſe *C D*, par un trou qui eſt pratiqué au-deſſus, & dans lequel on place un entonnoir.

L'air du ballon étant échauffé par
l'eau

l'eau bouillante dans laquelle il se trouve plongé, se dilate par le canal G; & preſſant par ſon reſſort la ſurface de l'eau qui eſt dans le vaſe *A B*, il la fait ſortir en forme de jet par le petit canal *E*. Il faut que le ballon de cuivre ſoit au moins deux fois auſſi grand que le vaſe *A B*; car, comme nous l'avons dit ci-deſſus, l'air ne ſe dilate que d'un tiers par la chaleur de l'eau bouillante, & l'eau ne peut pas bouillir dans la caiſſe qui contient le ballon.

On pourra faire un petit jet ſemblable à celui qui eſt repréſenté par la *Fig.* 19. ſi, au lieu de placer la bouteille dans le vuide, on la plonge dans un bain d'eau bouillante : mais alors il eſt à propos que cette bouteille ſoit de métal, de crainte que la chaleur ſubite, ou la grande dilatation de l'air ne la faſſe crever.

Si l'on veut faire un jet de feu, on ſe ſervira d'eſprit-de-vin ou de bonne eau-de-vie, & l'on tiendra pendant quelques minutes l'orifice du vaiſſeau bouché avec le bout du doigt ou autrement, pour donner le temps à la liqueur de s'échauffer un peu; &

Tome III. Y

X. LEÇON.

avec la flamme d'une bougie on allumera le jet lorſqu'il partira. *Voyez la Fig.* 26.

ON vient de voir que la chaleur augmente le volume de l'air quand il eſt libre de s'étendre ; on apprendra par ce qui ſuit, que la même cauſe augmente ſon reſſort, lorſque le volume eſt fixé par des obſtacles.

IX. EXPERIENCE.

PREPARATION.

ABC, *Fig.* 27. eſt un tube de verre qui a un peu plus de 4 pieds de longueur, environ une ligne de diamétre intérieurement, recourbé par en bas, & terminé par une boule creuſe & mince, qui a 4 ou 5 pouces de diamétre. On y fait couler du mercure, pour emplir ſeulement la courbure *D B C*, & de maniere que l'inſtrument étant debout, cette liqueur ſoit en équilibre avec elle-même dans les deux branches ; on juge bien que pour cet effet, il faut que l'air de la boule ne ſoit pas plus condenſé que celui de l'atmoſphere au moment de l'expérience. Enſuite on ajoute du

mercure dans la partie *A D* du tuyau,
jufqu'à ce qu'il y en ait une colonne
de 28 pouces, à compter du niveau,
c'eft-à-dire, de la ligne *D C*; & l'on
plonge toute la partie inférieure dans
un bain d'eau bouillante, de telle
forte que la boule en foit entiérement couverte.

E F F E T S.

L'inftrument étant ainfi plongé,
le mercure s'éleve de 18 pouces &
quelques lignes dans la branche la
plus longue, ce qui fait une colonne
d'environ 46 pouces, à compter du
niveau du mercure dans la plus courte
branche.

E X P L I C A T I O N S.

Lorfqu'il n'y a du mercure que dans
la courbure du tuyau, & qu'il n'eft
pas plus élevé dans une branche que
dans l'autre; l'air de la boule eft, par
fon reffort, en équilibre avec le poids
de l'atmofphere, qu'on fuppofe équivalent à 28 pouces de mercure, pendant le temps de l'expérience. Les 28
pouces de mercure qu'on ajoute enfuite dans la longue branche, dou-

Y ij

blent donc cette preſſion, & par conſéquent la denſité de l'air qui eſt dans la boule : ſi cet air ainſi comprimé & plongé dans l'eau bouillante, devient capable de porter encore 18 pouces & 8 lignes de mercure, c'eſt une preuve que ce dégré de chaleur augmente ſon reſſort d'un tiers ; car 18 pouces 8 lignes ſont juſtement la troiſieme partie de 56, ſomme de la double preſſion dont l'air eſt chargé avant l'immerſion.

Comme les 18 pouces & 8 lignes de mercure s'élevent dans la longue branche aux dépens de celui qui eſt dans la plus courte, le volume de l'air échauffé augmente toujours un peu pour deux raiſons ; 1^{ment}, parce que le mercure qui paſſe dans l'autre branche, lui laiſſe un peu de place pour s'étendre ; 2^{ment}, parce que le verre ſe dilate par la chaleur, & que la capacité de la boule, devient néceſſairement un peu plus grande, comme nous le ferons voir ailleurs : c'eſt pourquoi la denſité de l'air diminuant un peu, la force de ſon reſſort augmenté par la chaleur, n'eſt pas tout-à-fait auſſi grande qu'elle le feroit, fi le volume demeuroit con-ftamment dans fes bornes ; ainfi l'aug-mentation de la colonne de mercure au-deffus des 28 pouces ne va jamais jufqu'à 18 pouces 8 lignes ; mais il ne s'en faut que d'une petite quantité, quand on fe fert d'un tuyau fort me-nu, par comparaifon à la capacité de la boule.

C'eft donc un fait inconteftable, que la force du reffort de l'air aug-mente d'un tiers par la chaleur de l'eau bouillante : mais quelle eft la raifon de ce fait, & comment arrive-t-il que les parties de l'air échauffé acquierent plus de roideur ? c'eft ce que l'expé-rience n'apprend point. On peut dire cependant, en raifonnant par des conjectures affez plaufibles, que * »l'action de la chaleur confifte, com-»me nous l'avons déja dit, en une »infinité de petites particules très-»agitées, qui pénétrent les corps. »Quand elles entrent dans une maf-»fe d'air, elles en ouvrent & elles »en développent les lames fpirales, »non-feulement parce que ce font »de nouveaux corps qui fe logent »dans leurs interftices ; mais princi-

X. LEÇON.

* Hift. de l'Acad. des Scienc. 1702. p. 3.

»palement , parce que ce font des
»corps qui fe meuvent avec beau-
»coup de violence ; de-là vient
»l'augmentation de ce volume d'air.
»Que s'il eft enfermé de maniere
»qu'il ne fe puiffe étendre , les par-
»ticules de feu qui tendent à ouvrir
»les fpirales, & ne les ouvrent point,
»augmentent par conféquent leur
»force de reffort , qui cefferoit, fi
»elles s'ouvroient librement. Quand
»l'air eft condenfé , il y a plus de
»particules d'air dans un même efpa-
»ce, & quand les particules de feu
»viennent à y entrer , elles exercent
»donc leur action fur un plus grand
»nombre de particules d'air ; c'eft-
»à-dire, qu'elles caufent ou une plus
»grande dilatation ou une plus gran-
»de augmentation de reffort. Or
»quand l'air eft chargé d'un plus
»grand poids, il eft plus condenfé;
»& par conféquent , s'il ne peut
»alors s'étendre, comme on le fup-
»pofe toujours , un même dégré de
»chaleur augmente davantage fon
»reffort. »

APPLICATIONS.

En procédant comme dans l'expérience précédente, on observe que l'augmentation causée au ressort de l'air par la chaleur de l'eau bouillante, est égale au tiers du poids dont l'air est alors chargé, si l'expérience est faite dans le printemps ou dans l'automne, c'est-à-dire, dans un temps qui tienne à-peu-près le milieu entre le grand chaud & le grand froid. Ainsi l'air que nous respirons, toujours chargé d'un poids égal à celui de 28 pouces de mercure à-peu-près, étant échauffé par de l'eau bouillante, augmenteroit la force de son ressort de 9 pouces 4 lignes. Un air condensé au double, l'augmenteroit de 18 pouces 8 lignes, qui font le tiers de 56. Réciproquement un air toujours dans le même état de condensation augmentera différemment son ressort, selon les différens dégrés de chaleur.

M. Amontons, à qui l'on doit cette découverte, en a fait lui-même une application utile, en construisant sur

ce principe un thermométre d'air *
qui me paroît avoir été le premier
(*a*) où les dégrés de chaleur fe rappor-
taffent à un terme connu : car avant
lui ces fortes d'inftrumens n'appre-
noient rien, finon qu'il faifoit plus
froid ou plus chaud que dans un autre
lieu, dans un autre temps où on les
avoit obfervés : les thermométres
comparables ont pris naiffance entre
fes mains; s'il ne les a point portés au
dégré de perfection où ils font aujour-
d'hui, on lui a du moins l'obligation
de nous avoir mis fur la voie.

* *Mém. de
l'Acad. des
Scienc.* 1702.
P. 161.

Un poële allumé dans une chambre, ne manque pas d'en raréfier l'air,
parce que cet air n'eft pas tellement
renfermé, qu'il ne communique un
peu avec celui du dehors, par des
petits paffages qui fe trouvent toujours à la porte ou aux fenêtres, & qui
lui laiffent la liberté de s'étendre; mais
l'air, quoiqu'ainfi raréfié & moins denfe que l'atmofphere, fe tient pourtant
en équilibre avec elle, parce qu'en

(*a*) On trouve dans les Tranfact. Philofop.
n. 197. année 1693. un mém. de M. Halley,
qui a pour objet de faire un thermométre
comparable en tous lieux & fans modele.

s'échauffant

s'échauffant il acquiert un dégré de
ressort qui le met en état d'en soutenir
la pression ; la même cause qui diminue sa densité, augmente d'autant
son ressort, & l'un supplée à l'autre.

Il n'en est pas de même lorsqu'on
fait du feu dans une cheminée ; l'air
s'y raréfie, sans que son ressort augmente, parce qu'il peut s'étendre facilement ; aussi-tôt l'équilibre cesse
entre les deux colonnes de l'atmosphere qui répondent aux deux extrémités du tuyau ; celle qui pése par en
bas ayant toute sa densité, l'emporte
sur l'autre qui est en partie raréfiée,
& il se fait un courant d'air de bas
en haut : voilà au moins ce qui arrive
pour l'ordinaire ; nous aurons peut-
être occasion d'examiner ailleurs,
quelles sont les causes qui peuvent
empêcher cet effet, & déterminer
l'air à descendre par la cheminée.

DE tous les usages que nous fai-
sons de l'air, il n'en est point de plus
fréquent, de plus remarquable, de
plus nécessaire, que celui qu'on nomme *respirer*. Environ 30 fois dans chaque minute, la poitrine s'éleve &
s'abaisse, & par ce mouvement al-

ternatif affez femblable à celui d'un foufflet qui eft en jeu, elle fe rétrécit & fe dilate : en fe dilatant, elle reçoit l'air extérieur, qui, preffé par le poids de l'atmofphere, paffe dans les véficules des poulmons ; lorfque la poitrine s'abaiffe enfuite, l'air qui ne peut plus y être contenu, paffe au dehors & emporte avec lui les vapeurs dont il s'eft chargé : la premiere de ces deux actions fe nomme *infpiration*, la derniere s'appelle *expiration*, & l'une & l'autre font tellement néceffaires pour la confervation de la vie, qu'il n'y a aucun animal qui ne périffe infailliblement quand on lui interdit ce double mouvement, ou qu'on le prive d'un air capable de l'entretenir, comme on le verra dans les expériences fuivantes.

X. EXPERIENCE.

PREPARATION.

On couvre d'un grand récipient un pigeon ou quelqu'autre oifeau que l'on place fur la platine d'une machine pneumatique, & l'on donne plufieurs coups de pifton pour raréfier l'air peu-à-peu. *Fig.* 28.

EFFETS.

Quand la denfité de l'air eft diminuée à-peu-près des deux tiers dans le
récipient, l'oifeau tombe en convul-
fion ; affez fouvent il fe vuide par le
bec, ou par la voie ordinaire des excrémens ; & fi l'on continue de faire
le vuide plus parfaitement, ou qu'on
le laiffe feulement quelques minutes
en cet état , il périt fans retour ;
mais lorfqu'on lui rend l'air promptement, il fe rétablit en peu de
temps : ce rétabliffement, à dire vrai,
n'eft pas pour l'ordinaire , de longue durée ; je n'ai gueres vû d'oi-
feaux, ni même d'autres animaux,
qui ayent beaucoup furvécu à cette
épreuve.

XI. EXPERIENCE.

PREPARATION.

Dans un grand vafe de verre prefque plein d'eau, on met un petit
poiffon vivant, & l'on couvre le tout
d'un grand récipient fur la machine
pneumatique. *Fig.* 29.

Effets.

A mesure qu'on fait le vuide dans le récipient, on voit sortir des bulles d'air de dessous les écailles du poisson, par ses ouies & par sa bouche. L'animal se tient à la surface de l'eau sans pouvoir aller au fond ; il y meurt enfin, mais ce n'est qu'après plusieurs heures d'épreuve : & quand on fait rentrer l'air dans le récipient, soit avant soit après sa mort, il retombe au fond du vase, & ne peut jamais remonter à la surface de l'eau.

Explications.

La vie animale, comme on sait, consiste principalement dans le mouvement du cœur & dans la circulation du sang. Or si l'on en croit les plus habiles Anatomistes, & si l'on en juge par leurs observations & par leurs expériences, la respiration entretient l'un & l'autre ; soit parce que l'air qui est poussé dans les poulmons par le poids de l'atmosphere, sert d'antagoniste aux muscles que la nature employe pour l'inspiration, & que pressant les vaisseaux où le sang a été por-

té par la contraction du cœur, il le détermine à refluer vers cette fource,
pour aller enfuite aux autres parties
du corps ; foit parce que l'air divifé
& filtré, pour ainfi dire, fe mêle avec
le fang & circule avec lui en l'animant
par fon reffort *: l'animal qui ne peut
pas refpirer, ne peut donc pas continuer de vivre.

* M. Méry,
Mém. de l'A-
cad. des Sc.
1700. p. 211.

L'oifeau que l'on a placé dans un
air confidérablement raréfié, ne refpire plus ; parce que cet air ne participe plus au poids de l'atmofphere,
dont il eft féparé, & que fon reffort,
comme fa denfité, eft beaucoup diminué. C'eft en vain que la poitrine
fe dilate ; le fluide qui a coutume de
s'y introduire n'en a plus la force ;
ainfi le mouvement alternatif que l'on
nomme refpiration , ne peut plus
avoir lieu, puifque des deux puiffances qui le produifent, on en fupprime, ou on en affoiblit une, qui eft
le poids ou le reffort de l'air.

Une autre caufe qui fait périr un
animal dans le vuide, c'eft que l'air
qu'il a dans les différentes capacités &
dans les fluides mêmes de fon corps, fe
raréfie fortement, lorfqu'il n'eft plus

contenu par la preſſion de l'air extérieur; car toutes ces portions d'air dilaté, acquérant un volume beaucoup
plus grand que celui qu'elles ont dans
l'état naturel, compriment & rompent ſouvent les parties où elles ſe
trouvent engagées, ou bien elles font
des obſtructions dans les vaiſſeaux, &
arrêtent le cours des humeurs. C'eſt
pour cela ſans doute que les animaux
ont ordinairement des nauſées, ou
qu'ils ſe vuident lorſqu'on les applique à ces ſortes d'épreuves ; car l'air
des inteſtins ou de l'eſtomac venant à
s'étendre, chaſſe devant lui les alimens non digérés, ou les excrémens
qui lui ferment le paſſage.

On ne peut pas douter qu'il n'y ait
de l'air dans le corps des animaux,
& même de ceux que la nature a deſtinés à vivre dans l'eau, puiſqu'on le
voit ſortir du poiſſon à meſure qu'on
fait le vuide dans le récipient. Il y
a toute apparence que les aquatiques
& les amphibies reſpirent différemment des autres animaux qui vivent
continuellement dans l'air, puiſque
la privation de cet élément ne les fait
pas mourir auſſi promptement; mais on

doit croire que ce qui accélere le plus
leur perte dans le vuide, c'eſt l'air intérieur qui ſe dilate & qui met tout
en déſordre. Cette double véſicule
qu'on trouve dans les carpes & dans
la plupart des autres poiſſons, ſe dif-
tend en pareil cas & fait enfler le
corps de l'animal; c'eſt pourquoi tant
qu'il eſt dans le vuide, il ſurnage malgré lui, étant plus léger alors que le
volume d'eau auquel il répond : mais
il devient plus petit & ſe précipite in-
volontairement, quand on fait rentrer l'air dans le récipient ; parce que
la véſicule en ſe dilatant s'eſt vuidée
en partie, & que le reſte de l'air
qu'elle contient, lorſqu'il reprend
une denſité égale à celle de l'atmoſphere, n'eſt plus capable de la remplir, comme il eſt facile de s'en aſſu-
rer en ouvrant le corps du poiſſon.

APPLICATIONS.

Par l'explication que je viens de
donner des deux expériences précédentes, on voit que les animaux placés dans le vuide y périſſent par deux
raiſons principales : premiérement,
par défaut de reſpiration ; ſeconde-

ment, par la dilatation de l'air qui se trouve renfermé dans leurs corps. Comme les genres & les especes different non-seulement par la figure & par les mœurs, mais encore par la conformation, le nombre & la grandeur des parties internes, il est vraisemblable que tout ce qui respire, ne respire point de la même façon; que dans certains animaux la respiration doit être abondante & fréquente; & que dans d'autres au contraire elle peut se faire plus lentement & avec un air plus rare, au moins pour un certain temps. Voilà, sans doute, pourquoi de tant d'animaux d'especes différentes, éprouvés dans le vuide par Boyle, l'Académie de Florence, Derham, Muschenbroek, & tant d'autres Physiciens, les uns meurent dans l'espace de 30 ou de 40 secondes, comme presque tous les oiseaux, les chiens, les chats, les lapins, les souris, &c. pendant que d'autres soutiennent un vuide de plusieurs heures, comme les poissons, la plûpart des reptiles, & nommément la grenouille, qui résiste quelquefois à cette épreuve pendant un jour entier fans mourir. Car puifque ces derniers animaux vivent commodément dans l'eau, on ne peut pas dire qu'ils ayent befoin de refpirer à la maniere des animaux terreftres ; & peut-être foutiendroient-ils le vuide plus long-temps qu'ils ne font, s'ils n'avoient à y fouffrir qu'une fimple privation d'air, & fi celui qu'ils ont au-dedans du corps ne dérangeoit rien à l'économie des parties, par fa grande dilatation. Ce qui me porte à penfer ainfi, c'eft qu'on les voit s'enfler confidérablement, & qu'après la mort, on leur trouve toujours les poulmons flafques & plus pefans que l'eau.

Une autre raifon qu'on pourroit alléguer encore en faveur de cette opinion, c'eft que prefque tous les infectes, ceux même qui vivent en plein air, les papillons, les mouches, les fcarabées fouffrent, fans périr, une privation d'air qui va quelquefois à plufieurs jours, fans doute parce que n'ayant dans le corps que de très-petits volumes d'air qui fe dilatent peu, le vuide ne peut leur être mortel, que par le feul défaut de respiration; & ces petits animaux vrai-semblablement peuvent être long-temps sans respirer, au moins l'air grossier.

Convenons cependant que l'état naturel de tous ces animaux est de pouvoir prendre l'air, & que c'est leur faire violence que de les en priver. On voit le poisson s'élancer de lui-même à la surface des étangs, pour en prendre de nouveau & pour rejetter celui qu'il a pris précédemment. Les Naturalistes conviennent qu'il sçait filtrer & s'approprier celui qui est disséminé dans l'eau; & quand il meurt sous la glace, on a raison de croire que c'est parce que l'air lui a manqué, puisqu'on évite cet accident quand on a soin de rompre les glaçons. Enfin le poisson vit beaucoup plus long-temps dans l'air & sans eau, qu'il ne peut faire en pleine eau s'il manque d'air.

En conséquence de ce dernier fait qui est incontestable, en voici un autre que je trouve dans de bons Auteurs, & que j'ai appris moi-même en Hollande & en Angleterre, de plusieurs personnes que je ne puis pas soupçonner d'avoir voulu m'en im-

poser. On suspend, dit-on, des carpes dans des petits filets sur de la
mousse humide & dans un lieu frais,
& pendant deux ou trois semaines on
les engraisse avec de la mie de pain
trempée dans du lait. S'il n'y a rien à
rabattre de ce récit (a), il est évident que l'air est plus nécessaire que
l'eau au poisson même , & qu'on peut
mettre ce principe à profit.

Quelques Auteurs ont observé ,
que les chiens , les chats , les lapins ,
&c. nouveaux-nés , ne meurent pas
dans le vuide aussi promptement que
les adultes des mêmes especes ; c'est
que la respiration est d'une nécessité
plus pressante pour ceux-ci que pour
les premiers. Pour en sentir la différence, il faut savoir , qu'avant la naissance, il n'y a qu'une circulation pour
la mere & pour le fœtus. Dans celui-

(a) J'ai tenté deux fois cette expérience
sans succès ; mais je n'en ai pu rien conclure
de certain , parce que les carpes que j'ai employées , avoient été fatiguées par un assez
long transport , ou assez mal - traitées depuis
qu'elles étoient sorties de l'eau. Je n'ai jamais
pu leur faire rien avaler : elles sont mortes en
moins de 24 heures.

ci qui ne refpire point encore, le fang va du ventricule droit au ventricule gauche du cœur, par une communication que les Anatomiftes ont nommée le *trou ovale*, & fans être obligé de paffer par le poulmon, où l'air extérieur n'a point encore d'accès : mais après la naiffance, ce paffage fe ferme peu-à-peu, & la refpiration devient néceffaire, pour enfler les véficules du poulmon, & pour faire circuler le fang dans le nouvel animal féparé de fa mere, de la même façon que la refpiration de celle-ci le faifoit circuler précédémment dans l'un & dans l'autre. C'eft pourquoi l'on reconnoît communément fi un enfant eft mort avant que de naître, ou s'il a refpiré avant que de mourir, en mettant fon poulmon dans l'eau ; car s'il furnage, c'eft une marque qu'il y a de l'air, & que l'enfant a refpiré, ce qu'il n'a pû faire qu'après fa naiffance. C'eft une épreuve que la Juftice mettoit en ufage, lorfqu'il s'agiffoit de juger une mere qui étoit accufée d'avoir tué fon enfant, & qui fe défendoit de ce crime, en foutenant qu'il étoit venu mort au monde. Mais on a obfervé depuis, qu'en certains cas le poulmon d'un fœtus peut furnager ; & que celui d'un enfant nouveau-né peut aller au fond de l'eau ; ce qui rend cette expérience infuffifante pour établir un jugement de cette importance.

Plufieurs Anatomiftes * prétendent avoir trouvé le trou ovale encore ouvert dans des adultes. Cette obfervation, qui n'eft prefque (a) point contestée , peut expliquer certains faits dont le récit révolte les efprits les plus crédules. Telle eft l'hiftoire du Jardinier (b) de Troningholm de Suede, qu'on dit avoir été 16 heures perdu dans l'eau & fous la glace, fans avoir été noyé ; telle eft celle d'un certain Laurent Jonas qui y refta, dit-on, fept femaines fans mourir :

* *Hift. de l'Académie des Sciences,* 1700. p. 40.

(a) Chefelden célébre Anatomifte de Londres , prétend que tous ceux qui ont cru voir le trou ovale dans les adultes, fe font trompés en prenant pour ce trou l'ouverture des veines coronaires. *Derham. Theol. Phyf. liv.* 4. *chap.* 7. *rem.* 15.

(b) Une perfonne du pays, diftinguée par fa naiffance & par un goût décidé pour les Sciences, m'a affuré que ce fait paffe conftamment pour vrai en Suede ; mais que c'eft à Stromsholm, féjour ordinaire de la Cour, & non à Troningholm, qu'il eft arrivé.

l'une & l'autre font rapportées par
Pecklin * fur des témoignages qui
paroiffent authentiques. Je fens par
moi-même qu'on aura bien de la peine à s'y rendre ; mais pourtant, s'il
eft vrai qu'on puiffe vivre autant que
le fang peut circuler, que la circulation fe faffe librement fans refpirer
l'air, dans ceux qui ont le trou ovale
encore ouvert, & que ce trou ait été
obfervé dans des adultes, feroit-il impoffible qu'il fe rencontrât de ces
faits extraordinaires ?

On croira plus facilement ce que
l'on raconte de plufieurs perfonnes
qui ont été étranglées par ordre de la
Juftice, ou autrement, & qui ont
été trouvées vivantes, après avoir
été détachées de la potence : ces
exemples fe rencontrent plus fréquemment, & plufieurs font fuffifamment atteftés. Cependant il paroît
qu'il y a plus de caufes de mort dans
les pendus que dans les noyés ; la li-
gature du col qui contraint les vaiffeaux, les efforts qui fe font fur cette
partie, tant par le poids du corps que
par celui qu'on y ajoute, les coups
& les différens mouvemens que l'e-

X.
Leçon.
* De aëriis
& alim. conf.
c. 10.

xécuteur employe pour hâter le fup-
plice : fi malgré tout cela il fe trouve
encore de temps en temps quelques-
uns de ces malheureux qui repren-
nent vie (a), je ferois tenté de croire
qu'on pourroit fauver beaucoup de
noyés, qui ont été peu de temps dans
l'eau, que l'on juge morts fur des fignes affez fouvent équivoques, ou
que l'on acheve de faire périr par des
fecours mal entendus. J'appelle fecours mal entendus, de les tenir fufpendus, la tête en bas, & fouvent
dans un air froid ; il feroit mieux
d'effayer à ranimer le fang par une
chaleur douce, par des liqueurs fpiritueufes, par des frictions, & de les
tenir dans une fituation naturelle &
commode (b) ; car ils ont avalé peu

(a) Ces fortes de fuppliciés échappent à la
mort, ou parce que l'étranglement a trop peu
duré, pour éteindre entiérement en eux le
principe de la vie, ou parce que la corde, au
lieu de ferrer les anneaux de la trachée, a porté fon effort fur le cartilage *Scutiforme*, qu'on
nomme vulgairement le nœud de la gorge, &
qui eft capable d'une très-grande réfiftance
dans certains fujets ; au moyen de quoi la refpiration n'a point été entiérement interrompue.

(b) On prétend que la cendre de bois neuf

d'eau , & ce qu'ils en ont dans l'esto-
mac n'est pas le mal le plus pressant ou
le plus réel.

Si la respiration manque aux animaux dans le vuide , ou dans un air
considérablement raréfié, elle devient
pénible aussi dans un air condensé
au-delà de son état ordinaire. M.M.
Derham & Muschenbroek ont mis
des oiseaux & des poissons dans un
air deux ou trois fois plus condensé
qu'il ne l'est communément par le
poids de l'atmosphere , & ces animaux pour la plûpart y ont péri en
5 ou 6 heures : on ne doit pas douter
qu'on ne leur ait fait violence, en
rompant ainsi l'équilibre entre l'air
intérieur de leur corps , & celui qui
les environnoit ; & qu'ils n'eussent eû
beaucoup plus à souffrir encore, s'ils
eussent été mis dans un air excessive-
ment comprimé. Mais on ne croira
pas qu'une double ou une triple condensation ait été la principale cause
de leur mort, lorsqu'on saura, que
des animaux des mêmes especes ne
vivent gueres plus long-temps dans

appliquée pendant quelque tems sur tout le
corps du noyé, peut le rappeller à la vie.

un

un air qui a la denſité & la température de l'atmoſphere, s'il lui manque
ſeulement d'être renouvellé.

C'eſt un fait conſtaté par l'expérience, & que les Phyſiciens expli-
quent de diverſes façons. Les uns
prétendent (& c'eſt le plus grand
nombre) que l'air qui a été reſpiré,
eſt chargé des vapeurs & des exhalaiſons, dont il a purgé le viſcere ; &
qu'il ne peut plus être reſpiré en cet
état, ſans cauſer une ſurabondance
de ces parties nuiſibles qui arrêtent la
circulation, & qui ſuffoquent l'animal. Les autres penſant avec raiſon
que l'air n'eſt propre à la reſpiration
qu'autant qu'il eſt élaſtique, croyent
qu'il perd une grande partie de ſon
reſſort, par le ſéjour qu'il fait dans
les poulmons, ou dans les vaiſſeaux
ſanguins ; & qu'ainſi, pour le reſ-
pirer ſainement, il faut, ou qu'il
ſe renouvelle, ou qu'il ſoit purgé des
parties hétérogènes dont il paroît viſiblement chargé au moment de l'expiration. On peut conſulter à ce ſujet
tout ce qui eſt rapporté par M. Hales
dans ſa *Statique des végétaux, c. 6. Exp.*
107. *& ſuiv.* où l'on trouvera des

observations fort curieuses.

Quoi qu'il en soit, c'est agir pru-
demment que de ne se point exposer
dans un air que l'on soupçonne d'être
infecté d'une grande quantité d'exhalaisons, sur-tout de celles qui sont
sulfureuses. Les cloaques qui ont été
long-temps fermés, les souterreins qui
avoisinent les minieres, les lieux clos
où l'on a tenu du charbon allumé, les
celliers mêmes dans lesquels fermentent les vins nouveaux ou la bierre,

Camera- font extrêmement dangereux*. On
rius, in Ep. en peut juger par cette fameuse grot-
Taurinensi- te d'Italie, dans laquelle un chien,
bus. ou tout autre animal, ne peut demeurer une minute sans être suffoqué; par
cet accident aussi funeste que mémo-

Hist. de rable*, arrivé à Chartres dans la cave
l'Acad. des d'un Boulanger, où sept personnes fu-
Scienc. 1710, rent étouffées subitement l'une après
page 71. l'autre, par la vapeur de la braise;
enfin par quantité d'ouvriers qu'on
fait avoir péri de cette maniere, soit
en fouillant des fosses, soit en net-
toyant de vieux puits. L'usage des
poëles même peut être pernicieux,
sur-tout dans les commencemens,
lorsqu'ils sont de fer ou de cuivre,

& qu'on les chauffe fortement ; ce dernier métal fur-tout peut jetter dans l'air des exhalaifons très-nuifibles.

Non-feulement on doit éviter cet air empoifonné, dont les effets font fi prompts ; mais la prudence pourroit aller jufqu'à purifier, ou renouveller au moins, celui qu'on eft obligé de refpirer. Pourquoi, par exemple, ne prendroit-on pas cette peine pour des vaiffeaux, pour des fales de fpectacles, pour des mines, pour des Hôpitaux ? Plufieurs Phyficiens fort habiles * en ont fourni les moyens, & les épreuves en ont été faites avec fuccès. Je crois même que des perfonnes qui reftent 9 ou 10 heures au lit, devroient avoir l'attention de n'y être point enveloppées de rideaux fort épais, & qui fe ferment fort exactement ; car il n'eft pas fain de demeurer fi long-temps dans une petite maffe d'air qui ne fe renouvelle point affez, & dont la pureté ne fauroit manquer d'être fort altérée, par la tranfpiration infenfible & par la refpiration.

* Defaguilliers, Tranf. Phil. n. 407. Hales, defcript. du Ventilateur, par le moyen duquel, &c. traduit en Fr. par M. Demours.

Si l'on pouvoit purifier l'air avec autant de facilité qu'on le peut re-

nouveller , il n'eſt pas douteux qu'on
ne le dût faire avec ſoin dans bien des
occaſions ; & nous ſerions trop heu-
reux , s'il ne s'agiſſoit que d'en faire
connoître l'utilité. Jugeons de notre
élément , comme nous le faiſons de
celui des poiſſons ; ſi l'eau d'un vivier
ou d'un étang devient infecte , ne
voit-on pas languir le poiſſon ? & la
mortalité ne s'y met-elle pas en peu
de temps ? A quoi devons-nous attribuer les maladies épidémiques , dont
les ſymptômes ſont les mêmes dans
des ſujets qui vivent tout différemment les uns des autres , dans un enfant , dans un adulte , dans un Prin-
ce , dans un Payſan , &c. eſt-ce à la
nourriture , au genre de vie , à l'âge,
au tempérament ? n'eſt-ce pas plutôt aux qualités actuelles de l'air qu'ils
reſpirent tous en commun ? ne voit-
on pas ces ſortes de contagions ſe
communiquer ſouvent , ou ſe diſſiper par les vents , ou par d'autres
changemens qui arrivent dans l'atmoſphere ?

*Exp. phy-
ſico-mechan-
Exp. 41.

Boyle * fait mention d'une liqueur
très-volatile, dont Drebell ſe ſervoit,
dit-on , pour purifier l'air dans une eſ-

pece de vaiſſeau qu'il avoit imaginé
pour aller entre deux eaux ; (car on
ſavoit déja, qu'un air qui avoit été reſpiré, devenoit, en peu de temps, in-
capable de l'être davantage :) on trouve des Auteurs * qui diſent avoir vû le
vaiſſeau, qui l'ont même imité avec
peu de ſuccès, & dont le témoignage
ne nous fait point regretter cette invention. Mais pour la liqueur, qui
mériteroit bien des éloges, & dont
on pourroit tirer de grands avantages ſi le ſecret n'en étoit point mort
avec ſon auteur, perſonne ne dit l'a-
voir vûe, & je crois qu'il eſt très-pêr-
mis de douter au moins de cette merveille.

Si l'on peut ſe flatter de purger
l'air, je penſe qu'on n'y parviendra
que par une ſorte de filtration, en
l'obligeant de paſſer par quelque matiere, où il puiſſe dépoſer ce qu'il
contient d'étranger : mais il faut pour
cet effet que ce dont on veut le dé-
pouiller, ſoit de nature à s'attacher
plus fortement au filtre qu'aux parties
de l'air ; la connoiſſance de cette analogie doit être le fruit d'un grand
nombre d'expériences délicates, &

* *Papin ;
Rec. de di-
verſes pieces,
&c. édition
1695.*

d'obſervations bien méditées ; mais l'objet eſt important, & pluſieurs habiles maîtres * ont déja fait à cet égard quelques eſſais qui flattent nos eſpérances : c'eſt en cédant à cette conſidération, que j'ai hazardé de propoſer un inſtrument pour laver l'air, & pour recueillir les matieres dont il peut être chargé. *Voyez les Mémoires de l'Académie des Sciences, pour l'année* 1741 *page* 335 *& ſuiv.*

IL y auroit encore bien des choſes à dire des propriétés de l'air, & de ſes uſages par rapport à la reſpiration, & à la maniere dont il influe ſur la vie des animaux ; mais ces détails quelqu'intéreſſans qu'ils ſoient, ne peuvent avoir lieu que dans un traité, où l'on auroit entrepris de faire entrer tout ce qui eſt connu touchant ce fluide : les bornes que je me ſuis preſcrites dans ces Leçons, ne me permettant pas de m'étendre davantage ſur cette partie, je paſſe à une autre propriété de l'air, qui eſt encore fort importante, par les applications qu'on en peut faire. Je vais prouver par des faits, que les matieres les plus combuſtibles ne peuvent

X. Leçon.
* Hales, Stat. des végét. chap. 6. exp. 116.
Muſchenbroek, orat. de meth. inſtit. Exp. Phyſ. p. 28.

s'enflammer que dans un air libre ;
& que quand elles le font, elles s'é-
teignent promptement dans le vuide.

XII. EXPERIENCE.

PRÉPARATION.

Il faut placer fur la platine d'une
machine pneumatique, & fous un
grand récipient, une groffe chandelle bien allumée, *Fig.* 30. & faire agir
la pompe.

EFFETS.

A mefure qu'on raréfie l'air, la
flamme diminue de volume, & après
quelques coups de pifton, elle s'é-
teint tout-à-fait.

XIII. EXPERIENCE.

PRÉPARATION.

A, B, Fig. 31. font deux pierres à
fufil portées par deux petits montans
à reffort, qui font établis fur la platine d'une machine pneumatique, par
le moyen d'un petit chaffis de métal,
qui eft fixé au centre, & dans lequel
ils gliffent pour s'approcher plus ou

moins l'un de l'autre; C, eſt une de ces boîtes à cuirs, dont nous avons parlé ci-deſſus, & dont la tige eſt engagée d'une part dans l'axe de la poulie D, & porte à ſon autre extrémité, & entre les deux pierres, une rondelle d'acier trempé, imparfaitement arrondie. Lorſqu'on fait tourner la grande roue E F, le mouvement ſe communique par les poulies de renvoi G, G, D, juſqu'en C, & ſe tranſmet par la tige dans le récipient; & la rondelle d'acier frottant alors rudement contre les deux pierres qui ſont tranchantes, fait l'office d'un véritable briquet.

E F F E T S.

Tant que l'air du récipient eſt dans ſon état naturel, le frottement de l'acier contre les pierres fait naître un grand nombre d'étincelles très-brillantes: à meſure que l'air ſe raréfie par l'action de la pompe, ces étincelles deviennent moins nombreuſes & moins éclatantes; lorſque l'air arrive à ſes derniers dégrés de raréfaction, à peine en apperçoit-on quelques-unes, qui n'ont plus alors qu'une couleur rouge

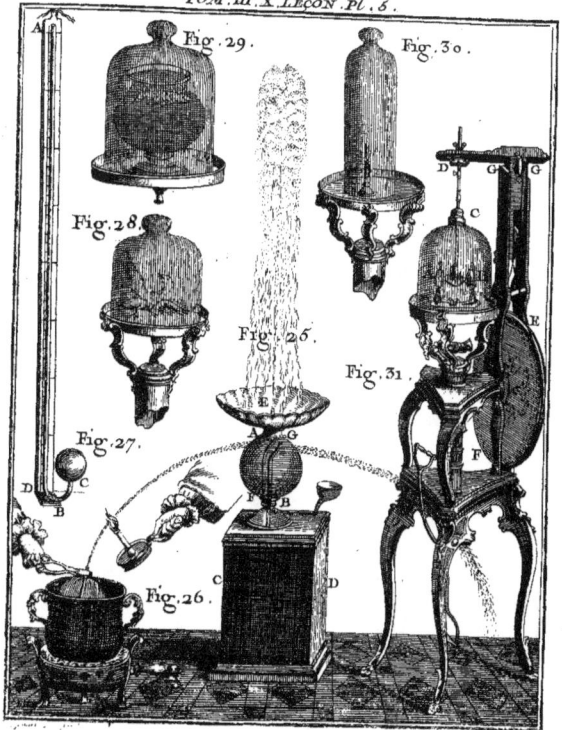

Fig. 29.

Fig. 30.

Fig. 28.

Fig. 26.

Fig. 31.

Fig. 27.

Fig. 26.

rouge & morne : enfin quand le vuide
est aussi parfait qu'il peut l'être, il
n'en paroît plus aucune ; mais elles
recommencent à paroître aussi-tôt
que l'on a rendu l'air dans le récipient.

XIV. EXPERIENCE.

PREPARATION.

Dans un grand récipient, *Fig. 32.*
garni comme le précédent d'une
boîte à cuirs, on établit de la même
maniere que les pierres à fusil, un
petit chassis de métal, dans lequel se
meut sur deux pivots la petite phiole
de verre H ; on met dans ce petit
vaisseau quelques grains de poudre à
canon ; & au centre de la platine,
sur un morceau de tuile ou de brique,
un vase fort épais de cuivre rouge K,
que l'on a fait chauffer jusqu'à rougir : on fait le vuide promptement ;
& lorsque l'air est extrêmement raréfié, en abaissant la tige I, on appuie
sur le goulot de la phiole qui s'incline, & qui jette la poudre dans le
vase ardent.

EFFETS.

La poudre, au lieu de s'enflammer & de faire son explosion ordinaire, se dissipe en fumée & sans éclat ; ou bien, il ne paroît tout au plus qu'une petite flamme bleue & rampante.

EXPLICATIONS.

C'est une opinion reçûe en Physique, que la flamme consiste dans un mouvement de vibration imprimé aux parties du corps combustible, qui se dissipent sous la forme d'un fluide extrêmement subtile. Si l'on admet cette supposition, que nous examinerons, lorsque nous traiterons de la nature du feu ; on conçoit assez aisément pourquoi les corps ne s'enflamment point dans le vuide, & pourquoi la flamme s'y éteint ; car un mouvement de vibration ne peut durer que dans un milieu à ressort, capable d'une réaction qui l'entretienne : ainsi la chandelle s'éteint peu-à-peu, à mesure qu'on raréfie l'air du récipient, parce que le ressort du fluide environnant diminue comme sa densité, & que les vibrations de la

flamme n'éprouvent plus affez de
réaction de fa part. Par la même raifon, la poudre que l'on fait tomber
fur du métal ardent, ne produit que
de la fumée dans le vuide, ou tout
au plus une flamme très-foible, qui
périt dans l'inftant.

Il eft à propos d'avertir cependant,
que cette derniere épreuve ne doit fe
faire qu'avec quelques grains de poudre feulement, comme on l'a marqué
dans l'article de la préparation ; car le
foufre & le falpêtre brûlés produifent
dans le récipient de l'air, ou un fluide
qui eft élaftique comme lui ; & fi l'on
en employoit une certaine quantité,
ce qui tomberoit à la fin dans le vafe
ardent, feroit infailliblement enflam-
mé, & pourroit éclater avec danger.

Les étincelles qui naiffent du choc
de l'acier contre des cailloux tranchans, font des particules du métal
qui fe détachent de la maffe par la
violence du coup, qui s'échauffent
jufqu'à rougir & le plus fouvent jufqu'à fe fondre ; c'eft ce dont il eft facile de fe convaincre, en les recevant
fur un papier blanc que l'on examine
enfuite avec un microfcope ; car tous

ces petits morceaux d'acier paroiſſent comme autant de petites boules fort liſſes, ce qui dénote viſiblement qu'ils ont été mis en fuſion, & qu'ils ſe ſont arrondis, comme toutes les matieres liquides qui nagent en petite quantité dans un milieu fluide.

On peut remarquer que pluſieurs de ces étincelles éclatent en l'air, & repréſentent un feu beaucoup plus brillant que les autres ; ce ſont celles qui paſſent la fuſion, & qui s'enflamment juſqu'à diſſipation de parties ; on les diſtingue aiſément ſur le papier par leur couleur qui eſt plus brune, & parce qu'elles ſont friables comme le mâche-fer.

M. Muſchenbroek, après Boyle, M. Hughens & pluſieurs autres Phyſiciens, a fait une grande quantité d'épreuves ſur l'inflammation des corps dans le vuide, dont on peut voir le détail dans ſes commentaires ſur les expériences de Florence, *page* 74 & *ſuiv.* Cette lecture ne peut être que fort utile à ceux qui s'appliquent à la Phyſique ; & c'eſt avec regret que je me diſpenſe de les rapporter ici.

APPLICATIONS.

Puifque la flamme ne peut naître ni s'entretenir que dans un milieu à reffort, on ne doit point être furpris qu'une bougie allumée ou un charbon ardent s'éteigne, lorfqu'on le plonge dans les liqueurs les plus inflammables, comme l'efprit-de-vin & les huiles ; & que l'une ou l'autre mette tout d'un coup le feu à ces mêmes liqueurs, lorfqu'elles font réduites en vapeurs. Car dans ce dernier état elles font mêlées avec l'air, & elles forment avec lui un fluide élaftique, capable, par conféquent, d'une réaction telle qu'il la faut pour entretenir l'inflammation ; au lieu que dans l'état de liqueurs elles font fi peu compreffibles, qu'on doit les regarder comme dépourvûes du dégré d'élafticité néceffaire.

Le feu brûle beaucoup mieux, & le bois fe confume bien plus promptement pendant les grands froids qu'en tout autre temps, apparemment parce que l'air eft plus denfe, & qu'il a plus de reffort ; & au contraire on remarque qu'un réchaud plein de

B b iij

charbon allumé s'éteint bien-tôt, s'il
eſt expoſé aux rayons du ſoleil, ſur-
tout pendant l'été.

Que doit-on croire de ces lampes
ſépulchrales des anciens, leſquelles,
ſi l'on en croit quelques Auteurs, brû-
loient pendant pluſieurs ſiecles ſans
s'éteindre ? Un feu qui ne conſume
point ſon aliment, & qui s'entretient
dans des lieux où l'air ne ſe renouvelle
point, pleins de vapeurs groſſieres,
eſt une merveille dont il faudroit con-
ſtater l'exiſtence, par des preuves
plus poſitives que toutes celles qu'on
en a, avant que de faire les frais d'une
explication qu'on auroit bien de la
peine à rendre plauſible. Car ce n'eſt
point aſſez qu'il y ait de l'air autour
des matieres enflammées, pour entretenir le feu, il faut encore que cet
air ſoit libre & qu'il ait une certaine
pureté : voilà pourquoi les incendies
ceſſent ordinairement, quand ils commencent dans des lieux qu'on peut
boucher de toutes parts, ſi d'ailleurs
leurs parois ſont capables de réſiſter
aux efforts de l'air & des vapeurs qui
ſe dilatent au-dedans.

Quoiqu'un air renouvellé entre-

tienne la flamme & anime l'embrasement, cependant le souffle de la bouche ou le vent éteint une bougie, parce
qu'il dissipe les parties de la flamme,
& qu'il sépare le feu de son aliment :
toutes les fois que cette dissipation
n'a point lieu, l'inflammation, bien
loin de cesser, ne fait qu'augmenter.

Je dois avertir aussi, qu'on ne doit
tenter les inflammations dans le vuide
qu'avec beaucoup de précautions,
sur-tout celles qui doivent naître de
la fermentation : car comme les liqueurs propres à cet effet sont d'autant plus actives qu'elles sont moins
gênées par le poids de l'atmosphere,
leur explosion doit être naturellement plus violente dans le vuide,
qu'ailleurs ; soit qu'elles produisent,
en fermentant, une grande quantité
d'air dont le ressort se déploye à l'instant, comme l'ont pensé quelques
Physiciens * ; soit qu'étant réduites
en vapeurs, elles se dilatent elles-
mêmes par leur propre embrasement.
Quoique je ne désapprouve pas la
premiere de ces deux explications,
je crois pourtant qu'on trouvera plus
de vraisemblance dans la derniere,

* Slare,
dans les leç.
de Physf. de
Cotes, 16. le-
çon.

B b iiij

quand j'aurai fait voir ailleurs les prodigieux efforts dont les vapeurs dilatées font capables.

Jusques ici nous avons parcouru les principales propriétés de l'air qui environne les corps : mais ce fluide se rencontre auſſi dans leur intérieur ; il en remplit les vuides ; il entre, pour ainſi dire, dans leur compoſition, comme l'eau d'un étang ou d'une riviere pénétre dans le bois, dans les pierres qui y ſont plongées, & tient une place dans les concrétions qui s'y forment.

Dans quelque état que ſoient les corps, on y trouve de l'air : les liqueurs en contiennent beaucoup, les corps ſolides, pour la plupart, en ont encore davantage ; & ce qu'il y a d'admirable, c'eſt que, dans ceux-ci ſur-tout, la quantité d'air qui s'y trouve renfermé ſurpaſſe aſſez ſouvent 100 ou 150 fois leur volume, quand il eſt dégagé, & qu'il n'eſt plus retenu que par le poids de l'atmoſphere.

On peut ôter l'air d'un corps de quatre manieres différentes ; 1^{ment}, en le tenant quelque temps dans le vuide ; 2^{ment}, en le faiſant chauffer

fortement ; 3^{ment} , en le divifant &
en défuniffant fes parties , par voie
de fermentation , de diffolution , ou
de diftillation ; 4^{ment} enfin , en les
faifant paffer de l'état de liquidité à
celui de folidité, comme lorfqu'on
fait geler de l'eau. Les deux premiers
moyens , & peut-être le quatrieme ,
ne dégagent que les parties les plus
groffieres de l'air , je veux dire, celui
qui eft dans les pores les plus ouverts
& qui a une difpofition plus prochai-
ne à s'étendre & à fe dilater. Par le
troifiéme procédé , on fépare les
moindres parties , celles qu'une extrême ténuité rend prefqu'inflexibles,
& qui ne deviennent fenfiblement
élaftiques , que quand elles fe font
réunies plufieurs enfemble, pour former des globules un peu plus groffiers : car on peut croire que les petites lames qui compofent une maffe
d'air, ne font pas des corps fimples ,
mais des petits compofés d'élémens
plus courts , & qu'elles font d'autant
plus roides qu'elles font plus divi-
fées , comme une lame d'acier perd
de fa flexibilité à mefure qu'on diminue fa longueur. Il peut fe faire que

l'air qui entre dans la composition des mixtes, & qui concourt à la formation de leurs parties intégrantes, soit divisé jusqu'à ses particules élémentaires, & qu'il soit par cela même bien différent de celui qui ne fait que remplir les vuides ou les pores de ces mêmes matieres.

C'est à cet air extrait des corps que Boyle, & après lui M. Hales, ont donné le nom de *Factice* ; non pas qu'il ayent cru qu'on pût faire de l'air par la conversion d'une matiere en une autre, mais parce que celui qui existe dans un corps quelconque, & qui est intimement mêlé avec lui, se révivifie ordinairement par le secours de l'art. On peut voir dans les ouvrages mêmes de ces deux Auteurs *, le détail des expériences qu'ils ont faites sur cette matiere, & les conséquences qu'ils en ont tirées. Je me bornerai ici à quelques exemples qui pourront suffire, pour donner une idée de cet air factice, des qualités qu'il a, & des effets dont il est capable.

* *Boyle, experiment. Phys. Mech. continuat.* 21. *Halles, stat. des véget. ch.* 6. *& dans l'appendice, Exper.* 2. *& suiv.*

XV. EXPERIENCE.

PREPARATION.

Il faut mettre dans un gobelet de verre, avec de l'eau claire, un morceau de bois ou de pierre, une noix, un œuf, ou tout autre corps solide & fort poreux, de maniere qu'il soit entiérement plongé ; ce qui se fera facilement par le moyen d'un plomb qu'on y joindra, si les matieres qu'on doit plonger sont plus légeres que l'eau. On couvre le tout d'un récipient sur la platine de la machine pneumatique, & l'on fait agir la pompe pour raréfier l'air. *Fig.* 33.

EFFETS.

A chaque coup de piston, on peut remarquer qu'il sort une grande quantité de bulles d'air du corps plongé ; & lorsqu'on l'ouvre après cette épreuve, on le trouve pénétré & rempli d'eau, plus qu'il ne le pourroit être par une simple immersion.

EXPLICATIONS.

L'air qui est renfermé dans les po-

res du bois, de la pierre, &c. eſt pour
le moins auſſi denſe que celui de l'atmoſphere dont il a coutume de ſoutenir le poids : quand on ſupprime
cette preſſion, ou qu'on la diminue
par l'action de la pompe, cet air ſe
dilate en vertu de ſon reſſort, ſon volume augmente, & ne pouvant plus
ſe loger dans ces petits eſpaces où il
eſt, il s'échappe dans l'eau, & devient
viſible ſous la forme de petits globules, qui s'élevent promptement à cauſe de leur légéreté reſpective.

L'air qui paſſe du corps ſolide dans
l'eau qui l'entoure, ſe met en petites
boules, & cet effet arrive en général à tout fluide qui ſe trouve plongé dans un autre fluide avec lequel il
a peine à ſe mêler ; apparemment
parce que ſes parties également preſ-
ſées de toutes parts tendent à un
centre commun. Je ſais bien qu'on
objecte contre cette raiſon, que les
gouttes d'eau ou de mercure demeurent arrondies dans le vuide de Boyle ; mais je ſais bien auſſi que ce vuide
n'en eſt point un à proprement parler,
& que tout ce qu'on peut prétendre,
c'eſt que la preſſion y ſoit moindre

qu'ailleurs : mais l'effet dont il s'agit dépend bien moins d'une preſſion plus ou moins grande, que d'une preſſion égale de toute part, qu'on ne ſauroit nier dans un vaiſſeau où l'on fait que l'air groſſier n'eſt que raréfié, & dans lequel tout le monde convient qu'il y a toujours un fluide, indépendamment de celui qu'on fait ſortir par le moyen de la pompe.

Lorſqu'on fait rentrer l'air dans le récipient, l'eau du gobelet ſe trouve plus comprimée qu'elle ne l'étoit dans l'air raréfié ; elle s'appuye par conſéquent davantage ſur toute la ſuperficie du corps plongé. L'air qui a été raréfié dans les pores de celui-ci obéiſſant à cette nouvelle preſſion, ſe reſſerre dans un moindre eſpace, & l'eau va occuper les vuides qu'il a laiſſés. Voilà pourquoi ces corps étant ouverts après l'experience, paroiſſent pénétrés ou remplis d'eau.

XVI. EXPERIENCE.

PREPARATION.

On place, ſous le récipient d'une machine pneumatique, un gobelet de verre plus long que large, & rempli jufqu'aux deux tiers de bierre, de lait, d'efprit-de-vin, ou d'eau un peu tiede, & l'on fait agir la pompe.

EFFETS.

A mefure que l'air du récipient fe raréfie, celui qui eft contenu dans la liqueur fe dégage, & s'éleve à la furface en forme de bulles qui augmentent de plus en plus en nombre & en grandeur : celles de l'efprit-de-vin & de l'eau font une ébullition qui dure quelque temps ; & fi l'on continue de faire le vuide, cet effet ceffe enfin, & l'on ne voit plus fortir d'air : la bierre & le lait s'élevent en mouffe, & fe répandent hors du vaiffeau. *Voyez la Fig. 34.*

EXPLICATIONS.

C'eft encore en fupprimant la preffion de l'air extérieur qu'on donne lieu à celui qui eft répandu dans la liqueur de fe dégager ; car n'étant plus chargé comme auparavant, il acquiert un plus grand volume, & fa légereté refpective plus puiffante alors que le frottement & les autres caufes qui ten-

dent à le retenir, ne manque pas de
l'élever vers la surface.

Plus la liqueur est facile à diviser, plus les bulles d'air s'élévent promptement, plus elles s'aggrandissent aussi, parce qu'elles trouvent moins de résistance à vaincre, pour s'étendre : c'est pourquoi lorsque le récipient est évacué à un certain point, l'esprit-de-vin & l'eau tiede qui sont très-fluides, laissent tout d'un coup échapper leur air qui les souleve en gros bouillons. La bierre & le lait au contraire étant des liqueurs visqueuses, ne se divisent que difficilement: les bulles d'air qui s'y forment, demeurent enveloppées de vésicules, & ne s'élévent que lentement ; & comme ces vésicules ne sont autre chose que les parties mêmes de la liqueur qui ont peine à se séparer, les bulles d'air, en les emportant, vuident le vaisseau.

Applications.

Bien des personnes s'imaginent que tous les corps généralement se conservent très-long-temps dans le vuide; mais il y a beaucoup à rabattre de ce

X. LEÇON.

préjugé. Il est vrai que ceux qui sont de nature à se décomposer par l'évaporation d'une partie de leur substance, ou à se corrompre par l'humidité qui pourroit les pénétrer, périssent ordinairement moins vîte dans le vuide que dans l'air libre, parce qu'ils ne sont plus entourés d'un fluide qui fait, comme nous l'avons dit *, la fonction d'une éponge ou d'un absorbant, & qui est toujours chargé de quelques vapeurs : mais il n'en est point ainsi de ceux qui portent en eux-mêmes un principe de fermentation ; car, 1^{ment}, en perdant l'air qui remplit leurs pores, le mouvement intestin de leurs parties n'en devient que plus libre ; 2^{ment}, cette liberté augmente encore par la suppression du poids ou du ressort de l'air extérieur ; ce qui me fait croire que les matieres de cette derniere espece se conserveroient mieux dans un air comprimé que dans le vuide.

Le vin de Bourgogne qui a passé les Alpes n'a pas le même corps que celui qu'on boit en France ; il paroît moins coloré & plus pétillant : ne seroit-ce point parce qu'il auroit un peu
travaillé

* Tome II. page 121. & suiv.

travaillé en passant sur les hautes
montagnes où la pression de l'atmosphere étant moins grande qu'elle ne
l'est dans la plaine, a pû donner lieu
à quelque commencement de fermentation? Ce qui me le feroit soupçonner, c'est qu'ayant tenu dans un air
un peu raréfié, & pendant quelques
jours, une bouteille de vin, au bouchon de laquelle j'avois pratiqué un
petit trou, il me parut un peu défait,
& à-peu-près semblable à celui que
j'avois goûté en Piémont. Je dois
ajouter cependant que plusieurs personnes dignes de foi m'ont assûré, que
le vin de Bourgogne qui va par mer
en Italie, est sujet à de pareils changemens : le même effet peut être produit par différentes causes.

L'air qui se dégage d'une liqueur
en augmente nécessairement le volume jusqu'à ce qu'il en soit entiérement sorti, parce que les globules in-
sensibles qui étoient logés dans les
pores, se réunissant plusieurs ensemble, forment des masses plus grandes
qui occupent de nouvelles places
dans la liqueur : de même que si l'eau
qu'on fait entrer, comme on fait, sans

difficulté dans un verre plein de cendres ou de fable, fe convertiffoit tout d'un coup en plufieurs petits glaçons de la groffeur d'une tête d'épingle, on conçoit bien que les deux matieres ne pourroient plus être contenues dans le même vafe. L'air fe dégage auffi dans les liqueurs qui fermentent, & l'effort qu'il fait pour en augmenter le volume, fait fouvent caffer les vaiffeaux qui les contiennent.

Il eft inutile de propofer ici aucune expérience, pour prouver qu'on peut faire fortir l'air d'une matiere, en la faifant chauffer fortement ; nous avons tous les jours fous les yeux affez d'exemples de cette feconde méthode, dans la préparation de nos alimens ; on entend, & l'on voit même fortir l'air des viandes & des fruits qu'on fait cuire, du bois verd qu'on met au feu, de l'eau, & des autres liqueurs que l'on fait bouillir. Les premiers bouillons doivent être attribués aux parties les plus groffieres de l'air, qui, dilatées par la chaleur dans un fluide qui fe dilate lui-même, augmentent en volume, & foulevent

avec violence ce qui s'oppofe à leur
extenfion & à leur afcenfion. Je dis
les premiers bouillons ; car je ferai
voir, en parlant du feu & de fes effets,
qu'une liqueur qui continue de bouillir jufqu'à ce qu'elle foit entiérement
évaporée, ne le fait pas en vertu d'une
quantité d'air affez confidérable pour
fournir jufqu'à la fin. Mais quand l'air
fort d'une liqueur que l'on fait chauffer, on voit à-peu-près le même effet
que dans le vuide ; les bulles qui fe
forment ont d'autant plus de peine
à fe dégager, que la matiere qui les
enveloppe eft plus difficile à rompre
ou à étendre : elles fe dégagent donc
& s'élevent plus lentement dans du
lait que dans de l'eau, & l'action du
feu qui tend à les dilater agit plus
long-temps fur chacune, & en même
temps fur un plus grand nombre ;
c'eft pourquoi ces fortes de liqueurs,
le beurre, les réfines & les gommes
fondues, fe gonflent peu-à-peu, &
furprennent, par des effervefcences
fubites & affez fouvent dangereufes,
ceux qui les font chauffer avec trop
peu d'attention.

A-peu-près comme l'eau fort d'une

C c ij

éponge mouillée que l'on preffe, l'air fe dégage de toutes les matieres dont les parties fe rapprochent & fe condenfent fortement : on s'en apperçoit rarement dans les folides, parce qu'étant communément plongés dans l'air de l'atmofphere, celui qui fort de leur intérieur fe mêle immédiatement avec un fluide femblable à lui-même, & qui empêche par cette raifon, qu'on ne le diftingue : ce n'eft qu'en preffant ces corps dans l'eau, ou dans quelqu'autre liqueur, qu'on peut s'affurer de l'effet dont il eft queftion.

Les liquides qui fe gelent, fe défaififfent auffi de l'air qu'ils contiennent à mefure que leurs parties fe rapprochent ; & quand cet air qui étoit difféminé dans les pores en particules infenfibles, s'en trouve exclu, il fe raffemble en plufieurs bulles, & prend différentes formes dans la maffe, s'il s'y trouve renfermé & retenu par les progrès trop rapides de la congélation. Je pourrois appeller en preuves les phénoménes de la glace ; mais il fera temps d'en faire mention lorfque je traiterai de l'eau & de fes différens états.

Le dernier procédé, & celui qui
eſt peut-être le plus efficace de tous,
pour ſéparer l'air des matieres avec
leſquelles il ſe trouve mêlé, c'eſt la
diviſion de leurs parties, ſur-tout ſi
cette diviſion va juſqu'à les décom-
poſer, comme il arrive ordinairement
lorſqu'on fait putréfier, fermenter,
diſtiller, ou brûler les corps mixtes.

X.
Leçon.

Que la quantité d'air que l'on tire
ainſi, égale preſque le volume des
corps d'où il ſort, c'eſt une merveille que l'on n'a dû croire que d'après
l'expérience ; mais que cet air extrait,
& ſoumis au poids de l'atmoſphere,
ſurpaſſe un grand nombre de fois la
grandeur de ces mêmes corps qui le
contenoient, c'eſt ce qu'on ne peut
apprendre ſans étonnement ; & l'on
ſeroit tenté d'en douter, ſi les Auteurs les plus accrédités, de qui nous
tenons cette découverte, n'avoient
appuyé leurs témoignages ſur un détail bien circonſtancié de leurs épreuves. Celles de MM. Mariotte & Hales
m'ont paru les plus déciſives ; c'eſt
dans leurs écrits que j'ai puiſé les preuves ſuivantes : le lecteur qui prendra
la peine de les chercher dans leurs

fources, y trouvera un grand nombre de faits, plus curieux les uns que les autres, & qui établiffent de concert la doctrine que je viens d'expofer.

XVII. EXPERIENCE.

PREPARATION.

La *Fig.* 35. repréfente une taffe de métal fort mince, au fond de laquelle on a pratiqué un enfoncement que l'on emplit d'une groffe goutte d'eau; on verfe enfuite de l'huile d'olives, jufqu'à la hauteur d'un travers de doigt, & l'on couvre la goutte d'eau d'un petit vafe de verre qui a la forme & à-peu-près la grandeur d'un dé à coudre, ayant attention qu'il foit plein d'huile, ce qu'il eft aifé de faire en l'inclinant dans la taffe avant que de le placer debout.

EFFETS.

Si l'on tient la taffe fur une bougie ou fur une lampe allumée, pour faire chauffer la goutte d'eau; 1°. Il s'en éléve peu-à-peu une grande quantité de petites bulles d'air, qui, lorfque tout eft refroidi, occupent dans le vafe de

verre, un efpace plus grand (a) que le
volume de la goutte d'eau d'où elles
font forties : 2°. l'huile qui refte dans
le petit vafe de verre, perd fa tranfparence, en fe refroidiffant.

EXPLICATIONS.

A mefure que la goutte d'eau s'é-
chauffe, les parties s'écartent un peu
les unes des autres; les pores ou petits
intervalles qui font entr'elles, fe dilatent, les particules d'air qui fe trou-
voient retenues deviennent plus li-
bres, & leur légéreté refpective fuffit
alors pour les dégager entiérement,
& pour les élever dans la partie fupé-
rieure du petit vafe de verre. Mais ce
qui aide encore davantage cette fépa-
ration, c'eft que la même chaleur qui
dilate la goutte d'eau, dilate auffi les
petites bulles d'air, & leur volume
confidérablement augmenté les rend
d'autant plus légeres, & par conféquent d'autant plus propres à s'élever
au-deffus de l'eau & de l'huile. On peut

(a) M. Mariotte dit 8 ou 10 fois plus grand ;
cependant quoique j'aye repété cette expérience bien des fois, & avec foin, je n'ai jamais trouvé tant d'air au haut du petit vafe.

ajouter encore que la liquidité de l'eau & de l'huile augmente par l'action du feu, que le frottement & la viscosité diminuent d'autant; ce qui donne lieu aux bulles d'air de se dégager & de s'élever plus facilement.

La colonne d'huile qui couvre la goutte d'eau devient opaque, parce que la chaleur y éleve la vapeur de l'eau, qui se mêle aux parties de l'huile, & qui forme avec elles des molécules dont l'assemblage devient moins perméable à la lumiere : soit que les pores de ce liquide composé soient moins directs qu'ils ne le sont dans l'eau & dans l'huile séparément ; soit que ses parties deviennent trop grossieres. Cette derniere raison (qui n'exclut point l'autre) paroît d'autant plus probable, que cette même huile chargée d'eau & devenue opaque, reprend presque sa premiere transparence lorsqu'on la fait chauffer de nouveau, sans doute, parce qu'alors les parties atténuées par l'action du feu laissent à la lumiere un passage plus libre.

XVIII.

XVIII. EXPÉRIENCE.

PRÉPARATION.

La préparation de cette expérience se fait à-peu-près comme celle de la précédente, excepté seulement, qu'on employe des vases plus grands, & qu'au lieu d'une goutte d'eau au fond de l'huile, on met dans de l'eau tiede un petit cylindre de sucre commun, égal à la partie *A B*, prise intérieurement. *Fig. 35.*

EFFETS.

A mesure que le sucre se fond dans l'eau, on en voit sortir des bulles d'air qui s'élévent vers la partie supérieure du vaisseau ; & lorsque la dissolution est faite, la quantité d'air qui s'est élevée égale assez souvent les $\frac{2}{3}$ ou les $\frac{3}{4}$ de l'espace *A B*.

EXPLICATIONS.

L'eau chaude, en pénétrant le sucre, désunit ses parties, & les subdivise ; alors les petites bulles d'air qu'elles renfermoient entr'elles, étant comme isolées, s'élévent à travers de

Tome III.   D d

l'eau qui est toujours beaucoup plus pesante. La quantité de ces particules d'air varie selon la qualité du sucre, & la solution plus ou moins parfaite de sa masse : mais on peut toujours comparer le volume d'air qui est sorti, à celui du sucre qu'on a fait fondre , puisque l'espace A B sert de mesure commune à l'un & à l'autre.

XIX. EXPERIENCE.

PREPARATION

Il faut joindre la cornue A B, *Fig.* 36. dans laquelle on aura mis quelque matiere à distiller, au matras A C, avec quelque espece de lut qui ne se fonde point à une médiocre chaleur, & qui ne se dissolve point non plus par une légere humidité. Ces deux vaisseaux étant ainsi joints, il faut faire entrer dans le col du dernier une branche du siphon E D F, par un trou pratiqué au fond du vaisseau ; on plonge ensuite le matras & le siphon dans l'eau, afin que le premier s'emplisse par D, jusqu'à la hauteur F ; ce qui se fait aisément par le moyen du siphon qui permet à l'air de s'échapper : on ôte

enfuite ce fiphon, & l'eau demeure fufpendue à la hauteur F, par la
preffion de l'atmofphere qui agit fur
celle du bacquet. Enfin l'on chauffe
la cornue, en la pofant fur un four-
neau difpofé à une hauteur convenable. Si les matieres que l'on diftille
rendent de l'air, on s'en apperçoit,
parce que le volume de celui qui eft
renfermé en AF, augmente ; fi au
contraire elles en abforbent, comme
il paroît en certains cas, on le voit
auffi par la diminution de ce même
volume d'air. Et fi l'on veut comparer
la quantité d'air rendu ou abforbé, à
celle des matieres qu'on a mifes dans
la cornue, on le peut facilement en
réduifant à une mefure connue, comme au pouce cubique, par exemple,
ce qu'on met dans la cornue : car
après la diftillation, on pourra voir
combien il faut de pouces cubiques
d'eau pour remplir l'efpace occupé
par l'air, en plus au-deffous, ou en
moins au-deffus de F.

Mais ce volume d'air que l'on veut
mefurer, ne doit l'être que quand tout
eft refroidi au même dégré que l'étoit
celui de la partie AF, au moment

que l'on a commencé l'expérience; car on sait combien quelques dégrés de chaleur de plus ou de moins peuvent faire varier les dimensions de ce fluide ; & pour n'avoir point d'erreur considérable à soupçonner à cet égard, il faudroit y avoir enfermé un petit thermométre très-sensible.

Une autre attention que l'on doit avoir encore , si l'on veut procéder avec exactitude, c'est de consulter la hauteur du barométre, au commencement & à la fin de l'expérience, pour s'assurer si le poids de l'atmosphere n'a point varié pendant l'opération : car il est certain que le volume d'air contenu dans le col du matras doit augmenter ou diminuer, selon que l'eau y sera poussée plus ou moins haut, par la pression de l'air extérieur sur la surface du bacquet.

Enfin s'il s'agissoit d'une exactitude scrupuleuse, on devroit considérer encore, que la colonne d'eau qui demeure au-dessus du niveau, ou qui est portée au-dessous, par la quantité plus ou moins grande de l'air qui occupe le col du matras, empêche que cet air ne soit jamais d'une densité

parfaitement égale à celle de l'air extérieur ; mais heureusement dans la plûpart de ces épreuves, on peut se contenter d'un à-peu-près ; & le Physicien
doit souvent se mettre au-dessus des
minucies, pour n'être point découra-
gé dans ses recherches.

EFFETS.

Par des procédés à-peu-près semblables à celui que je viens de décrire, M. Hales * ayant éprouvé
toutes sortes de matieres animales,
végétales & minérales, solides & liquides, a trouvé, par exemple, qu'un
pouce cubique de sang de cochon,
distillé jusqu'aux scories seches, pro-
duisoit 33 pouces cubiques d'air.

Que la moitié d'un pouce cubique
de la pointe des cornes d'un daim,
donnoit 117 pouces cubiques d'air,
ce qui faisoit un volume 234 fois
aussi grand que celui de la matiere
distillée.

Que d'un demi-pouce cubique de
bois de chêne, il en sortoit 128 pouces cubiques d'air.

Que d'un pouce cubique de terre

* Stat. des Véget. ch. 6.

D d iij

vierge, il vint à la diſtillation 43 fois autant d'air.

Le même Auteur trouva que l'eau forte, le ſoufre, & pluſieurs autres matieres, bien loin de rendre de l'air, en abſorboient ; c'eſt-à-dire, qu'a-près la diſtillation, le volume d'air contenu en *A F*, ſe trouvoit moins grand qu'il n'étoit avant l'expérience.

EXPLICATIONS.

Lorſqu'on diſtille une matiere, l'action du feu diviſe ſes parties, les réduit, & les éleve en vapeurs. Les particules d'air qui ſe trouvent dans la maſſe demeurant iſolées par ſa diviſion, & par ſon évaporation, s'uniſſent avec le volume d'air qui eſt renfermé dans la cornue & dans le col du matras, & ce volume eſt d'autant augmenté : de-là il arrive que la ſurface de l'eau baiſſe communément au-deſſous de *F*.

Mais ſi la matiere que l'on diſtille eſt de telle nature que l'air s'uniſſe à elle plus facilement & plus fortement qu'il ne peut s'unir avec d'autre air, non-ſeulement cette matiere ne ſe dé-faiſit point des particules d'air qu'elle

contient ; mais acquerant plus de furface par fa divifion, elle s'approprie
encore de nouvelles parties d'air en
paffant par l'efpace AF ; & l'eau s'é-
leve d'autant, pour occuper la place
de l'air abforbé.

Ce que l'on a de la peine à comprendre, c'eft qu'il puiffe fe loger une
fi grande quantité d'air dans certaines
matieres, fans qu'il y paroiffe comprimé, autant qu'il faudroit qu'il le fût,
fi l'on vouloit le réduire à un auffi petit volume, lorfqu'une fois il eft dégagé ; car quelle force ne faudroit-il
pas pour reftraindre dans l'efpace d'un
demi-pouce cubique 234 fois autant
d'air femblable à celui de l'atmofphere ?

Ce phénoméne nous apprend que
l'air intimement mêlé à d'autres matieres, y eft dans un état tout différent de celui où nous le voyons lorfqu'il en eft dégagé ; quel eft donc cet
état de l'air dans l'intérieur des corps ?
& comment en reçoit-il un autre lorfqu'il fe dégage ?

On peut fuppofer, comme l'ont
fait plufieurs habiles Phyficiens * de
nos jours, que les parties de l'air,

* M. de
Mairan, Diſſ

D d iiij

X.
Leçon.
fertat. fur la
glace.
Mariotte,
Essais fur la
nature & les
propriétés de
l'air.

lorſqu'il eſt intimement mêlé à quelqu'autre matiere, ne ſe touchent plus; & qu'elles ſont immédiatement appliquées aux parties même du corps qui les contient, comme pourroient être de petits poils ou des filets de coton qui envelopperoient, par exemple, des grains de ſable, ou qui ſeroient logés ſéparément dans les intervalles qui ſe trouveroient à remplir entre ces mêmes grains raſſemblés en une maſſe : car quoique pluſieurs brins de coton enſemble forment ordinairement un petit flocon flexible, & qui occupe un eſpace aſſez ſenſible, à cauſe de tous les vuides qui font partie de ſon volume; on conçoit bien cependant qu'il en occuperoit incomparablement moins par ſa matiere propre, & ſi ſes vuides remplis d'une autre ſubſtance ne contribuoient plus à ſa grandeur. On doit convenir auſſi que ſa flexibilité, & par conſéquent ſon reſſort, ſeroit nulle, ſi chacun de ces petits filets étoit ſoutenu par un corps dur, comme il arriveroit infailliblement, ſi l'eſpace de l'un à l'autre étoit rempli par une matiere ſolide.

Cette hypothese eſt d'autant plus vraiſemblable, que l'air ne paroît contribuer ni à la compreſſibilité des corps, ni à leur dilatabilité : l'eſprit-de-vin des thermométres étant purgé d'air *, n'en paroît ni plus ni moins ſenſible à l'augmentation du froid ou du chaud : & les corps qu'on a tenus dans le vuide, n'en ſont pas moins compreſſibles, quoiqu'on en ait vu ſortir une quantité d'air aſſez conſidérable. L'air dans l'intérieur des corps, eſt donc, comme dit M. Hales, dans un état de fixité ; & lors même qu'il s'en dégage, il n'acquiert point de reſſort, s'il emporte avec lui quelque ſubſtance étrangere qui l'empêche de ſe joindre à d'autre air, pour former de petits globules : car ce n'eſt que dans ce dernier état, qu'il peut être flexible & élaſtique.

Ce raiſonnement, je l'avoue, eſt fondé ſur des faits inconteſtables ; mais il en eſt d'autres, qui ne ſont ni moins certains ni moins connus, & qui nous portent à raiſonner tout autrement ; lorſqu'une matiere paſſe dans le vuide, ou que l'action du feu ou d'un diſſolvant diminue, ou fait

* *Voyez les Mémoires de l'Acad. pour l'ann. 1731. p. 267.*

cesser la cohérence de ses parties, on voit aussi-tôt l'air s'en dégager ; ne devons-nous pas penser que cet air étoit dans l'état d'un ressort tendu, & qu'il n'attendoit pour se déployer que la suppression des obstacles qui l'en empêchoient ?

Voici ce que l'on peut dire pour concilier ces phénoménes qui semblent se contredire : l'air, dans la plûpart des corps, se trouve sous deux états différens ; les plus grands vuides, ces pores qui communiquent ensemble, le contiennent en globules, ou pour mieux dire, en petites colonnes que le poids de l'atmosphere a condensées, & qui, par la continuité de leurs parties ont conservé la faculté de s'étendre & de se porter en dehors lorsque la pression extérieure vient à cesser ; l'autre air beaucoup plus divisé, ne remplit que des pores isolés plus petits, & la matiere qui l'environne a plus de cohérence qu'il n'a d'élasticité. Pour dégager le premier, il suffit ou d'augmenter fortement son ressort par la chaleur, ou de lever l'obstacle qui le tient tendu : ces deux moyens sont faciles ; 1^{ment}, par-

ce que le reſſort de l'air s'anime d'autant mieux que ſon volume eſt plus
grand ; 2^{ment}, parce que les pores qui
contiennent ces petites colonnes ſont
ouverts juſqu'à la ſurface. Il n'en eſt
pas de même de l'autre air, il faut,
pour l'extraire, diviſer le corps juſ-
ques dans ſes moindres parties ; &
comme on ſuppoſe ce fluide réduit
preſque à ſes premiers élémens, on
ne doit rien attendre de ſon reſſort,
pour aider cette ſéparation.

A l'aide de cette ſuppoſition, je
conçois comment l'air ne rend ni
plus dilatables, ni plus compreſſibles
les matieres avec leſquelles il eſt mêlé, quoiqu'il y jouiſſe de ſon élaſticité ; car 1°. ſi les petits globules
contigus les uns aux autres dans toute
l'étendue de chaque pore, s'y trouvent contenus comme dans une gai-
ne, dont les parties ſolides ſe ſoutiennent mutuellement, ce canal
comprimé par dehors, n'empruntera
rien de la flexibilité de l'air qu'il renferme, & par conſéquent le corps entier qui n'eſt qu'un aſſemblage de ces
tuyaux, ne ſera ni plus ni moins compreſſible, ſoit que ſes pores ſoient

remplis d'air, soit qu'ils en soient vuides. 2°. Si ces colonnes d'air moulées dans les pores sont composées de globules fort petits, comme on le doit supposer, l'action modérée du feu ne pourra les dilater que très-peu ; & leur accroissement n'excédera pas sensiblement celui des pores qui se dilatent aussi par le même dégré de chaleur : ainsi la masse totale ne sera ni plus ni moins dilatable, soit qu'elle contienne de l'air élastique, soit qu'elle n'en contienne pas.

Mais cet air même le plus intimement mêlé, celui que nous regardons comme n'ayant point de ressort, parce qu'il est extrêmement divisé, n'en a-t-il point en effet ? Ses parties, au lieu d'être devenues trop courtes pour être flexibles, ne seroient-elles pas plutôt repliées sur elles-mêmes autant qu'il est possible qu'elles le soient ? & leur inflexibilité ne viendroit-elle pas de ce qu'elles ne pourroient plus s'approcher davantage, à-peu-près comme un fil roulé en peloton, devient un corps dur qu'on a peine à comprimer, & qui, lorsqu'il se développe, occupe une place

incomparablement plus grande. En
m'arrêtant à cette idée, j'apperçois
la raison pour laquelle cet air extrait
des corps prend un volume si considérable qu'il excéde deux ou trois cens
fois celui dont il faisoit partie. La nature a pu se ménager des moyens pour
restraindre ainsi les particules d'air
qu'elle fait entrer dans la composition
des mixtes ; & la cohérence de ces
mêmes corps, quelle qu'en soit la cause, est une puissance qui peut suffire
pour résister à sa réaction.

Une raison que l'on peut ajouter
encore pour expliquer cette prodi-
gieuse extension de l'air extrait, c'est
que cet air n'est point pur ; c'est un
fluide composé, qui tient beaucoup
des matieres d'où il sort ; je ne veux
pour preuves que les effets dont il est
capable : celui que l'on tire de la pâte
fermentée, des fruits, & de la plûpart des végétaux, éteint le feu,
suffoque les animaux, & se fait sentir
par une odeur pénétrante * ; il est
donc évident que cet air est chargé
d'une vapeur abondante, qui fait partie de son volume, & l'on sait d'ailleurs que toutes les substances qui s'é-

X.
LEÇON.

* Boyle, Exp.
Phys. Mech.
continuat. 2.
Hales, Stat.
des végét. p.
152.

vaporent , s'étendent prodigieuſe-
ment ; ainſi les cent vingt-huit pouces cubiques d'air qui ſortent d'un demi-pouce cubique de bois de chêne ,
ſe réduiroient vraiſemblablement à
une quantité bien moins grande, ſi
l'on en ſéparoit ce qu'ils contiennent
d'étranger.

APPLICATIONS.

Les alimens tant ſolides que liquides qui entrent dans l'eſtomac , s'y
décompoſent par la digeſtion ; ils ſe
déſaiſiſſent par conſéquent de l'air
qu'ils contiennent ; cet air ainſi dégagé ſe raſſemble en bulles , & prend
un volume beaucoup plus conſidérable ; non - ſeulement parce qu'il ſe
développe & s'étend lorſqu'il eſt libre , comme on l'a vû par les expériences précédentes; mais encore parce
qu'il éprouve un dégré de chaleur
aſſez grand , qui dilate ce fluide d'autant plus que ſa maſſe eſt plus ample.

Si l'air qui ſe dégage ainſi des alimens dans l'eſtomac, ne trouve point
d'iſſue libre pour en ſortir , il preſſe
& diſtend les parties qui le retiennent , & ſes efforts font naître quel-

quefois des douleurs affez vives, que l'on nomme *coliques de vents*.

Lorfque rien ne s'oppofe à fon paffage, il fort par la bouche, & caufe ces rapports le plus fouvent défagréables & plus ou moins fréquens, felon la quantité des alimens qu'on a pris, leurs qualités, leurs préparations, ou la difpofition actuelle de l'eftomac qui les digere.

Ces rapports déplaifent prefque toujours, quoique l'on ait mangé ou bû des fubftances qui foient par elles-mêmes d'une odeur & d'un goût fort agréables : c'eft que la digeftion les décompofe, & que l'air qui s'en exhale n'en emporte que des extraits : or dans les alimens les plus fains, il y a des parties. qui lorfqu'elles font féparées des autres, font capables d'affecter nos fens d'une maniere déplaifante ou même dangereufe. Le pain & la pâte de froment, le raifin & les autres fruits, &c. font du goût de tout le monde, & ne nuifent point au commun des hommes ; cependant l'air qui en fort, quand on les fait fermenter, eft infect & mortel.

Un eftomac furchargé d'alimens ;

eft plus incommodé qu'un autre de ces fortes d'exhalaifons ; on en voit affez la raifon. Mais la qualité & la préparation font deux chofes qui ont beaucoup de part à cet effet. En général les liqueurs fpiritueufes & fermentées comme le vin, la bierre, &c. & tous les alimens cruds, portent avec eux une très grande quantité d'air ; & l'on doit s'attendre d'en être incommodé, fi l'on n'en ufe avec modération.

Un ufage modéré des alimens ne garantit pas même toujours des rapports d'eftomac ; on voit des perfonnes précautionnées & fobres, qui s'en plaignent beaucoup. C'eft qu'alors il y a fans doute quelqu'humeur vicieufe qui occafionne une mauvaife digeftion. Suivant nos principes, cette digeftion eft mauvaife par excès ; car puifqu'elle rend une plus grande quantité d'air, il paroît que les alimens font plus divifés ; ainfi en pareil cas, on pourroit dire peut-être que l'on digere trop; mais ceci paffe les bornes de mon deffein, c'eft une queftion que je foumets à l'examen de la Faculté.

En

En certains temps de l'année le vin
& la bierre travaillent dans les ton-
neaux & dans les bouteilles ; c'eſt-à-
dire, qu'il s'y fait une légere fermentation , ſur-tout ſi ces liqueurs ſont
remuées ou placées dans des lieux qui
ne ſoient pas aſſez frais. Ces mouvemens inteſtins ne manquent point de
donner lieu aux particules d'air de ſe
dégager & de monter à la ſurface ; &
comme il lui faut alors beaucoup plus
de place qu'il n'en occupoit lorſqu'il
étoit diviſé & logé dans les pores, il
ſort avec impétuoſité, dès qu'on débouche les vaiſſeaux , & ſes efforts
vont même juſqu'à les faire crever,
lorſqu'on néglige de lui ouvrir un
paſſage.

X.
LEÇON.

Dans les laboratoires de chymie,
les artiſtes ont grand ſoin de laiſſer
une iſſue à l'air , quand ils lutent leurs
vaiſſeaux ; l'uſage leur a appris que
ſans cette précaution, les ballons ſont
en danger de crever avec éclat : quand
cet accident arrive , on a coutume de
s'en prendre à la maſſe d'air qu'on a
laiſſé enfermée dans le récipient , &
que la chaleur dilate ; & en effet cette
cauſe y contribue : mais la rupture

des vaisseaux vient principalement de la quantité d'air qui sort de la plûpart des matieres qu'on distille ; car pour l'ordinaire, le ballon est capable de résister aux efforts de l'air qu'on y renferme, & qui n'y souffre qu'un dégré de chaleur assez médiocre.

Quand on enfonce une canne ou un bâton dans la vase au bord d'une riviere ou d'un étang, on voit communément beaucoup de bulles d'air s'élever à la surface de l'eau ; cet air vient sans doute des feuilles, des branches d'arbres, des plantes & autres végétaux qui se sont amassés & pourris au fond ; il demeure engagé dans la boue jusqu'à ce qu'on lui ouvre une issue.

Si l'on fait sortir l'air d'une matiere sans désunir les parties de sa masse, en la plaçant, par exemple, dans le vuide ; dès qu'on l'expose ensuite à l'air libre, elle reprend ce qu'on lui a ôté, à-peu-près comme une éponge qui se remplit toujours d'eau, toutes les fois qu'on l'y plonge après l'avoir pressée. M. Mariotte s'est assûré du fait par une expérience

*Essai sur
la nature &
les propriétés
de l'air.*

aussi simple qu'ingénieuse. Il purgea
d'air une certaine quantité d'eau, en
la faisant bouillir ; & en la mettant
ensuite quelque temps dans le vuide,
il en remplit une phiole qu'il ren-
versa dans un vase plein d'eau, sans
la boucher, en observant de faire
monter dans le haut une bulle d'air
de la grosseur d'une aveline ; peu-à-
peu il vit diminuer cet air, qui dis-
parut enfin tout-à-fait au bout d'environ 3 jours, ce qui lui fit connoître
évidemment que l'eau de la phiole
s'en étoit saisie ; ce qui s'est passé à
l'égard de l'eau, arriveroit sans doute
à toute autre matiere ; on pourroit
tout-au-plus soupçonner quelques va-
riétés, dans la quantité d'air qui rentre, ou dans le tems qu'il met à rentrer.

Des expériences d'un autre genre
auxquelles j'étois occupé, ayant exigé
que je susse avec plus de précision,
en combien de temps l'eau peut reprendre l'air qu'elle a perdu par l'é-
bullition & par la suppression du
poids de l'atmosphere, je fis l'expérience qui suit.

E e ij

XX. EXPÉRIENCE.

PRÉPARATION.

A Fig. 37. eſt une caraffe que je remplis d'eau , récemment purgée d'air , environ juſqu'aux deux tiers de ſa capacité ; je la bouche avec du liege que je couvre enſuite d'une couche de cire fondue & mêlée avec de la térébenthine ; à travers de ce bouchon je fais paſſer le bout du tuyau de verre *B C D* , qui eſt recourbé en deux ſens oppoſés , & dont la partie *C D* attachée ſur une planche graduée en pouces & en lignes , eſt ſoutenue verticalement ſur un pied. Je fais encore paſſer à travers du même bouchon le tube d'un thermométre , dont la boule eſt en partie plongée dans l'eau de la caraffe. Je place enſuite cette même caraffe dans un ſceau qui eſt rempli d'eau , ainſi que la partie *C E* du tuyau ; je marque alors avec un fil *K* , la hauteur du thermométre , & j'obſerve au barométre celle du mercure, au moment que je commence l'expérience.

Tout étant ainfi difpofé, je remarque de 12 en 12 heures l'afcenfion de
l'eau dans le tuyau au-deffus du point
E ; & pour être sûr que l'air eft toujours d'une égale denfité entre l'eau
du tuyau & celle de la caraffe, à chaque obfervation, je prends foin, 1°, de
rappeller le bain du fceau *G H* à fa
premiere température, en le réchauf-
fant ou en le refroidiffant jufqu'à ce
que la liqueur du thermométre revienne, & fe fixe au fil *K*, 2°, Je vois
de combien le mercure a hauffé ou
baiffé dans le barométre : & comme
une ligne de mercure répond à 14
lignes d'eau pour le poids, je les
ajoute ou je les diminue dans la partie *C D* du tuyau, afin que la preffion
de l'atmofphere demeure toujours à-
peu-près la même.

La quantité d'eau qui s'éleve au-
deffus du point *E*, indique, comme
on voit, le volume d'air qui rentre
dans l'eau de la caraffe ; & après l'expérience, on peut comparer ce volume d'air à celui de l'eau dans laquelle il rentre, en mefurant avec un
chalumeau renflé *F*, combien de fois
l'eau de la caraffe furpaffe celle qui

s'eſt élevée au - deſſus du point *E.*

EFFETS.

En procédant ainſi j'ai obſervé :
1°, Que l'eau du tuyau s'eſt élevée continuellement pendant 7 à 8 jours au-deſſus de *E* :

2°, Que le progrès de ſon aſcenſion a toujours été en diminuant, de façon que dès le ſixieme jour, il étoit preſqu'inſenſible ;

3°, Que la ſomme de toutes les quantités d'eau élevées égaloit à-peu-près la trentieme partie de celle de la caraffe.

EXPLICATIONS.

La maſſe d'eau qui eſt dans la caraffe, eſt à l'égard de l'air qui eſt contenu au-deſſus, à-peu-près comme un corps ſpongieux que l'on a preſſé ou deſſeché, & que l'on applique à la ſurface de quelque liqueur ; les pores qui ont été vuidés, comme autant de petits tubes capillaires, abſorbent le fluide qui s'y préſente, & qui eſt encore aidé par la preſſion de l'atmoſphere qui agit en *D.* Mais comme l'air eſt compoſé de parties rameuſes, ou de petites lames tortillées, ce n'eſt que peu-à-peu qu'il s'atténue, & que ſes globules peuvent ſe proportionner aux petites capacités tortueuſes qu'il doit remplir ; la difficulté qu'il a pour s'introduire dans l'eau, devient d'autant plus grande, que la maſſe de la liqueur eſt plus profonde ; & c'èſt par ces raiſons, ſans doute, qu'il la pénétre ſi lentement, & que les progrès de cette pénétration vont toujours en diminuant.

APPLICATIONS.

En ſuivant le procédé de l'expérience précédente, on peut connoître à-peu-près la quantité d'air que l'on a fait ſortir d'une matiere ; car il y a toute apparence, qu'après un temps ſuffiſant, ce qui eſt rentré eſt égal à ce qui en étoit ſorti ; & conſéquemment on pourra juger entre pluſieurs eſpeces, celle qui abonde le plus en air, celle qui le reprend plus promptement, & combien de temps on peut la regarder comme étant purgée d'air.

Ne pourroit-on pas même par ce moyen introduire certaines odeurs dans des matieres fluides ? car l'air en y rentrant, pourroit servir de véhicule aux parties odorantes, dont il se charge très-facilement, & en très-grande quantité.

Ces différentes vûes ouvrent un champ assez vaste à de nouvelles & curieuses expériences ; j'en ai déja tenté avec quelque succès plusieurs, dont je rendrai compte ailleurs ; je souhaite que mon exemple excite le zele des Physiciens ; la même matiere maniée par différentes mains, fournit ordinairement un plus grand nombre de connoissances.

XI. LEÇON.

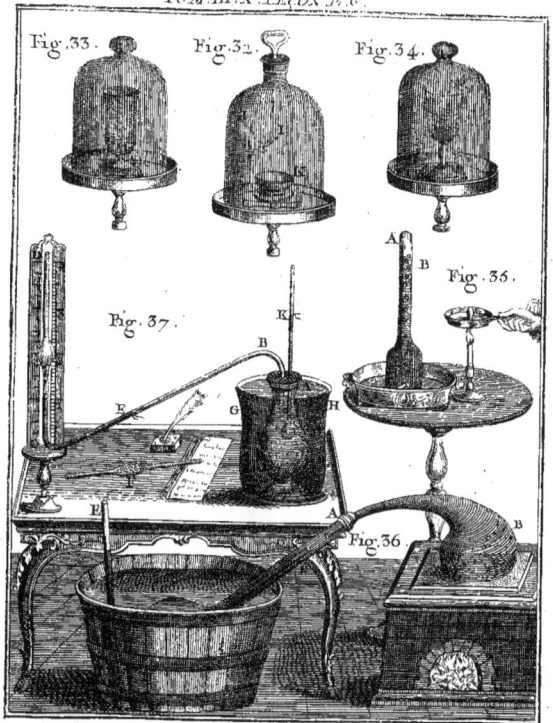

Fig. 33. Fig. 32. Fig. 34.

Fig. 37.

Fig. 35.

Fig. 36.

XI. LEÇON.

Suite des propriétés de l'Air.

II. SECTION.

De l'Air considéré comme Atmo-sphere terreſtre.

LA plûpart des matieres terreſtres contiennent beaucoup d'air entre leurs parties, comme nous l'avons fait voir à la fin de la Leçon précédente ; réciproquement auſſi, une maſſe d'air quelconque ſe trouve toujours mêlangée de quelques ſubſtances étrangeres, & l'on peut dire d'elle, comme de tout autre corps, qu'elle n'eſt jamais parfaitement pure, c'eſt-à-dire, qu'elle comprend toujours dans ſon volume quelqu'autre choſe que ſa matiere propre. Tout ce qui s'exhale de la terre & des eaux, des animaux & des plantes, entre auſſi-tôt dans cet élément que nous respirons, dans lequel nous vivons, & à qui l'on a donné le nom d'*Atmosphere*, parce qu'il enveloppe de toutes parts le globe dont nous habitons la surface. C'est un fait dont nous avons es-

* Tome *II*.
pag. 110. &
suiv.

sayé de rendre raison *, en supposant qu'il étoit suffisamment connu ; & en effet, si l'on en pouvoit douter, la dissipation d'une infinité de substances qui disparoissent tous les jours à nos yeux, & l'opinion raisonnable & généralement reçue, que rien ne s'anéantit de tout ce qui a été créé, suffiroient pour nous convaincre de cette vérité : lorsque le feu décompose un mixte, ne voyons-nous pas les parties les plus subtiles s'élever en flamme & en fumée ? Quand le cadavre d'un chien ou d'un cheval qu'on a jetté à la voirie, diminue de jour en jour, & devient à rien, n'est-ce point toujours en infectant les environs par une mauvaise odeur, effet, comme on sait, des parties qui s'en exhalent ? Enfin quelqu'un ignore-t-il que les vaisseaux qui contiennent des liqueurs, se vuident par évaporation, si l'on néglige de les boucher ? L'at-

mosphere terreftre eft donc un fluide
mixte, un air chargé d'exhalaifons &
de vapeurs. Son état varie felon les
temps & les lieux, parce que les parties qui entrent dans ce mêlange, ne
font pas toujours ni par-tout en même
quantité, ni avec les mêmes qualités.

On peut confidérer l'atmofphere
fous deux afpects différens : 1^{ment},
comme un fluide en repos, qui péfe
également de toutes parts fur la terre,
qui reçoit d'elle des matieres de différentes natures, qui les foutient pendant un temps, qui les laiffe retomber,
& qui nous tranfmet le chaud & le
froid dont il eft fufceptible : 2^{ment},
comme un fluide agité, dont les mou-
vémens peuvent être différemment
modifiés. En examinant l'atmofphere
fous ces deux points de vûe, nous par-
courrons dans les deux articles fuivans
fes principales propriétés.

Article Premier.

De l'Atmofphere confidérée comme un fluide en repos.

Le repos que je fuppofe ici ne
doit point s'entendre dans un fens

abſolu, & pour toute l'atmoſphere en même temps ; car à la rigueur les parties qui la compoſent ſont dans un mouvement preſque continuel, puiſqu'elles s'élévent ou s'abaiſſent fréquemment, & que les changemens de température les étendent ou les reſſerrent alternativement. Indépendamment de ces viciſſitudes, il ne regne jamais un calme ſi complet dans ce vaſte fluide, qu'il n'y en ait toujours quelque portion agitée ; & d'ailleurs l'atmoſphere eſt une dépendance du globe terreſtre qui ſe meut comme lui & avec lui en 24 heures ſur un axe commun, & en un an dans le même orbe autour du ſoleil ; ainſi quand je la conſidere comme étant en repos, c'eſt bien moins en lui attribuant abſolument cet état, qu'en faiſant abſtraction de ſes principaux mouvemens.

Nous ne voyons jamais qu'aucune portion de l'atmoſphere perde ſa fluidité, quoiqu'une grande partie de ce qui la compoſe ſoit propre à former des corps ſolides : l'eau s'y durcit & retombe en petits glaçons ; mais l'air dans lequel elle étoit ſoutenue ne ſe

congéle point avec elle ; c'est que
ces parties aqueuses, quelqu'abondantes qu'elles soient, ne le font jamais assez pour intercepter entiérement la contiguité des parties propres d'un volume d'air un peu considérable ; & cet élément, tant qu'il
fait masse, conserve toujours son ressort, qui paroît être, comme nous
l'avons dit ci-dessus, la principale
cause de sa fluidité.

Toute matiere qui appartient à la
terre a une tendance naturelle vers le
centre de cette planete. Or comme
l'atmosphere est composée d'air, &
d'un extrait, pour ainsi dire, de tous
les corps sublunaires, dont nous
avons prouvé la pesanteur dans les
Leçons précédentes, on ne peut douter qu'elle ne pése sur nous & sur
tout ce qui s'y trouve plongé comme
nous : on en a douté cependant, ou
plutôt, on a été très-long-temps sans
y faire attention. Nous avons dit ailleurs * de quelle maniere enfin l'on
s'en est convaincu, & comment la
connoissance du poids de l'atmosphere a éclairé les Physiciens sur plusieurs phénoménes qui en résultent.

XI.
Leçon.

* Tome I. p.
290. & suiv.

F f iij

XI.
LEÇON.

Mais cette pefanteur eſt celle d'un fluide ; elle doit donc croître & diminuer ſelon la hauteur des colonnes & la largeur de leur baſe ; c'eſt auſſi ſelon cette proportion qu'elle agit, comme on l'a déja vû dans la ſeptieme Leçon, où nous avons rapporté l'origine du barométre, ſes principaux uſages, & l'épreuve qu'on en fit dans les différentes ſtations de la montagne du Puy de Dome en Auvergne : je rapporterai encore ici une expérience du même genre, & d'une exécution plus facile, qui me donnera occaſion d'expoſer ce qu'il me reſte à dire ſur cette matiere.

PREMIERE EXPERIENCE.

PRÉPARATION.

Il faut faire choix de quelque lieu élevé & acceſſible, comme d'une tour, d'un clocher, ou de quelque autre édifice, dont on puiſſe aiſément meſurer la hauteur perpendiculaire, & ſe munir de deux barométres bien ſemblables ; c'eſt-à-dire, que dans le même lieu le mercure ſoit toujours dans l'un & dans l'autre à des hau-

teurs pareilles. On laiffe un de ces
inftrumens au pied de la tour avec un
Obfervateur qui examine attentive-
ment, s'il n'arrive point de variation
à la hauteur du mercure , pendant
qu'on porte l'autre en haut.

Effets.

1°. A mefure qu'on s'éleve avec le
barométre , le mercure s'abaiffe dans
le tube , comme je l'ai déja dit * en
rapportant l'expérience de M. Paf-
cal , exécutée au Puy de Dome par
M. Perrier.

* Tome II.
pag. 300.

2°. Si, lorfque le mercure s'eft a-
baiffé d'une ligne , on mefure la hauteur de l'endroit où l'on fait cette
premiere ftation , on trouve qu'elle
eft d'environ 12 toifes.

3°. Si l'édifice ou la nature du lieu
permet que l'on s'éleve davantage à
des hauteurs connues ou mefurables ,
on trouve que les ftations fuivantes,
qui fe font à chaque fois qu'on obferve une ligne d'abaiffement au mercure , font toujours à-peu-près de 12
toifes les unes au-deffus des autres.

4°. On remarque que les hauteurs
perpendiculaires de toutes ces fta-

tions, dont chacune répond à une ligne d'abaissement du mercure, sont d'autant plus petites que l'air pése davantage dans le temps de l'expérience, soit par le peu d'élévation du lieu où l'on opere, soit par l'état actuel de l'atmosphere.

5°. Si l'on répéte cette épreuve dans des lieux qui ne soient que médiocrement éloignés les uns des autres, & dans des circonstances qui rendent la pression de l'atmosphere à-peu-près semblable, on trouve aussi à-peu-près les mêmes résultats ; mais lorsque les distances sont très-grandes, comme de 400 ou 500 lieues, on peut s'attendre à des différences assez considérables.

EXPLICATIONS.

L'atmosphere ayant plus de hauteur à compter du rez-de-chaussée d'une tour, ou du pied d'une montagne, qu'elle n'en a à toutes les stations que l'on fait en montant, son poids est aussi plus grand ; & s'il est capable de soutenir d'abord 27 pouces $\frac{1}{2}$ de mercure dans chaque barométre, celui des deux que l'on por-

te plus haut se trouve sous une colonne d'air plus courte, qui, par conséquent soutient moins de mercure.
Cette diminution de poids dans la
colonne de l'atmosphere ne peut être
attribuée qu'à son raccourcissement ;
car le barométre de comparaison ,
qu'on a laissé dans le lieu le plus bas,
& qui soutient une colonne entiere ,
soit qu'il varie, ou qu'il ne varie pas
pendant l'expérience, se trouve toujours plus haut que l'autre, & suivant
les proportions marquées dans les
résultats ci-dessus.

Par le second & le troisiéme de ces
résultats, on voit que chaque ligne
d'abaissement du mercure dans le
barométre répond environ à 12 toises
de hauteur perpendiculaire dans l'atmosphere : ce rapport nous donne
l'air plus pesant que nous ne l'avons
estimé dans la Leçon précédente ; car
nous avons dit que sa densité ou pesanteur spécifique est à celle de l'eau ,
à-peu-près comme l'unité est à 900 ;
& comme le mercure pese 14 fois
autant que l'eau, il suit qu'une ligne
de mercure équivaut à 14 fois 900 lignes d'air dont la somme 12600 fait

15 toifes 4 pieds 6 pouces & 8 lignes, au lieu de 12 toifes dont nous venons de faire mention dans les réfultats précédens.

Mais il faut obferver auffi, que de tous ceux qui fe font appliqués à cette recherche par des expériences foigneufement faites en différens temps, & en différens lieux, il en eft bien peu qui s'accordent à conclure le même rapport. M. Caffini, après avoir porté le barométre fur la montagne de Notre-Dame de la Garde près de Toulon, évalue à 10 toifes & 5 pieds la hauteur de l'air qui foutient une ligne de mercure. M. de la Hire le pere la trouva de 12 toifes, par des épreuves qu'il fit fur le Mont-Clairet, dans le voifinage de la même Ville ; ce même Académicien la jugea de 12 toifes 4 pieds à Meudon, & de 12 toifes 2 pieds 8 pouces à Paris. Selon les obfervations de M. Picart faites au Mont Saint Michel, une ligne de différence dans la hauteur du mercure au barométre, répond à 14 toifes 1 pied & 4 pouces d'air. Enfin M. Vallerius *, favant Suédois, qui répéta ces expériences dans fon pays

* Hift. de l'Acad. des Scienc. 1712. p. 3. & fuiv.

après avoir obfervé les diverfes hauteurs d'un baromètre qu'il defcendit d'abord dans une mine très-profonde, & qu'il porta enfuite au fommet d'une montagne voifine, compta pour chaque ligne de mercure 10 toifes 1 pied & 4 lignes de hauteur dans l'atmofphere. M. de la Hire * le fils attribue toutes ces différences à deux caufes principales : 1°. à des couches de vapeurs, qui peuvent régner dans certaines parties de l'atmofphere, & qui en augmentent pour un temps la pefanteur; ce qui paroît très-vraifemblable : 2°. à la fituation des lieux où l'on fait ces expériences, ou à la pefanteur actuelle plus ou moins grande de l'atmofphere; & en effet, on voit par le quatriéme réfultat que la portion d'une colonne d'air qui répond à une ligne de mercure, eft d'autant plus grande ou plus petite, que cet air eft plus ou moins denfe; & la denfité ou le poids d'un fluide compreffible, croît à mefure qu'il eft plus chargé, foit par fa propre matiere amoncelée, foit par des parties étrangeres qui s'y mêlent.

On peut ajouter encore pour troi-

XI. LEÇON.

* Mém. de l'Acad. des Scienc. 1712. p. 114.

fiéme raifon, (& c'eft peut-être la plus
forte ;) on peut, dis-je, ajouter qu'il
eft très-difficile d'eftimer au jufte chaque ligne d'abaiffement du mercure
dans le barométre ; cependant les plus
petites erreurs dans cette eftimation,
font d'une grande conféquence, lorfqu'il s'agit de juger avec exactitude de
la hauteur d'une colonne d'air corref-
pondante. Car puifque le mercure ne
s'abaiffe que d'une ligne pour un re-
tranchement d'environ 12 toifes fait à
la colonne d'air, on peut aifément fe
tromper de quelques toifes fur celle-
ci ; il fuffit pour cela qu'il y ait un mécompte d'un $\frac{1}{12}$ de ligne dans l'obfervation du barométre. Ceux qui connoiffent bien cet inftrument, con-
viendront fans peine que l'obfervateur le plus attentif peut fort bien
commettre de pareilles fautes, non-
feulement à caufe de quelque défaut
de mobilité qui peut empêcher le
mercure de fe remettre dans un parfait équilibre avec l'atmofphere après
fes balancemens, mais encore à caufe
de la convexité de fa furface & des
petites réfractions occafionnées par
l'épaiffeur du verre, & qui peuvent
tromper l'œil.

Puifque l'atmofphere eft un fluide compreffible, on ne peut pas fuppofer que fa denfité foit uniforme ; on doit penfer au contraire, que les couches fupérieures, pefant fur celles qui font au - deffous , refferrent & condenfent de plus en plus leurs parties ; & conféquemment à ce principe, les différentes ftations où l'on obferve en montant , une ligne d'abaiffement dans le mercure du baromètre , doivent fe trouver toujours de plus en plus éloignées les unes des autres. C'eft ce qu'on obferve en effet: mais jufqu'à une hauteur de 1000 ou 1200 toifes au-deffus du niveau de la mer , les différences font peu confidérables ; apparemment parce que la grande quantité de vapeurs groffieres dont l'air eft chargé dans cette baffe région, & le grand poids qui le preffe , rendent fa denfité prefque uniforme. M^{rs}. Caffini & Maraldi , après un grand nombre d'expériences faites fur diverfes montagnes dont ils avoient mefuré géométriquement les hauteurs , jugerent que les portions retranchées d'une colonne de l'atmofphere pour plufieurs lignes d'abaissement du mercure au baromètre, croissent suivant cette progression, savoir, que si la premiere ligne de mercure répond à 61 pieds d'air, il y en a pour la seconde 62, pour la troisième 63, & ainsi de suite. Mais ils ont pensé avec raison, que cette proportion ne continue point au-delà d'une demie-lieue au-dessus du niveau de la mer ; car alors, l'air étant plus pur, son ressort est plus libre, & ses différens degrés de densité ne dépendent presque plus que de la pression des couches supérieures & du dégré de froid qui y regne.

Applications.

Si l'on a pesé la colonne de mercure d'un baromètre dont le tuyau soit parfaitement cylindrique ; on sait aussi-tôt quel est le poids de la colonne totale de l'atmosphere qui la tient en équilibre ; & l'aire du cercle qui fait sa base est un espace connu qu'on peut multiplier autant de fois qu'on voudra, pour savoir quelle est la pression de l'atmosphere, sur un espace donné à la surface de la terre :

un exemple rendra ceci plus intelligible.

Suppofons que le tube du barométre ait deux lignes de diamétre intérieurement, & que le mercure qu'il
contient pefe une livre ; cela m'apprend que dans le même lieu où eft
le baromètre, tout efpace circulaire
qui a deux lignes de diamétre, comme l'ouverture du tuyau, fe trouve
chargé d'une colonne d'air qui pefe
une livre ; & cette preffion fe fait
contre une porte de même que fur
une table ; parce que c'eft ici le poids
d'un fluide, qui agit dans toutes fortes de directions, comme nous l'a-
vons enfeigné en traitant de l'hydroftatique.

Suppofons maintenant qu'on vou-
lût favoir combien pefe l'atmofphere fur un efpace circulaire d'un diamétre trois fois plus grand que le précédent ; ce dernier efpace eft 9 fois
plus étendu que le premier : car les
cercles font entr'eux comme les quarrés de leurs diamétres, & le quarré
de 3 eft 9. Je dirai donc : Puifqu'une
colonne de l'atmofphere, dont la
bafe a deux lignes de diamétre, péfe

une livre ; une autre colonne qui s'appuie fur un efpace 9 fois plus grand pefe 9 livres : & l'on pourra favoir ainfi quelle eft la preffion de l'atmofphere , fur tout efpace dont on connoîtra l'étendue.

Quelques curieux , fondés fur ce principe , fe font propofé de chercher quel eft le poids de toute l'atmofphere ; mais ce qu'ils ont pû favoir à cet égard , tient à des hypothefes dont les unes vifiblement fauffes , les autres très-incertaines, ont rendu leurs laborieux calculs prefqu'inutiles. Et en effet quelle connoiffance peut-on tirer d'un pareil travail , fi l'on ignore quelle eft au jufte l'étendue de la furface de la terre ; fi l'on néglige de tenir compte de la hauteur de fes inégalités ; fi l'on confidere l'atmofphere, comme un fluide d'une denfité uniforme dans fes parties femblables ; fi l'on n'a point égard aux effets de la force centrifuge qui réfulte du mouvement de la terre fur fon axe, &c? On voit affez combien il feroit difficile de faifir avec juftefse tous ces élémens ; mais cette queftion n'étant heureufement

fement que de pure curiofité, la fo-
lution qu'on pourroit fe flatter d'en
avoir, ne mérite pas la peine qu'elle
exige.

On fera du baromètre une application plus heureufe & plus utile, fi l'on
s'en fert pour mefurer la hauteur des
montagnes ; car fuivant les expériences qui furent faites par MM. Caffini,
Maraldi, & Chafelles en Auvergne,
en Languedoc, & en Rouffillon *,
il paroît que depuis le niveau de la
mer jufqu'à une demie-lieue de hauteur, on peut compter environ 10
toifes d'élévation pour chaque ligne
d'abaiffement du mercure, en ajoutant un pied à la premiere dixaine,
2 pieds à la feconde, 3 pieds à la
troifieme, & ainfi de fuite.

* *Mém. de
l'Acad. des
Scienc.* 1703.
p. 229. & f.

On voit bien que pour mettre ce
moyen en ufage, il faut favoir à
quelle hauteur fe tient actuellement
le mercure au bord de la mer pendant que l'on opere ; & c'eft ce que
l'on peut favoir facilement par un
baromètre de comparaifon qu'on y
laiffe avec un Obfervateur attentif.
Il n'eft pas même befoin que ce baromètre & cet Obfervateur foient au

bord de la mer ; il suffit que l'obser-
vation se fasse dans un lieu dont on
connoisse l'élévation au-dessus du niveau de la mer ; & c'est ce qu'il n'est
point rare de trouver maintenant
dans presque tous les Etats. La salle
de l'Observatoire Royal de Paris, par
exemple, où l'on fait perpétuellement les observations du baromètre,
& dont on tient un état tous les ans,
est de 45 toises au-dessus de la Méditerranée, & de 46 au-dessus du niveau
de l'Océan ; & le mercure s'y tient
toujours pour cette raison, environ 4
lignes plus bas qu'on ne l'observe au
bord de ces deux mers.

Je suppose donc que l'on ait porté
un baromètre au sommet d'une montagne dont la hauteur est inconnue ;
si l'on y trouve le mercure 10 lignes
au-dessous du terme où il seroit sur
le bord de la mer, en comptant d'a-
bord dix toises pour chaque ligne de
mercure, on aura 100 toises, auxquelles ajoutant un pied pour la premiere dixaine, 2 pieds pour la seconde, 3 pieds pour la troisieme, &
ainsi de suite jusqu'à la dixiéme inclu-
sivement, on aura encore 55 pieds

qui font neuf toiſes & un pied ; ainſi
l'on conclura 109 toiſes & un pied,
pour la hauteur de la montagne au-
deſſus du niveau de la mer.

Il eſt vrai que cette méthode ne
donne point des meſures préciſes ,
& qu'en l'employant on ne peut gueres compter que ſur des à-peu-près :
1^{ment} , parce que les expériences ſur
leſquelles elle eſt fondée, ayant varié dans leurs réſultats, ne déterminent pas avec préciſion la hauteur
qui répond à une ligne de mercure ;
en ſecond lieu , parce qu'il eſt très-
difficile de juger avec toute l'exactitude qui ſeroit néceſſaire , de combien le baromètre a baiſſé lorſqu'il
eſt parvenu au plus haut de la montagne ; & enfin , parce que pendant
l'opération, il peut arriver quelque
changement dans les parties de l'atmoſphere qui couvre le lieu où l'on
opere. Mais combien y a-t-il d'occaſions où les meſures géométriques
ne peuvent être employées , & où
l'on peut ſe contenter de connoître
ces hauteurs à 10 ou 12 toiſes près ?

Une des vûes que l'on pourroit
avoir encore en faiſant uſage du ba-

G g ij

rométre, ce feroit de connoître l'é-
tendue de l'atmofphere, en détermi-
nant la hauteur de cette colonne d'air
qui foutient celle du mercure, & dont
nous avons appris ci-deffus à mefurer
le poids; il femble qu'on en pourroit
aifément venir à bout, fi l'air de l'atmofphere, comme de l'eau ou comme toute autre liqueur, étoit par-tout
d'une denfité uniforme; car en fup-
pofant qu'une ligne de mercure répon-
dît toujours à 10 toifes de cette colonne, elle devroit avoir autant de fois 10
toifes que l'on compte de lignes dans
28 pouces, hauteur moyenne du barométre au niveau de la mer. Or il y a
336 lignes dans 28 pouces, ce qui
donneroit 3360 toifes pour la hauteur
totale de l'atmofphere : mais le fluide
dont il s'agit eft une matiere compreffible; & par cette raifon, les parties
femblables de cette colonne étant prifes les unes au-deffus des autres, ne
doivent pas pefer également, ou (ce
qui eft là même chofe,) toutes ces portions, pour être de même poids, doivent avoir des longueurs différentes;
les plus baffes feront plus courtes que
celles qui font au-deffus.

Cette difficulté cependant n'empêcheroit pas qu'on ne vînt à bout d'é-
valuer par cette méthode la hauteur
de l'atmosphere, si l'on savoit au juste
dans quelle progression l'air se raréfie, à mesure que sa masse diminue,
& qu'il se trouve moins chargé par son
propre poids : si l'on étoit certain, par
exemple, que sa densité augmentât &
diminuât comme les poids qui le compriment, & que cette regle établie
par M. Mariotte pût être suivie à
toutes sortes de hauteurs. Mais bien
loin de pouvoir compter sur cette
supposition, on sait, par un nombre suffisant d'observations & d'expériences, que l'air ne se raréfie & ne
se comprime ainsi que dans une densité moyenne, & que dans les cas extrêmes il suit une autre progression
que l'on ne connoît point assez, &
qui, telle qu'elle puisse être, doit
varier suivant certaines circonstances. Plus ou moins de chaleur ou de
pureté dans une région où nos observations ne peuvent s'étendre, suffit pour causer des changemens assez
considérables à la pesanteur de l'atmosphere, & à sa hauteur : on ne

peut, fans incertitude, juger de l'une par l'autre, (je veux dire, de la hauteur par le poids,) quand on ignore quel eſt l'état actuel de l'air dans toute ſon étendue.

Un corps à reſſort que l'on a comprimé fortement avec un certain nombre de poids égaux, lorſqu'on vient à le décharger peu-à-peu, ſe déploye par des quantités qui vont toujours en augmentant, & qui ſuivent d'abord une progreſſion aſſez réguliere ; mais ſur la fin, lorſqu'on ôte les derniers poids, le développement ou l'extenſion du reſſort ſe fait dans des rapports beaucoup plus conſidérables. Comme l'air eſt un fluide élaſtique, on doit préſumer que dans les hautes régions, où il eſt bien moins chargé par ſon propre poids ; que par-tout ailleurs où nous pouvons faire des épreuves, il s'étend auſſi beaucoup davantage, ce qui doit donner à l'atmoſphere une hauteur plus grande qu'elle n'auroit, ſi nous en devions juger par les quantités qui répondent ici-bas à une ligne d'abaiſſement du mercure dans le barométre.

D'ailleurs on doit faire attention,

qu'à une plus grande diſtance du centre de la terre, la peſanteur diminue,
& la force centrifuge augmente : ces
deux cauſes concourent encore à diminuer le poids de l'air, & à faciliter
ſa raréfaction dans la partie la plus élevée de l'atmoſphere.

De ces différentes conſidérations,
& des expériences faites avec le barométre il ſuit, que notre atmoſphere ne peut pas avoir moins que 6
lieues d'étendue en hauteur ; il ſuit
auſſi, (& c'eſt l'opinion commune)
que cette même hauteur peut être de
15 ou 20 lieues : quelles différences !
& combien nous ſommes encore peu
inſtruits ſur cette queſtion !

M. de la Hire touché de cette incertitude, & déſirant une ſolution
moins vague, ſe propoſa de connoître la hauteur de l'atmoſphere, en faiſant uſage d'une méthode indiquée
par Kepler, mais qu'il perfectionna
& ſçut employer plus heureuſement
que cet Aſtronome. Ce qu'on appelle
crépuſcule, cette lumiere qui commence le jour avant que le ſoleil ſoit levé,
& qui le fait durer encore quelque
temps après que cet aſtre eſt couché,

est un effet de la réflection causée par l'atmosphere aux rayons qui, sans cela, passeroient au-dessus de cette partie de la terre que nous habitons, & ne l'éclaireroient point : cette lumiere réfléchie qu'on apperçoit sensiblement dans le climat de Paris, lorsque le soleil n'est pas plus bas que 18 dégrés au-dessous de l'horizon, commenceroit plus tard le matin, & finiroit plutôt le soir, si l'atmosphere avoit moins d'étendue, parce qu'alors les rayons de lumiere pourroient partir d'un point plus élevé vers l'horizon, sans rencontrer cette masse fluide qui les renvoye vers la terre. Il y a donc un rapport nécessaire entre la durée des crépuscules & la hauteur de l'atmosphere ; & comme la premiere de ces deux choses est connue ou facile à connoître, dans toutes les positions de la sphere, on voit qu'elle peut généralement conduire à découvrir l'autre. En effet M. de la Hire & M. Halley, en maniant cette méthode avec une adresse & des précautions dont il faut lire le détail dans leurs propres ouvrages *, ont conclu avec assez de
vraisemblance

* Mém. de l'Acad. des Scienc. 1713. p. 54.

vraisemblance la hauteur de l'atmosphere de 15 ou 16 lieues ; je dis avec
assez de vraisemblance , & non avec
certitude, parce que leur doctrine
tient encore à quelques hypotheses ,
qui pourroient bien n'être pas précisément d'accord avec la nature.

Si l'on connoissoit bien la hauteur
de l'atmosphere pour chaque climat ,
on sauroit quelle est la figure de toute sa masse ; car une suite de colonnes, qui depuis l'équateur jusqu'aux
pôles , seroient rangées dans un même plan , formeroient , par leurs ex-
trêmités , une courbe d'où résulteroit
la solution du problême. Mais comme
il reste des doutes sur la premiere de
ces deux questions , la seconde demeure encore indécise , au moins
pour ceux qui ne veulent se rendre
qu'à des raisons tout-à-fait évidentes.

Sur les observations de M. Richer
à la Cayenne , & sur celles qui furent
faites à-peu-près dans les mêmes temps
avec le baromètre en différens climats, on conjectura que la hauteur
de l'atmosphere augmentoit de plus
en plus , depuis l'équateur jusqu'aux

pôles , parce que le mercure fe tient plus haut dans les pays feptentrionaux que fous la ligne équinoxiale & aux environs. Suivant cette conjecture l'atmofphere formeroit donc , avec la terre qu'elle enveloppe , un fphéroïde allongé vers les pôles , & fon épaiffeur feroit moindre à l'équateur que par-tout ailleurs.

Mais fans donner atteinte aux obfervations du barométre , qui ne fe font point démenties depuis , & qui ont été même réïterées en dernier lieu avec toute l'exactitude poffible , ne pourroit-on pas conjecturer tout autrement qu'on n'a fait touchant la figure extérieure de l'atmofphere ? en jugeant de fes hauteurs , par fes différens dégrés de preffion , a-t-on pû négliger d'avoir égard à la force centrifuge qui réfulte du mouvement de la terre fur fon axe , & qui eft commun fans doute à l'air qui l'environne ? Une pareille confidération a fait conclure que les parties de notre globe , pour être en équilibre entr'elles, avoient dû s'arranger fous la forme d'un fphéroïde plus élevé à l'équateur qu'aux pôles, comme nous l'avons expliqué ailleurs *. Ne peut-on pas dire la même chofe, & avec plus de rai-fon encore, d'un fluide plus difpofé par fa nature à fe prêter aux loix de la ftatique, & à celles des forces cen-trales? Il y a donc beaucoup d'appa-rence que l'air eft plus haut entre les deux tropiques qu'il ne l'eft par-tout ailleurs, parce que cette partie de l'atmofphére tourne avec plus de vî-teffe, & que la force centrifuge y agit plus fortement & plus directement contre la pefanteur.

XI. LEÇON. * Tome II. page 151.

On peut ajouter auffi, que fous la Zone torride, où il regne une cha-leur plus grande & plus continuelle, au moins vers la furface de la terre, l'air doit y être plus raréfié, & que les colonnes par conféquent doivent au-gmenter en longueur, pour être en équilibre avec celles d'un autre cli-mat. Si le mercure du barométre s'y tient plus bas que dans le nord, on ne peut point douter que l'air n'y foit moins pefant; mais cette moindre pefanteur vient-elle de ce que les colonnes font moins hautes, ou bien doit-on s'en prendre aux caufes que je viens d'expofer? Le dernier parti

H h ij

me paroît le plus vraisemblable.

II. EXPERIENCE.

PREPARATION.

Il faut mêler de la glace pilée ou de la neige avec du sel dans un vase de verre ou de métal fort mince, qui soit bien essuyé en dehors, & que l'on tient environ un quart d'heure dans un lieu frais.

EFFETS.

Tous les dehors du vaisseau se couvrent peu-à-peu d'une espece de frimas ou de gelée blanche assez semblable à celle qu'on voit le matin sur les toîts & à la surface de la terre; vers la fin de l'automne ou au bord de l'hyver.

EXPLICATIONS.

Le mélange de glace & de sel refroidit considérablement les parois du vase qui le contiennent : ce refroidissement condense aussi-tôt l'air extérieur le plus prochain ; & les particules d'eau dont cet air est chargé, étant condensées aussi par la même

cauſe; s'appliquent & ſe gélent contre le vaſe; à la premiere couche il
s'en joint une autre, à celle-ci une
troiſieme, &c. ce qui fait que cette
congélation extérieure s'épaiſſit plus
ou moins, ſelon la durée & l'intenſité du froid artificiel qui la cauſe.

Si l'on étoit tenté de croire que
cet effet n'eſt qu'une tranſpiration de
ce qui eſt dans le vaſe, on ſeroit bien-
tôt déſabuſé de cette erreur en goû-
tant la glace extérieure; car on la
trouveroit inſipide & bien différente
de ce qu'elle devroit être, ſi elle ſe
formoit d'eau ſalée.

Pour diſſiper entiérement ce préjugé, avant que de refroidir mon vaſe avec le mêlange de ſel & de glace,
je le place dans un autre vaſe de verre, & j'empêche que l'air extérieur
ne puiſſe entrer dans le peu d'intervalle qui ſe trouve entre lui & l'autre;
& alors quel que ſoit le refroidiſſe-
ment, je n'apperçois aucune congélation autour du vaſe enfermé: celle
qu'on y voit lorſqu'il ne l'eſt pas, ne
peut donc être attribuée qu'à l'humidité de l'air extérieur.

H h iij

III. EXPERIENCE.

PRÉPARATION.

La *Fig.* 1. repréfente un ballon de verre bien tranfparent, de 9 à 10 pouces de diamétre, qui n'a jamais été rempli d'aucune liqueur & qui eft joint avec le plus grand récipient de la machine pneumatique par un canal garni d'un robinet, de forte qu'on peut ouvrir & fermer la communication entre les deux vaiffeaux : la clef du robinet eft percée de façon que, quand le récipient & le ballon ne communiquent point enfemble, celui-ci communique avec l'air extérieur : le canal étant donc fermé, on épuife l'air du récipient, & l'on ouvre enfuite la communication entre le ballon & lui.

EFFETS.

Si le ballon eft placé entre la lumiere & l'œil du fpectateur, on y apperçoit une vapeur légere qui tournoye, & qui fe précipite vers le bas du vaiffeau ; s'il rentre de nouvel air dans le ballon, & qu'on ouvre de nouveau la communication, on voit aussi-tôt renaître la vapeur; & cet effet arrive autant de fois qu'on ouvre le robinet, pourvû que l'air soit encore suffisamment raréfié dans le récipient.

EXPLICATIONS.

Toutes les fois qu'on ouvre une communication entre deux capacités, dont l'une est vuide d'air, l'autre en étant pleine, ce fluide s'étend & se partage à toutes les deux, suivant le rapport qu'elles ont entr'elles, comme on l'a dit en parlant des fonctions de la machine pneumatique ; c'est pourquoi, dans le ballon de l'expérience précédente, l'air se raréfie considérablement, dès que le vaisseau vient à communiquer avec le récipient que l'on a évacué. Mais comme les petits corps étrangers dont cette masse d'air est chargée ne sont pas de nature à s'étendre comme elle, ils demeurent isolés, ils sont abandonnés à leur propre poids, & au mouvement de l'air qui se porte de toutes parts vers le canal de communication, ce qui les fait tournoyer

H h iiij

en tombant en forme de vapeur.

Le même effet s'apperçoit toujours plus ou moins à tout récipient où l'on commence à faire le vuide ; & j'aurois pû me contenter de rappeller ce fait si familier à ceux qui font usage de la machine pneumatique, pour prouver que l'air est toujours mêlé de matieres étrangeres ; mais on auroit pû m'objecter que cette vapeur qui fait ici le fond de ma preuve, n'est dûe qu'à l'humidité du cuir mouillé qui couvre la platine, & sur lequel on applique le vaisseau : je dissipe ce soupçon quand je la fais voir dans un ballon bien net, & dans lequel il n'entre autre chose que l'air qui vient immédiatement de l'atmosphere : quiconque ne voudra pas se rendre à cette raison, en trouvera beaucoup d'autres encore dans un écrit * où j'ai traité exprès de cette matiere.

* Mém. de l'Acad. des Scienc. 1740, page 243.

On pourroit demander pourquoi les corpuscules qui forment la vapeur dont il s'agit, n'étant point visibles dans l'air de l'atmosphere, le deviennent aussi-tôt que ce fluide vient à se raréfier.

Il y a toute apparence que ces pe-

tits corps, dès qu'ils ceffent d'être
foutenus, retombent les uns fur les
autres, & s'uniffent pour former des
maffes plus groffieres, & par conféquent plus propres à être apperçues.

D'ailleurs c'eft un fait que nous
examinerons en traitant de l'optique,
que la tranfparence des corps diminue, à mefure que leurs parties deviennent plus denfes les unes que les
autres : or quand cette maffe fluide
qui remplit le ballon vient à fe raréfier, il n'y a que la denfité de l'air proprement dit, qui diminue ; celle des
autres matieres qui s'y trouvent mêlées, augmente au contraire, & ce
double effet occafionne fans doute
cette petite opacité qu'on apperçoit,
& qui ne manque pas de difparoître
auffi-tôt qu'une raréfaction fuffifante
a donné lieu à l'air de fe purifier, en
fe défaififfant entiérement de ce qu'il
avoit d'étranger.

APPLICATIONS.

On diftingue communément en
deux claffes toutes les matieres qui
s'élévent de la furface de la terre dans
l'atmofphere ; l'une comprend fous

le nom de *Vapeurs* tout ce qui tient de la nature de l'eau; dans l'autre on range toutes les parties salines, sulfureuses, grasses & spiritueuses, & c'est ce qu'on appelle *Exhalaisons*.

Toutes ces substances, tant celles qui s'exhalent, que celles qui s'évaporent, étant différemment mêlangées ou modifiées, prennent des formes & produisent des effets qui varient beaucoup, & que l'on connoît sous le nom de *Météores*. On en peut distinguer de trois sortes; savoir, ceux qui sont produits par les vapeurs seules & que l'on appelle météores *aqueux*, comme le brouillard, les nuages, la pluie, la grêle, le frimas, &c. ceux que font naître des exhalaisons qui s'allument, & que l'on nomme météores *enflammés*; tels sont le tonnerre, les éclairs, les feux folets, &c. & ceux qui résultent des vapeurs & des exhalaisons combinées avec la lumiere, & qu'on peut appeller météores *lumineux*, comme l'arc-en-ciel, les parhélïes, &c.

Pour ne point faire une trop longue digression, je me contenterai de par-

courir ici les météores de la premiere
espece ; & je remettrai à parler des autres dans les Leçons où je traiterai du feu & de la lumiere.

Pendant le jour, les rayons du soleil échauffent en même temps & la terre & l'air qui l'environne. Lorsque cet astre est couché, la chaleur qu'il a fait naître se rallentit peu-à-peu ; mais elle se conserve plus long-temps dans les corps qui ont plus de matiere, de sorte que pendant la nuit, la terre & les eaux sont communément plus chaudes que l'air de l'atmosphere. Alors la matiere du feu, qui tend à se répandre toujours uniformément à la maniere des autres fluides, passe de la terre dans l'air, & emporte avec elle les parties les plus subtiles des corps terrestres, qu'elle détache & qu'elle anime par son mouvement. Cette cause particuliere se joignant à celles dont nous avons fait mention * *Tome II. en parlant de l'élévation des vapeurs 110. & suiv. en général, fait que la partie de l'atmosphere la plus voisine de la terre reçoit une plus grande quantité de ces parties évaporées : de-là vient cette humidité qu'on apperçoit sensiblement fur les habits, lorfqu'on fe pro-mene à la campagne pendant les foi-rées fraîches du printemps & de l'au-tomne, & que l'on nomme *le ferein*. Ces fortes de vapeurs s'attachent plus promptement & en plus grande quantité aux taffetas & aux toiles fi-nes qu'aux groffes étoffes, parce que celles-ci prenant plus lentement que les autres la température de l'air qui fe refroidit, le feu qui continue de s'en exhaler emporte avec lui les par-ticules d'eau qui fe préfentent à leur furface.

Le ferein dure toute la nuit, dans les faifons & dans les climats où la terre s'échauffe fuffifamment pendant le jour. Au foleil levant, la chaleur commence à renaître dans l'atmo-fphere, & l'air, en fe dilatant, fe dé-faifit pour l'ordinaire de ces vapeurs, trop fubtiles peut-être pour remplir fes pores, ou bien elles fuivent la matiere du feu à laquelle elles font encore unies, & qui retourne alors vers la terre. Les vapeurs qui retom-bent ainfi, s'appellent *rofées*; elles font plus abondantes aux champs qu'à la ville, & dans les campagnes couvertes d'arbres & de plantes que dans les lieux arides ; car il en tombe à proportion de ce qu'il s'en est élevé.

Il ne faut pas confondre cependant cette rosée qui tombe de l'air, avec celle qu'on remarque le matin sur les plantes. Ces gouttes qu'on voit à leurs tiges & sur leurs feuilles, sont des effets de la transpiration ; & l'on peut aisément s'en convaincre, si l'on couvre un choux ou un pied de laitue pendant la nuit ; car on y verra le matin la même rosée qu'on a coutume d'y voir lorsque ces plantes demeurent découvertes. Les particules d'eau qui forment ces gouttes viennent de la terre comme les autres, & sont élevées par la même cause ; mais au lieu d'en sortir immédiatement comme par-tout ailleurs, elles enfilent des tiges, des branches, des feuilles, leur mouvement se rallentit, & elles demeurent plusieurs ensemble à l'orifice des petits canaux par lesquels elles transpirent.

Les Empiriques & les Alchimistes ont attribué de grandes vertus à la rosée ; mais il paroît que toutes les merveilles qu'ils en ont annoncées, n'ont pas plus de réalité qu'une infinité de chimeres dont ils ont coutume de repaître leur imagination, & la crédulité des ignorans.

Plusieurs Auteurs ont dit avec plus de fondement & de vraisemblance, que la rosée peut nuire aux animaux que l'on méne paître trop matin, & qu'elle peut diminuer la fécondité des terres lorsqu'elle est trop abondante: car quoique cette vapeur ne soit pour la plus grande partie que de l'eau, on ne peut nier qu'elle n'emporte avec elle d'autres substances qui varient, soit pour la quantité, soit pour la qualité, selon les lieux, selon les dégrés de chaleur, & selon les plantes d'où elle transpire. Ce qui prouve bien que la rosée n'est pas de l'eau pure, c'est qu'elle se corrompt, & qu'elle dépose lorsqu'on la garde dans des bouteilles. On peut attribuer aussi à la rosée, ou au serein qui tombe, ces couches légeres de matieres grasses & sulfureuses qui se font remarquer par leurs couleurs d'Iris à la surface des eaux dormantes après plusieurs jours d'un temps serein, pendant lequel on ne voit tomber du ciel rien autre chofe qui puiffe caufer cet effet.

Il y a même des cas où la partie aqueufe de la rofée n'eft pas la plus abondante : alors ce qui exfude de la plante ou de l'arbre, eft un fuc qui s'épaiffit à mefure que l'humidité s'évapore ; telles font certaines gommes & quelques efpéces de mannes dont la médecine fait ufage.

Or puifque la rofée eft une vapeur qui contient un extrait des matieres minérales ou végétales d'où elle fort, il n'eft point douteux qu'elle ne puiffe avoir des qualités bonnes ou mauvaifes, felon la nature des principes dont elle eft chargée. Mais comme en différens lieux il naît différentes plantes, que la nature y varie de même fes autres productions, & que la chaleur qui anime les exhalaifons n'eft ni toujours ni par-tout également forte, on doit préfumer que la rofée & le ferein changent de qualités fuivant les temps & les lieux, & que les effets dont l'une ou l'autre feroit capable en telle faifon ou en tel climat, n'auroit pas lieu ailleurs, ou dans un autre temps. A Rome, & dans fes environs, par exemple, il eſt dangereux, dit-on, de prendre l'air le ſoir ; à Paris, on le peut faire impunément : c'eſt qu'ici le ſerein n'eſt preſque autre choſe qu'un peu d'humidité, au lieu qu'en Italie cette vapeur eſt chargée apparemment d'exhalaiſons nuiſibles, qui tiennent de la nature du terrein, & dont la quantité répond au grand chaud du climat ; ainſi l'on ne peut gueres prononcer en général ſur cette matiere.

Vers la fin de l'automne, quand les nuits commencent à être longues, la terre a plus de temps pour ſe refroidir, & très-ſouvent ſa ſurface & les corps qui y ſont iſolés ſont aſſez froids, pour glacer les particules d'eau dont la roſée tombante a coutume de les couvrir ; alors au lieu d'humidité on apperçoit ſur le gazon, ſur les toîts des bâtimens, &c. une couche de petits glaçons fort menus que l'on nomme *Gelée blanche*, à cauſe de ſa couleur, & qui ne manque pas de ſe fondre & de ſe diſſiper dès que le ſoleil commence à faire ſentir ſa chaleur.

La roſée, ou la gelée blanche qui a été fondue, ſe diſſipe de deux manieres ; elle rentre dans les terres ari-

des

des & dans les corps poreux qui ont
plus de difposition à l'abforber que
l'air de l'atmofphere ; mais le plus
fouvent elle s'éléve de nouveau, foit
qu'une médiocre raréfaction mette
l'atmofphere en état de la pomper,
foit qu'un vent fort doux y tranfporte un air plus fec que celui fous lequel elle étoit.

Affez fouvent, quand la rofée remonte, elle diminue la tranfparence
de l'atmofphere, parce qu'alors les
parties de cette vapeur font beaucoup plus groffieres, & qu'elles s'é-
lévent plus lentement. Ces deux caufes qui naiffent l'une de l'autre, doivent néceffairement rendre l'air opaque ; 1°, parce qu'un corps tranfparent l'eft d'autant moins que fes parties différent davantage par leur denfité, comme nous le prouverons par
la fuite : 2°, parce que la vapeur qui
monte lentement, s'étend moins &
devient plus denfe.

Mais cette opacité que fait naître
la rofée qui remonte, ne s'empare
prefque jamais d'une grande portion
de l'atmofphere ; elle fe cantonne,
pour ainfi dire, & devient plus forte

dans les lieux bas & humides, & au-deffus des prairies, que par-tout ailleurs, parce que, comme nous l'avons déja dit, la rofée retombe à proportion de ce qu'il s'en éléve ; & fi le temps eft calme, elle doit être plus abondante le matin, aux endroits qui en fourniffent une plus grande quantité pendant la nuit. C'eft par cette raifon fans doute, qu'on ne voit gueres au-deffus des Villes & des lieux arides, l'atmofphere obfcurcie par la rofée qui remonte, mais bien plus fouvent au voifinage des rivieres, des étangs & des herbages.

Un préjugé généralement reçu & fondé fur les apparences, avoit établi, touchant la rofée & le ferein, des idées bien fauffes qui ont été diffipées dans ces derniers temps par MM. Gerften, Mufchenbroek & Dufay. Le lecteur qui ne voudra rien ignorer de ce que l'on fait fur cette matiere, doit parcourir leurs écrits, * où il trouvera un grand nombre d'expériences ingénieufes & d'obfervations auffi curieufes que nouvelles. De tous les faits qui y font rapportés, celui qui furprend davantage, c'eft

* *Chrift. Lud. Gerften. tentam. Francof.* 1733.
Effais de Phyf. p. 753.
* *Mém. de l'Académie des Sciences,* 1736. p. 352.

que le ferein ou la rofée femble éviter
certains corps , tandis qu'ils s'attachent facilement aux autres : le verre,
la porcelaine , & quantité d'autres
matieres fe mouillent confidérablement , tandis que des morceaux de
métal poli , de quelqu'étendue qu'ils
foient , expofés au même lieu , demeurent conftamment fecs ; & cette
efpece de préférence eft fi marquée,
qu'un écu placé au milieu d'un grand
plat de fayance, ou de verre, ne reçoit pas la moindre humidité, quoique le refte du vaiffeau foit tout
mouillé.

Une certaine difpofition de l'atmofphere , & un concours de circonftances qu'il feroit fort difficile de
marquer avec précifion , déterminent
quelquefois une grande quantité de
vapeurs groffieres à s'élever à-peu-
près comme la rofée qui remonte :
alors ces vapeurs qui s'élévent à peine , s'étendent uniformément dans
la partie baffe de l'atmofphere , & la
rendent opaque, tout le temps qu'elles y demeurent fufpendues.

Toutes ces vapeurs flottantes &
baffes , tant celles qui viennent de la

I i ij

rofée du matin , que celles qui naiffent dans d'autres temps , & d'une maniere différente , fe nomment *Brouillards*. Ce n'est ordinairement que de
l'eau ; mais quelquefois il s'y mêle
des exhalaifons qui fe manifeftent
par leur mauvaife odeur , par une certaine âcreté qui prend aux yeux , &
par le dommage qu'elles caufent aux
fruits & aux grains. Il regne en certaines années des brouillards aufquels
on attribue la *nielle* & la *rouille*, maladies affez communes au froment &
au feigle : (*a*) quelques fçavans ont re-
jetté fur ces mêmes caufes, ce qu'on
remarque à certains épis dont le
grain devient noir & s'allonge en forme de corne , & que les Laboureurs
appellent *Ergot* ou *Bled cornu* ; la farine en eft pernicieufe ; on lui attribue
une maladie qui régne quelquefois
dans les campagnes , & qui eft con-

_____

(*a*) Voyez ce qu'ont écrit fur ce fujet MM.
Duhamel du Monceau , & Tillet ; le premier
dans fon ouvrage intitulé : *Traité de la culture
des terres*, tom. II. p. 158 *& fuiv. Ibid.* tom.
IV. page 175,263 *& fuiv.* Le dernier dans fa Dif-
fertation fur la caufe qui corrompt & noircit
les grains de bleds dans les épis &c. imprimée
à Bordeaux en 1755. *in*-4°. pag. 41. *& fuiv.*

nue fous le nom de *Feu Saint Antoine*;
on prétend auffi qu'elle donne la gan-
grenne *.

* *Hift. de
l'Ac. des Sc.
1710. p. 61.
Jour. des Sç.
Mars 1676.*

En hyver les brouillards font plus
fréquens qu'en été, parce que le
froid qui regne dans l'air, condenfe
promptement les vapeurs, & ne leur
donne pas le temps de s'élever beaucoup; fi le froid augmente, le brouillard fe géle & s'attache aux branches
des arbres, aux plantes feches, aux
cheveux des voyageurs, aux crins
des chevaux, & généralement à tout
ce qui s'y trouve expofé; c'eft ce
qu'on appelle *Givre* ou *Frimas*.

Quand les brouillards ou les vapeurs qui font propres à les former,
peuvent s'élever affez haut, il s'en
fait des amas qui flottent au gré des
vents dans l'atmofphere; ce font ces
nuées que nous voyons fufpendues de
côtés & d'autres au-deffus de nous, &
qui nous cachent de temps en temps
le foleil & les autres aftres par leur
opacité; leurs figures & leurs grandeurs varient à l'infini, felon la quantité des vapeurs qui les forment, &
felon la maniere dont elles s'arran-
gent en s'uniffant, ce qui dépend

beaucoup de la direction & des différens dégrés de vîtesses que les vents
leur donnent.

Les nuées ne font pas toutes également élevées, parce que, comme il
faut qu'elles foient toujours en équilibre avec l'air dans lequel elles flottent, & que ce fluide eſt plus rare à
une plus grande diſtance de la terre,
les vapeurs les plus ſubtiliſées peuvent ſe ſoutenir où les plus groſſieres ſe trouveroient trop peſantes ;
c'eſt pourquoi ces nuages épais qui
font prêts à fondre en pluie font ordinairement fort bas. Ceux qui voya-
gent ſur les hautes montagnes, comme celles des Alpes ou des Pyré-
nées, paſſent ſouvent à travers des
nuages qui dérobent la terre à leurs
yeux, après leur avoir caché le ciel ;
les moins attentifs ne manquent point
d'obſerver qu'à ces hauteurs la terre
eſt toujours fort humectée par les
nuages qui viennent s'y briſer, ce
qui contribue beaucoup à entretenir
ces torrens & ces ſources qu'on voit
ſi fréquemment au pied & aux environs de ces mêmes montagnes. Ainſi
dans le temps même qu'il ne pleut

point, les nuées font autant de voies d'eau que les vents diftribuent en différentes contrées, & qui vont s'épuifer contre les montagnes, d'où elles fe répandent enfuite dans les plaines par les canaux fouterreins que la nature y a pratiqués. Mais les nuées ne s'épuifent pas toujours de cette maniere; le plus fouvent elles s'épaififfent, foit par l'action des vents qui les pouffent les unes contre les autres, foit par la condenfation de l'air qui les porte; & alors leurs parties réunies en gouttes deviennent trop pefantes, & font, en tombant, ce qu'on nomme *la Pluie*.

Lorfque cette condenfation fe fait lentement, ou que les vapeurs tombent feulement parce que l'air qui les foutient fe raréfie, comme il arrive quelquefois après un brouillard du matin, les gouttes demeurent très-petites; la pluie qu'elles forment eft très-fine, & fe nomme communément *Bruine*. Au contraire, quand les vapeurs fe condenfent précipitamment, & dans une partie peu élevée de l'atmofphere, où l'air a plus de denfité, les gouttes acquierent plus de groffeur, & elles demeurent plus écartées les unes des autres, comme on l'obferve prefque toujours dans les pluies d'orage.

Les refroidiffemens qui fe font dans la région des nuages, non-feulement condenfent les vapeurs & les convertiffent en pluies; il arrive fouvent que le froid eft affez confidérable pour les geler : elles tombent alors ou en *neige* ou en *grêle* ; en neige fi la congélation faifit les vapeurs avant qu'elles fe foient réunies en groffes gouttes ; car ces glaçons infiniment petits s'uniffant mal entr'eux, ne peuvent compofer que des flocons fort légers : en grêle, fi les particules d'eau ont le temps de fe joindre avant que d'être prifes par la gelée.

La grêle ne devroit jamais être naturellement plus groffe que des gouttes de pluie ; fi l'on en voit quelquefois tomber qui égale en groffeur une noix ou un œuf, c'eft que plufieurs grains s'uniffent enfemble en tombant ; ou bien lorfqu'ils ont reçu un dégré de froid fuffifant, ils gèlent toutes les particules d'eau qu'ils touchent dans leur chûte ; & ils deviennent

nent comme les noyaux de plufieurs couches de glaces qui augmentent beaucoup leur volume & leur poids. C'eft pour cela que la groffe grêle eft toujours fort anguleufe, & que les grains qui font arrondis ne font jamais d'une denfité uniforme, depuis la furface jufqu'au centre.

On a vû, quoiqu'affez rarement, tomber en forme de pluie ou de grêle, des matieres qui n'étoient point de l'eau. En 1695, il tomba en Irlande une pluie graffe & vifqueufe qui demeura 14 ou 15 jours dans les endroits où elle s'étoit amaffée, & qui devint noire en fe féchant. Dans les mémoires de Breflaw *, il eft fait mention d'une pluie de foufre qui mit l'allarme dans la ville de Brunfwick. Les habitans de Copenhague, en 1649, ramafferent auffi du foufre dans les rues après une groffe pluie qui en avoit fortement l'odeur. Scheuchzer obferva, en 1677, une poudre jaune qui tomba abondamment, & qu'on auroit volontiers prife pour du foufre ; mais en l'examinant avec attention, il fe détermina à croire que cette matiere venoit de la

* Octobre 1721.

Tome III.   K k

fleur des jeunes pins , qui font fort communs dans les environs du lac de Zurich, où il fit cette obſervation. On a vû des pluies de ſable à une diſtance aſſez conſidérable de la mer ; c'étoit ſans doute un effet du vent ou de la tempête , comme les pluies de cendres & de pierres, ſi l'on peut les nommer ainſi , ſont cauſées par les éruptions des volcans.

Au reſte, quand il arrive de ces ſortes de phénoménes , on doit , avant que de prononcer , les examiner avec beaucoup de circonſpection , & ne point céder précipitamment aux premieres apparences ; car ordinairement l'attention d'un obſervateur intelligent diſſipe une fauſſe merveille , & dévoile une vérité obſcurcie par les circonſtances. Si l'on jugeoit , par exemple , ſans autre examen , que tout ce qu'on apperçoit de nouveau ſur la terre, après ou pendant la pluie, vient, comme les gouttes d'eau, de la nuée ou de l'atmoſphere, on croiroit, comme le vulgaire , qu'il pleut quelquefois des crapauds, du ſang, du grain , &c. Mais quand on ſait que tous les animaux, juſqu'aux reptiles &

aux infectes, ont une génération réglée, & qui fe fait toujours par les
mêmes voies dans chaque efpece ;
que le crapaud, à-peu-près comme la
grenouille, vient d'un frai trop gros &
trop pefant pour s'élever comme les
vapeurs ; & que la femelle qui le fait,
& le mâle qui la féconde, ne peuvent fe foutenir en l'air ; on trouve
qu'il eft plus raifonnable de penfer,
que tous ces petits animaux nouvel-
lement éclos, & cachés fous des her-
bes ou ailleurs, font déterminés par
la pluie à fortir de leurs retraites, que
de croire qu'ils viennent de naître for-
tuitement, & qu'ils ont pû tomber
contre la terre la plus dure & la plus
battue, fans s'écrafer.

Des taches rouges, dont les murailles & les couvertures des maifons
fe font trouvées teintes en différens
temps, ont fait croire au peuple ignorant & préoccupé par la crainte,
qu'il avoit plu du fang ; les Hifto-
riens * même n'ont pas manqué de
tranfmettre à la poftérité ces phéno-
mènes effrayans, & de les joindre à
des événemens contemporains, jufqu'à ce qu'enfin quelques Sçavans *

* Plutarque, Dion, Tite-Live, Pline, &c.

* Peirefc. Mercc.

Kk ij

plus attentifs remarquerent que la prétendue pluie de fang avoit marqué des endroits couverts, comme le deffous des entablemens des portes & des fenêtres, & qu'immédiatement après, l'air fe trouvoit rempli d'une multitude innombrable d'infeétes d'une même efpece.

La premiere de ces deux obfervations prouve d'abord & fans réplique que les taches rouges n'étoient point les veftiges d'une pluie qui fût tombée d'en-haut. La feconde fit connoître avec le temps quelle étoit leur véritable origine : voici comment on expliqua le fait après un peu de réflexion.

Quand un papillon fort de fa chryfalide, il dépofe toujours deux ou trois gouttes d'une férofité rouge qui reffemble affez à du fang ; or il y a telle circonftance de temps, où il en naît un nombre prodigieux ; car cette efpece d'infeétes, comme la plûpart des autres, eft extrêmement féconde, & fi tous les œufs venoient à bien, nous en ferions fort incommodés : on fe fouvient encore du dommage que caufa une feule efpece

de chenille aux environs de Paris,
pendant l'été de 1735 ; il ne resta
point de légumes dans les marais, &
jusqu'au gramen, tout fut rongé dans
les jardins & dans les champs. Lors
donc qu'un pareil nombre de chenil-
les devenues chrysalides se changent
en papillons, combien ne doit - on
pas voir de taches rouges, quand
c'est une espece qui s'attache aux
murs & aux bâtimens ; car il y en a
beaucoup qui se mettent en terre,
ou qui se branchent aux tiges des
plantes, & alors on n'apperçoit presque point les traces de leur méta-
morphose.

Les pluies de grains n'ont pas plus
de réalité que celles de sang. Il est
vrai qu'on a vû quelquefois après une
grosse pluie, la terre couverte d'une
grande quantité de menus grains qui
ont une sorte de ressemblance avec le
froment : les paysans qui les ont ra-
massés, & qui ont essayé d'en faire
du pain, n'ont pas manqué de croire
qu'il étoit tombé du ciel ; & suivant
la maniere de penser du peuple, ils
en ont tiré des conjectures sur la di-
sette ou sur l'abondance ; mais des

perfonnes plus éclairées, & moins fufceptibles de préjugés, ont reconnu que ces grains étoient des petites bulbes, qui fe forment en grande quantité aux racines d'une efpece de renoncule qu'on nomme la *petite chelidoine*, & alors tout le merveilleux difparoît : car on fait que les racines de cette plante font très-déliées, & à fleur de terre ; ce font de petits filets rampans, qui fe defféchent, & qui difparoiffent ; & leurs bulbes qui ont plus de confiftance, demeurent ifolées, & reffemblent un peu à des grains répandus fur la terre.

Comme les nuées font des amas de vapeurs, il s'en fait plus que par-tout ailleurs au-deffus des mers & des grands lacs, où l'évaporation eft plus abondante. C'eft pourquoi, toutes chofes égales d'ailleurs, les pluies font plus fréquentes dans le voifinage des côtes, que dans le milieu des continens ou des grandes ifles. En Hollande, par exemple, il y pleut communément davantage qu'aux environs de Paris ; & quand le vent eft au Sud ou à l'Oueft, nous avons ordinairement un temps pluvieux à cau-

fe de la Méditerranée & de l'Océan,
dont nous ne fommes point fort
éloignés.

On mefure continuellement à l'Obfervatoire Royal, la quantité de pluie qui tombe pendant le cours de l'année, comme on fait depuis long-temps en Angleterre, en Italie, en Hollande, & dans plufieurs villes d'Allemagne. Ces fortes d'obfervations fe font par le moyen d'un vafe quarré ou cylindrique, gradué par dedans felon fa hauteur, que l'on expofe dans un lieu découvert, mais cependant à l'abri du vent. Chaque fois qu'il pleut, on marque fur un journal de combien de lignes l'eau s'eft élevée dans le vaiffeau; & au bout de l'année, en additionnant toutes ces quantités, on voit quelle eft la fomme totale de la pluie qui a tombé pendant les douze mois. En procédant ainfi, on a appris que dans les années moyennes il tombe à Paris environ 19 pouces d'eau; à Londres 37 pouces ½ mefure d'Angleterre, ce qui fait environ 35 pouces de France; à Rome 20 pouces; à Zurich en Suiffe 32 pouces; à Utrecht 24 pouces *.

* Environ 23 pouces mefure de France.

K k iiij

La pluie purifie l'atmofphere, en précipitant avec elle toutes les exhalaifons qui s'y amaffent pendant la féchereffe, & dont la trop grande quantité corromproit l'air, & cauferoit des maladies épidémiques. On s'apperçoit fenfiblement de cet effet, non feulement parce qu'on refpire plus à fon aife, mais encore parce que l'air devient plus tranfparent; les objets s'apperçoivent plus diftinctement & de plus loin, & jamais les lunettes à longue vûe ne font auffi-bien qu'après une groffe pluie, & par un temps calme.

Un autre effet de la pluie, & qui nous eft encore très-avantageux, c'eft de rafraîchir l'air, & de modérer la chaleur, qui nous incommode fouvent dans certaines faifons. On en reconnoît bientôt la caufe, quand on fait que la région des nuages eft prefque toujours beaucoup plus froide, que cette partie de l'atmofphere où nous fommes. C'eft un fait que ne peuvent ignorer ceux qui ont vû la cime des montagnes couverte de neige, lorfqu'il fait encore affez chaud dans les lieux bas. Ainfi, quand il

pleut en été, c'est de l'eau froide qui
se filtre à travers d'un air plus chaud
qu'elle; celui-ci perd nécessairement
une partie de sa chaleur.

Mais de tous les bons effets de la
pluie, il n'en est pas dont nous ayons
plus de besoin, & qui tourne plus
directement à notre avantage que la
part qu'elle a à la fertilité de la terre :
quand elle manque trop long-temps,
& que rien n'y supplée, tout devient
aride dans les champs, & leur culture demeure sans succès; mais lorsqu'elle les arrose modérément, elle amol-
lit la terre, elle entretient la souplesse
des plantes, elle développe les ger-
mes, elle réunit les principes de la se-
ve, & lui sert de véhicule pour l'introduire dans les racines, & pour la distri-
buer à la tige & aux branches.

Comme les vapeurs qui doivent retomber en pluie, élévent avec elles
ou rencontrent dans l'atmosphere,
les parties les plus subtiles de toutes
ces substances que la nature fait entrer
dans la composition des mixtes, les
sels, les soufres, les huiles, &c. les
nuages agités par les vents, transpor-
tent tous ces principes d'un lieu dans

un autre, & les distribuent de maniere qu'ils ne tariffent jamais. C'est donc pour leur donner le temps de se raffembler, qu'on laiffe repofer les terres épuifées, ou qu'on y varie les femences : car une plante peut souvent fe paffer de ce qu'une autre tire de la terre.

Les pluies peuvent avoir auffi de mauvais effets, comme elles en ont de bons : lorfqu'elles font froides ou trop fréquentes, lorfqu'elles tombent hors de faifon, elles retardent les progrès de la végétation, & la maturité des fruits ; elles pourriffent les moiffons & font germer le grain fur les champs ; elles font périr le gibier ; elles gâtent les chemins ; elles rendent impraticable la navigation des rivieres, par les débordemens & les inondations qu'elles caufent ; & tous ces fâcheux effets incommodent le commerce & occafionnent la difette.

On voit affez fouvent fur mer, & beaucoup plus rarement fur terre, un phénoméne furprenant & très-dangereux, qu'on appelle *Trombe* : c'eft une nuée épaiffe, qui s'allonge de haut en bas, en forme de colonne cylindrique

ou de cône renverfé ; elle jette autour
d'elle beaucoup de pluie ou de grêle ,
& fait entendre un bruit femblable à
celui d'une mer fortement agitée ; elle renverfe les arbres & les maifons
par-tout où elle paffe, & lorfqu'elle
s'abat fur un vaiffeau ; elle ne manque
gueres de le fubmerger. Les gens de
mer qui connoiffent ce danger, s'en
éloignent le plus qu'ils peuvent ; &
quand ils ne peuvent éviter d'en approcher, ils tâchent de la rompre à
coups de canon, avant que d'être
deffous pour prévenir l'inondation
dont ils font menacés. Peu d'obferva-
teurs ont eu le loifir d'examiner de
près ces fortes d'accidens , & par cette raifon, l'on n'eft pas encore bien
inftruit de la maniere dont ils naiffent.
On croit *, avec affez de vraifem- * *Hift, de*
blance que la nuée déterminée à *l'Acad. des*
Scienc. 1727.
tourner par la double impulfion de p. 5.
deux vents contraires, & dont les directions font paralleles, prend la forme d'un tourbillon d'eaux, qui s'allonge & s'élargit plus ou moins, fuivant la vîteffe avec laquelle il tourne,
& fuivant l'étendue en hauteur des
vents qui l'agitent.

J'aurois encore bien des chofes à dire touchant les météores aqueux ; mais je pafferois les bornes que je me fuis prefcrites dans un ouvrage, où je me fuis moins propofé de donner une hiftoire complette des effets naturels, que d'expofer les caufes de ceux qui font les plus connus & les plus intéreffans: le Lecteur qui défirera d'en favoir davantage pourra confulter les Auteurs * qui ont écrit fur cette matiere *ex profeffo*, & les Mém. des principales Académies, où l'on trouve un recueil d'Obfervations Météorologiques pour chaque année.

* *Stanhufius,
Refta, Dechales, Geften,
Mufch. &c,*

ARTICLE. II.

De l'Atmofphere confidérée comme un Fluide en mouvement.

On obferve principalement deux fortes de mouvemens dans l'air de l'atmofphere, l'un eft une efpece de frémiffement imprimé aux parties de ce fluide, & qui les agite quelques inftans, fans les déplacer ; (*a*) l'au-

(*a*) On pourroit dire contre cette définition que le bruit du canon caffe les vitres d'un appartement voifin , ce qui ne peut fe faire fans

tre eſt un déplacement ſucceſſif qui
ſe fait d'un grand volume d'air, avec
une vîteſſe ſenſible & une direction
déterminée. Le premier de ces deux
mouvemens s'appelle *ſon*; le dernier
eſt ce qu'on nomme le *vent*.

Du Son en général.

Le ſon naît communément du choc
ou de la colliſion de deux corps,
dont les parties ébranlées font frémir
comme elles, & de toutes parts juſqu'à une certaine diſtance, le fluide
qui les environne; & ce frémiſſement
ſe communique aux autres corps qui
en ſont ſuſceptibles, & qui ſe rencontrent dans cette ſphere d'activité;
de ſorte que la même cloche que l'on
fait ſonner, peut ſe faire entendre à
un nombre infini de perſonnes placées
aux environs. On peut donc conſidé-

un déplacement ſenſible de la maſſe d'air qui
les touche, & qui les enfonce; mais on verra
aiſément par tout ce qui ſera expoſé dans cet
article que cette commotion violente de l'air
peut bien quelquefois accompagner le ſon ou le
bruit, mais qu'elle ne lui eſt point eſſentielle,
& qu'elle ne ſe rencontre pas dans les cas les plus
ordinaires.

rer le fon, 1°, dans le corps fonore, 2°. dans le milieu qui le tranfmet, 3°. dans l'organe qui en reçoit l'impreffion. On pourroit encore tenter de le fuivre jufques dans l'ame qui en perçoit l'idée ; mais c'eft une entreprife. qui appartient à la Métaphyfique, & qui n'eft point de mon reffort : j'en uferai pour l'ouie, comme j'ai fait pour les autres fens ; je me contenterai de conduire l'objet jufqu'à la partie de l'organe, où s'accomplit la fenfation, & je me difpenferai d'examiner comment naiffent les idées, à l'occafion de l'objet fenfible.

Des Corps Sonores.

On appelle *Corps Sonores* proprement dits, ceux dont les fons, après le choc ou le frottement qui les fait naître, font diftincts, comparables entr'eux, & de quelque durée. Car on ne doit pas nommer ainfi ceux dont la chûte ou l'ébranlement ne fait entendre qu'un bruit confus ou fubit, tels qu'un tombereau que l'on décharge, le murmure d'une eau courante, ou le mugiffement des flots agités. Or on remarque qu'il n'y a que les corps élaſtiques qui ſoient véritablement ſonores , ſuivant cette définition ; & que le ſon qu'ils rendent , eſt toujours proportionnel à leurs vibrations , ſoit pour la durée , ſoit pour l'intenſité ou force.

PREMIERE EXPERIENCE.

PREPARATION.

La *Fig.* 2. repréſente une cloche de verre ſuſpendue fixement entre deux montans qui ſont élevés ſur une baſe ; on frappe légérement pluſieurs coups ſur les bords de cette cloche , pour la faire ſonner ; & auſſi-tôt on fait avancer la vis *A* qui a ſon écrou dans l'épaiſſeur du montant : & on la fait avancer , juſqu'à ce que le bout ſoit fort près de la cloche ſans la toucher.

EFFETS.

On entend un petit frémiſſement du verre contre la pointe de la vis , & ce bruit dure autant que le ſon de la cloche ſubſiſte.

II. EXPERIENCE.

PREPARATION.

On attache à deux points fixes une corde de clavecin ou de vielle, qui a environ deux pieds de longueur, & avec un curedent ou une épingle, on appuie dessus le milieu pour la mettre en jeu.

EFFETS.

Pendant que la corde résonne, on l'apperçoit sous la figure d'un parallélogramme *BCDE*, *Fig. 3.* & cette figure cesse avec le son, dès qu'on la touche avec le doigt, ou avec quelqu'autre corps solide.

EXPLICATIONS.

On peut regarder une cloche comme une suite de zones circulaires, dont les diamétres décroissant suivant une certaine proportion, sont représentés par les lignes ponctuées 1, 2, 3, 4, 5, 6, 7, *Fig. 4.* & chaque zone, par rapport à son épaisseur, comme un anneau plat composé de plusieurs circonférences concentriques,

centriques, *Fig.* 5. Ce que je dirai
d'un de ces anneaux plats, doit s'entendre de toutes les zones.

Si la matiere de la cloche n'étoit point poreuse, toutes les circonférences concentriques qui composent la largeur d'un anneau, & qui font l'épaisseur de la cloche, seroient autant de lignes pleines & sans interruption, comme les représente la *Fig.* 5. Mais comme les parties qui les composent, laissent entr'elles de petits intervalles, ces anneaux font représentés par la *Fig.* 6. d'une maniere plus conforme à la nature.

Maintenant qu'on se rappelle ce que nous avons dit * en expliquant le mouvement réfléchi : » Qu'une »boule élastique qui tombe sur un »marbre, perd sa figure sphérique, »& ne la reprend qu'après avoir été »quelque temps un ellipsoïde, dont »le grand diamétre est de deux fois »une, horizontal & vertical ». Il suit de-là que quand on frappe extérieurement le bord d'une cloche qui est un anneau élastique *a, b, c, d, Fig.* 7. il devient alternativement ovale sur deux sens ; & c'est en cela même que

* *Tome 1. p.* 314.

Tome *III.*   L l

confiſtent ſes vibrations. Ainſi la même partie de la cloche *a*, par exemple, ſe portant d'*f* en *g*, & de *g* en *f*,
ſucceſſivement avec une grande vîteſſe, heurte autant de fois le bout
de la vis, & fait entendre ce frémiſſement qui a été le principal effet de
la premiere expérience.

Mais cet anneau circulaire ne peut
devenir ovale qu'à deux conditions :
1^{ment}. Il faut qu'à deux endroits oppoſés de ſa circonférence, les petites lames, ou les petits filets qui le
compoſent, ſe plient d'abord davantage, & enſuite moins qu'ils ne le
font, lorſqu'ils compoſent un cercle :
2^{ment}. Il eſt néceſſaire qu'aux endroits
de la plus grande courbure, celles de
ces parties qui forment les couches
extérieures, s'écartent les unes des
autres, plus qu'elles ne le font dans
leur état ordinaire.

Quant à la corde tendue, il faut
auſſi ſe ſouvenir de ce que nous en
avons dit * en parlant des loix du reſſort : « Que ſes vibrations qui nous la
» font voir ſous la figure d'un paral-
» lélogramme, (parce qu'elles ſont
toujours très-promptes, & que les

* Tome I, p. 309.

impreffions qui nous la repréfentent,
faifant un angle en-haut, fubfiftent
encore au fond de l'œil, lorfqu'il en
naît d'autres qui nous la font voir,
faifant un angle en-bas ;) » que ces
»vibrations, dis-je, fe font en con-
»féquence de la réaction de toutes
»les petites fibres, dont elle eft com-
»pofée. » Car lorfque cette corde
devient angulaire, elle eft plus longue que quand elle tend en droite ligne d'un point fixe à l'autre. Il faut
donc que fes moindres parties s'écartent un peu les unes des autres,
pour fe prêter à cet allongement, &
qu'elles fe rapprochent, pour fe réduire dans la premiere longueur.

Ainfi dans la corde, comme dans
la cloche, lorfqu'on excite le fon,
je conçois deux fortes de vibrations,
les unes que j'appellerai *totales*, parce qu'elles font du corps fonore tout
entier, je veux dire, celles qui rendent les zones de la cloche ovales,
de circulaires qu'elles font, & qui
nous font voir une corde de violle
ou de clavecin fous la figure d'un parallélogramme ; les autres que je
nommerai *particulieres*, qui appar-

XI.
Leçon.

Ll ij

tiennent aux parties infenfibles, &
qu'on peut regarder comme les élémens des premieres.

On avoit toujours cru que les corps
étoient fonores par leurs vibrations
totales ; mais on s'eft défabufé de cette fauffe idée, & c'eft principalement
à MM. Perault, Carré & de la Hire,
qu'on doit cette correction. Le dernier de ces trois Académiciens prouve par une expérience bien fimple,
que le fon confifte effentiellement
dans les vibrations particulieres des
parties infenfibles : »Que l'on tien-

Voyez les »ne, dit-il, * une pincette fufpen-
Mém.de l'Ac. »due fur le doigt, & qu'avec l'autre
pour l'année »main on preffe les deux branches
1716.p.264. »pour les laiffer échapper enfuite ; el-
»les fe mettent en vibrations, mais
»elles demeurent muettes : au lieu
»de les mettre en jeu de cette ma-
»niere, qu'on frappe deffus avec un
»doigt ou avec quelqu'autre corps
»folide, elles feront encore des vi-
»brations comme dans la premiere
»épreuve, mais pour cette fois elles
»auront un fon très-intelligible : qu'y
»a-t-il de plus ici, finon un tremble-
»ment dans les parties du fer, & que

»l'on fent quand on y porte douce-
»ment la main ? »

C'eft donc à des parties qui fré-
miffent que le fon doit être attribué ;
& après cette expérience on doit être
perfuadé, que toutes les fois qu'il fera
poffible de féparer ces deux efpeces de
vibrations , on n'aura jamais aucun
fon avec celles que nous appellons
totales ; mais quand celles-ci naiffent
des autres , (& c'eft le cas le plus ordinaire) quoiqu'elles ne faffent point
le fon par elles-mêmes , elles en ré-
glent cependant la force , la durée &
les modifications.

APPLICATIONS.

L'explication des deux expériences précédentes peut fervir à rendre
raifon de plufieurs faits qui ont rapport à cette matiere , & qui méritent
attention. Pourquoi , par exemple ,
fait-on les cloches d'un métal compofé d'étain & de cuivre rouge ? C'eft
que tout métal compofé eft plus dur,
plus roide , & par conféquent plus
élaftique que les métaux fimples qui
entrent dans le mêlange : & comme
les corps fonores le font d'autant plus

que leurs parties ont plus de reffort, on allie la matiere des cloches & des timbres pour en tirer plus de fon. La plûpart des fonnettes cependant ne font que de cuivre ; mais c'eft un mauvais cuivre, un métal devenu aigre, que les ouvriers appellent *Potain*: comme cette matiere eft fort roide & caffante, elle eft plus fonore que ne feroit un cuivre neuf & plus doux qu'on nomme *Rofette*. Quand on fait des fonnettes d'argent pour les cabinets, elles ne peuvent avoir qu'un affez mauvais fon, fi le métal eft fans alliage, ou fi l'on n'y fupplée, en le forgeant à froid, ce qui lui donne plus de reffort.

On fait fubitement ceffer le fon d'une cloche, en la touchant avec la main ou avec quelqu'autre corps, parce qu'on interrompt les vibrations. C'eft pour cela que les timbres des horloges, lorfqu'ils font couverts de neige, ne fonnent que fourdement, ainfi que les tambours que l'on couvre d'étoffe dans les cérémonies lugubres. Par la même raifon une cloche fendue ne peut continuer fes vibrations, parce que les bords de la

fente fe heurtent réciproquement , &
font, l'un à l'égard de l'autre, ce que
pourroit faire un corps étranger qui
toucheroit la cloche. Le fon feroit
probablement moins interrompu , fi
au lieu d'avoir une fimple félure , elle étoit entr'ouverte de la largeur
d'un travers de doigt ou davantage.
On peut remarquer encore que les
Horlogers ont toujours foin que les
marteaux des timbres foient relevés
fubitement après le coup par un reffort , afin que le même corps qui a
excité le fon ne l'altere pas , en reftant trop long-temps appliqué au
corps fonore.

Puifque le fon n'eft jamais qu'une
fuite de vibrations , on doit concevoir qu'il n'y en a point qui foit abfolument continu ; s'il nous paroît tel ,
c'eft que le filence d'une vibration à
l'autre eft trop court pour être apperçu. Rien n'eft plus propre à faire fentir cette vérité qu'un inftrument à anche, comme le haut-bois ou la mu-
fette : une anche eft compofée de
deux lames à reffort & fort minces,
de métal , de bois , ou de quelque
autre matiere ; elles font jointes par

un bout, & forment enfemble un petit tuyau ; par l'autre bout elles font
plattes, & s'approchent de fort près
fans fe toucher. Lorfque le fouffle de
la bouche ou le vent d'un foufflet met
l'anche en jeu, les deux lames battent l'une contre l'autre avec une vîteffe extrême, & rendent un fon qui
paroît auffi continu que celui d'une
flûte ou d'un violon. Cependant puifque ce fon vient des coups multipliés
d'une lame fur l'autre, il eft inconteftable qu'il y a un petit intervalle
entre les battemens, & que le fon
qu'elles rendent n'eft point continu.

C'eft une méchanique affez femblable à celle d'une anche, qui fait
la voix de la plûpart des infectes ; car
c'eft une erreur de croire que le bour-
donnement des mouches, le cri des
cigales, celui des fauterelles & des
grillons, vienne de la bouche de ces
petits animaux, ou des organes par
lefquels ils prennent leur nourriture :
dans les uns c'eft une certain batte-
ment des aîles ; dans les autres, c'eft
le jeu d'une efpece de tambour, qu'ils
ont quelquefois dans le ventre ; comme la cigale, & d'autres fois fur le

dos

dos vers le corcelet, comme il eſt
aiſé de l'obſerver à certaines ſauterel-
les qui ſe retirent dans les buiſſons, &
qui n'ont point d'ailes.

Mais le ſon doit-il toujours ſon origine au choc ou aux battemens de
deux corps ſolides, comme celui
d'une cloche qui eſt frappée par un
marteau, ou celui d'une corde qui eſt
pincée avec l'ongle, ou avec le bout
d'une plume? Les fluides ne ſeroient-
ils point ſonores par eux-mêmes? ou
bien ceux-ci frappés par des corps
durs, ne ſeroient-ils pas capables de
rendre des ſons?

On ſait à quoi s'en tenir ſur ces
queſtions, quand on réfléchit un peu
ſur certains effets qui ſe préſentent
journellement. Un coup de fouet
qu'un charretier ou un poſtillon fait
retentir, le bruiſſement d'une petite
planchette qu'un enfant fait tourner
rapidement au bout d'une ficelle, le
ſifflement d'une baguette que l'on ſe-
coue avec une grande vîteſſe, qu'eſt-
ce autre choſe que le ſon de l'air frappé par un corps dur? Dans tous ces
cas, & dans une infinité d'autres,
c'eſt donc un fluide qui réſonne, &

dont les parties se mettent en vibrations pour avoir été choquées par un
corps solide. Dans le son d'un sifflet,
ou d'une flûte, je ne vois rien autre
chose qu'un certain volume d'air qui
part de la bouche du joueur pour
frapper une autre masse d'air conte-
nüe dans l'instrument : car je pense
que les vibrations du bois n'y entrent
pour rien, (si ce n'est peut-être pour
transmettre, avec plus ou moins d'é-
clat, le son qui est déja formé.) Ce
qui me fait croire que les vibrations
de la flûte ne participent point à la
formation des sons qu'elle rend, c'est
qu'on la tient & qu'on la touche pendant qu'elle est en jeu, & que ses vibrations, si elle en avoit, cesseroient
par ces attouchemens. L'instrument
ne sert donc, pour ainsi dire, que de
mesure & d'enveloppe au volume
d'air sur lequel on souffle ; & l'on
peut dire que tous les cas qui ressem-
blent essentiellement à celui-ci, sont
autant d'exemples de sons rendus par
des fluides qui s'entrechoquent.

Il y a des gens, comme on sait,
qui cassent un verre à boire par le son
de leur voix, en présentant l'ouver-

ture de la coupe devant leur bouche.
Ce n'eſt pas , comme l'ont cru certaines perſonnes peu au fait de cette
matiere , en prenant un ton aigre &
diſſonant , ni comme l'a prétendu un
Auteur * (qui a fait une diſſertation
entiere ſur ce fait ,) que l'air agité par
la voix pénétre le verre , & le force
de s'ouvrir. C'eſt au contraire en prenant l'uniſſon du verre , & ſeulement
en forçant la voix ; car alors on augmente la grandeur des vibrations totales , & par conſéquent celles des
vibrations particulieres d'où elles ré-
ſultent : mais comme ces dernieres
ne peuvent ſe faire , ſans que les parties du verre s'écartent les unes des
autres , lorſqu'elles deviennent trop
grandes , l'écartement de ces parties
va juſqu'à ſéparation ou ſolution de
continuité , & alors le verre tombe
en pieces ; en un mot la voix forcée
fait ſur le verre, ce que fait un archet
que l'on traîne trop fort ſur une chan-
terelle. C'eſt encore ici un exemple
du ſon excité , ou du moins augmenté , dans un corps ſolide par le choc
d'un fluide.

XI.
LEÇON.

* Morhoff.
de Siph. vitr.
per cent. hu-
manæ vocis-
ſonum fracto.

M m ij

Du MILIEU qui transmet les sons.

Les vibrations d'un corps sonore se passeroient dans un parfait silence, s'il n'y avoit entre lui & nous quelque matiere capable de recevoir & de transmettre cette espece de mouvement : car tel est l'ordre de la nature, qu'un corps n'agit point sur un autre, s'il ne le touche par lui-même ou par quelque matiere interposée ; & de tous ceux qui ont imaginé des exceptions à cette loi générale, on peut dire qu'aucun n'en a encore donné des preuves suffisantes. Mais quand bien même le corps sonore agiroit sur une matiere, la propagation du son n'auroit pas encore lieu, si cette matiere inflexible ou trop molle n'étoit capable de s'animer du même mouvement que lui. Voici donc deux conditions également nécessaires & suffisantes dans le milieu qui doit transmettre le son : 1^{ment}, il doit avoir une certaine densité, afin que ses parties agissent assez fortement & assez librement les unes sur les autres : 2^{ment}, il doit être élastique, parce que le mouvement

de vibration naît du reffort des parties.
Les expériences qui vont fuivre ferviront de preuves à ces deux propofi-
tions.

III. EXPERIENCE.

PRÉPARATION.

On établit fur la platine d'une machine pneumatique, *Fig.* 8. un petit
mouvement d'horlogerie, qui, lorfqu'il eft en jeu, fait mouvoir deux
marteaux qui battent alternativement
fur un timbre. Cet inftrument eft
monté fur une bafe de plomb, qui eft
garnie par-deffous d'un couffinet rempli de coton ou de laine (*a*) ; on couvre le tout d'un récipient qui eft garni par en haut d'une boîte à cuirs : la
tige de métal qui paffe à travers, fert à
détendre le petit levier *F*, pour mettre le rouage en mouvement, auffi-
tôt qu'on a raréfié l'air du récipient le
plus qu'il eft poffible.

EFFETS.

Si l'air eft fuffifamment raréfié, &

(*a*) Cet inftrument eft repréfenté plus en
grand, *Tome I*, 3e *Leçon*, *Pl.* 2. *Fig.* 5.

que la tige de la boîte à cuirs ne touche plus au levier de la détente, on
voit battre les marteaux fans entendre aucun fon ; mais fi l'inftrument
touche à la platine, au récipient ou à
quelqu'autre corps dur qui communique au-dehors, comme la tige qui a
fervi à détendre le levier, on entend
un peu le taĉt des marteaux.

IV. EXPERIENCE.

PREPARATION.

Il faut fixer une montre à réveil fur
une platine de plomb épaiffe de 4 à 5
lignes, que l'on couvre enfuite d'un
petit récipient dont on lute les bords
fur le plomb avec de la cire molle : on
fufpend enfuite cet affemblage avec 4
fils qu'on réunit au-deffus du récipient, pour le plonger dans un grand
vafe cylindrique qui contient environ
30 pintes d'eau, que l'on a purgée
d'air. *Voyez la Fig. 9.*

EFFETS.

Lorfque le réveil vient à fonner,
on l'entend quoiqu'il foit environné
de plufieurs pouces d'eau de toutes

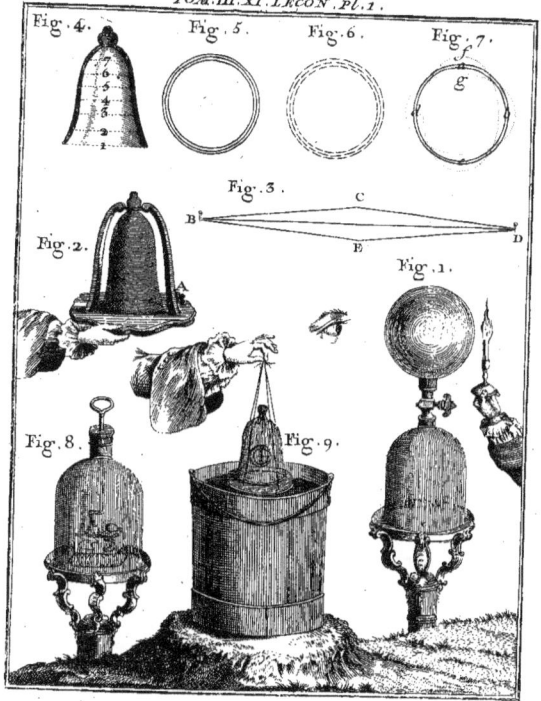

TOM.III.XI.LEÇON.Pl.1.

Fig.4. Fig.5. Fig.6. Fig.7.

Fig.3.

Fig.2.

Fig.1.

Fig.8. Fig.9.

parts ; mais le son paroît fort affoibli.

Explications.

Un timbre qui fait ses vibrations dans le vuide, ne les peut communiquer à rien ; par conséquent, puisqu'elles n'operent le son que quand elles se transmettent, elles doivent se passer dans le vuide avec un profond silence. A la vérité il n'y a point un vuide absolu dans le récipient de notre expérience ; mais l'air qui y reste est si raréfié, que ses parties alors trop lâches n'ont point assez de réaction. Il manque à ce fluide la premiere des deux conditions que nous avons marquées ci-dessus, c'est-à-dire, une densité suffisante qui mette les parties en état d'agir fortement les unes sur les autres.

On dira peut-être qu'au défaut de l'air grossier, il y a toujours dans ce vaisseau une matiere plus subtile, ne fût-ce que celle de la lumiere ou du feu ; mais apparemment que cette matiere, telle qu'elle soit, n'est point propre à la propagation du son, soit que son ressort ne soit point analogue à celui des corps sonores, soit que

M m iiij

ceux-ci n'ayent point de prife fur elle, à caufe de l'extrême facilité avec laquelle elle pénetre tous les corps.

Cette expérience du timbre ou d'une fonnette dans le vuide, fi connue & tant répétée dans les colleges, a fait conclure à bien des gens, que l'air eft le feul milieu propre à la propagation du fon. Qu'il y foit propre & plus qu'un autre, cela n'eft point douteux ; qu'il foit le feul, je crois que c'eft trop dire. Car pourquoi cette même expérience ne réuffit-elle pas au gré de ceux qui la font, quand ils n'ont pas foin d'ifoler le corps fonore, ou d'empêcher qu'il ne touche immédiatement la platine, le récipient ou quelqu'autre corps dur qui communique au - dehors ? n'eft-ce point parce que le fon fe tranfmet par les corps folides qui ont communication d'une part avec le timbre, & de l'autre avec l'air extérieur ?

D'ailleurs la quatrieme expérience ne nous laiffe, ce me femble, fur cela aucun doute. Si le fon ne pouvoit fe tranfmettre que par l'air, pourquoi l'entendroit-on lorfque le corps fonore enfermé par le verre & par le

plomb, se trouve plongé dans un vase plein d'eau ? n'est-on pas forcé de
reconnoître que le son se communique du réveil à l'air qui l'environne,
de l'air au récipient, du récipient à
l'eau, & de l'eau à l'air extérieur ?

Dira-t-on que cette communication ne se fait point par les parties
propres du verre & de l'eau, mais par
celles de l'air qu'ils contiennent, &
qui se trouve naturellement dans tous
les corps ?

J'ai prévenu cette objection en me
servant d'eau purgée d'air : & quand
on m'objecteroit encore, que l'on
n'ôte jamais tout l'air qui est dans
l'eau ; j'aurois à répondre que j'en ai
ôté une grande partie, & que si cet
air contribuoit nécessairement à la
propagation du son, je devrois au
moins trouver une différence sensible, en répétant la même expérience
avec pareille quantité d'eau non purgée d'air ; ce que je n'ai cependant
jamais apperçu, quelqu'attention que
j'aye apporté.

Si quelque raison pouvoit faire
douter que les parties de l'eau fussent
capables par elles-mêmes de trans-

mettre les fons, ce feroit l'opinion où l'on eft communément, que les liqueurs ne font point compreffibles ; car fi cela étoit à la rigueur, elles n'auroient pas de reffort ; & tout corps qui n'eft point élaftique, n'eft point fufceptible d'un mouvement de vibration.

Mais fur quel fondement a-t-on cru jufqu'ici que les liqueurs étoient incompreffibles ? C'eft parce que les Académiciens de Florence, & plufieurs autres Phyficiens qui les ont éprouvées à cet égard, n'ont jamais pu reftraindre leur volume par compreffion. Mais cela fuffit-il pour établir fans reftriction que les liquides font incompreffibles ? n'auroit-on pas conclu plus fagement, que fi elles fe compriment par les efforts que nous fommes en état d'employer contre elles, c'eft d'une fi petite quantité, que leur volume n'en diminue jamais fenfiblement ?

Aucun fait connu ne prouve donc l'incompreffibilité abfolue de l'eau ; j'ai expofé ailleurs * des raifons qui combattent fortement cette opinion ; & il me femble que notre derniere ex-

* Tome I.
p. 122. & f.

périence achéve de la détruire : car fi
l'eau tranfmet le fon, elle eft élaftique ; & fi elle eft élaftique, il faut
qu'elle foit compreffible.

APPLICATIONS.

Puifque le fon fe tranfmet par les
corps folides, comme le prouvent
d'une maniere inconteftable les précautions qu'il faut prendre, pour faire
réuffir la premiere des deux expériences précédentes ; on ne doit plus être
auffi furpris d'un fait qui amufe les enfans, & qui intéreffe l'attention des
perfonnes les plus férieufes ; c'eft d'entendre diftinctement le choc d'une
épingle contre l'extrémité d'une longue poutre, lorfqu'on a l'oreille à
l'autre bout : car à caufe de la contiguité des parties, ce choc eft rendu à
l'air qui touche le bout oppofé de la
piece de bois. Il eft cependant toujours bien fingulier que le bruit perde
fi peu de fa force pour parvenir à une fi
grande diftance, tandis qu'à peine
peut-il être entendu à travers l'épaiffeur de la même poutre ; c'eft apparemment parce que les fibres longitu-
dinales du bois font bien moins inter-

rompues par leur porosité, que ne l'est l'assemblage de ces mêmes fibres qui fait l'épaisseur de la piece.

Non - seulement le son excité dans l'eau se transmet à l'air de l'atmosphere, mais aussi celui qui naît dans l'air passe dans l'eau, & y fait sentir toutes ces modifications. J'ai eu la curiosité de me plonger exprès à différentes profondeurs dans une eau tranquille, & j'y ai entendu très-distinctement toutes sortes de sons, jusqu'aux articulations de la voix humaine.

Il est vrai que tous ces sons étoient fort affoiblis, sans doute parce que les parties de l'eau, beaucoup moins flexibles que celles de l'air, ne peuvent avoir des vibrations ni si amples ni d'une si longue durée : mais ce qu'il y a de remarquable, c'est que cet affoiblissement se fait presque tout entier au passage de l'air dans l'eau ; car à trois pieds de profondeur, j'entendois presqu'aussi bien qu'à trois pouces.

C'est une question parmi les Naturalistes de savoir si les poissons ne font pas sourds comme ils font muets; * Pline, & quoique les plus habiles * s'en

foient mêlés, elle eft encore indéci-
fe, au grand étonnement du vulgaire, qui juge toujours fur les premieres apparences, & fur l'analogie
la moins approfondie. « Tous les au-
»tres animaux entendent ; pourquoi
»Les poiffons n'entendroient-ils pas ?
»les poiffons fuyent comme les oi-
»feaux quand on fait du bruit : les
»uns comme les autres en font donc
»effarouchés ? » Mais le vulgaire ne
fait pas qu'on ne connoît point d'o-
reilles aux poiffons, ni rien qui en
faffe l'office ; il ignore auffi qu'on a
coutume de regarder l'eau qui eft
leur élément naturel, comme inca-
pable de reffort, & que dans cette
fuppofition, on feroit bien fondé à
la croire imperméable au fon. Si le
poiffon fuit quand on fait du bruit,
il faut être bien affuré qu'il n'a pû
appercevoir aucun mouvement qui
l'ait déterminé à fuir ; & je fais par
moi-même que ce n'eft point une
chofe fort aifée à décider, pour
quelqu'un qui eft en garde contre
le préjugé (*a*).

XI.
LEÇON.
Boyle, Ar-
thedi, Ron-
delet, &c.

(*a*) Voyez dans les *Mémoires préfentés à*
l'Académie Royale des Sciences, par les Savans

Quoi qu'il en foit , fi le poiffon
n'entend point les fons qui viennent
de l'air , l'empêchement ne vient pas
de l'eau , puifqu'elle les tranfmet ; je
ne regarde point non plus comme
une raifon qui établiffe abfolument fa
furdité , un défaut d'oreilles femblables à celles des autres animaux : cet
organe , dans le poiffon, pourroit
être tout autrement conftitué qu'il
ne l'eft dans les animaux qui refpi-
rent l'air ; que fait-on fi ce fens
n'eft point univerfel pour eux , comme le toucher l'eft pour nous ? ce qui
me fait hazarder ce foupçon , c'eft
qu'ayant plongé avec moi des corps
fonores , le bruit ou le fon que j'ai fait
naître dans l'eau , m'affectoit tout le
corps par une certaine commotion
très-fenfible , ce qui vient fans doute
de la grande folidité des parties de
l'eau. (*a*)

Par quelque milieu que le fon fe

Etrangers , tom. 2. p. 164. un Mémoire de
M. Geofroy, Docteur en Médecine de la Faculté de Paris, qui eft le commencement d'un
excellent travail fur cette matiere.

(*a*) Voyez les expériences que j'ai faites *fur
la tranfmiffion des fons dans l'eau* , Mémoire
de l'Académie des Sciences, 1743 p. 119.

transmette, il employe un temps qui
est sensible, lors même que la distance
est assez médiocre ; bien différent en
cela de la lumiere, dont la propagation se fait dans un instant très-court
à des distances fort grandes. Cette
différence est un moyen commode ,
& dont on n'a pas manqué de faire
usage pour mesurer la vîtesse du son.
Car si l'on fait tirer un coup de canon ou une boîte à une distance connue, on peut prendre sans erreur sensible, l'éclat de lumiere qu'on apperçoit comme le signal du son naissant ;
& l'on comptera, par le moyen d'un
pendule à secondes, le temps qui s'é-
coulera jusqu'à ce qu'on l'entende ;
ainsi le temps sera connu comme l'espace, ce qui donnera la vîtesse.

Cette expérience faite & répétée
depuis long-temps par l'Académie del
Cimento , par MM. Flamsteed, Halley, Derham, &c. avoit fait conclure
la vîtesse du son, de 180 toises mesure de France par seconde ; mais il
restoit encore quelque incertitude sur
les résultats , soit parce qu'ils ne s'ac-
cordoient point parfaitement en-
tr'eux, soit parce qu'on avoit employé

des diftances trop peu confidérables.
En 1738, l'Académie des Sciences*,
pour terminer avec précifion une queftion qui peut être d'une application
utile, foit pour la Géographie, foit
pour la fûreté de la navigation, char-
gea MM. de Turi, Maraldi, & l'Abbé
de la Caille, de faire à cet égard les
expériences néceffaires, & avec les
précautions les plus convenables au
fujet. Ces Académiciens firent leurs
opérations fur une ligne de 14636
toifes qui avoit pour termes la tour de
Montlhéry, & la pyramide de Montmartre ; & voici quels en furent les
principaux réfultats.

1°. Le fon parcourt 173 toifes mefure de Paris en une feconde de temps,
de jour ou de nuit, par un temps ferein ou par un temps pluvieux. Le
mouvement de la lumiere n'a donc
point de part à la propagation du fon;
& les vapeurs mêlées avec les particules de l'air n'interrompent point le
mouvement de vibration.

2°. S'il fait un vent dont la direction
foit perpendiculaire à celle du fon,
celui-ci a la même vîteffe qu'il auroit
par un temps calme.

3°.

3°. Mais fi le vent fouffle dans la
même ligne que parcourt le fon, il
le retarde ou il l'accélere felon fa propre vîteffe ; c'eft-à-dire, qu'avec un
vent favorable le fon parcourt 173
toifes par feconde, plus la vîteffe du
vent ; & tout au contraire, fi le vent
eft directement oppofé. Et voilà pourquoi, lorfque le vent change de direction & de vîteffe, on entend du
même lieu certaines cloches que l'on
ne peut entendre dans d'autres temps.
Ainfi connoiffant la vîteffe du fon accélérée par le vent, on pourra eftimer
la vîteffe propre du vent ; car ôtant de
la vîteffe accélérée 173 toifes par feconde pour celle du fon, le refte fera
celle du vent.

4°. La vîteffe du fon eft uniforme ;
c'eft-à-dire, que dans des temps égaux
& pris de fuite, il parcourt toujours
des efpaces femblables.

5°. L'intenfité ou la force du fon
ne change rien à fa vîteffe : quoiqu'un
fon plus fort s'étende plus loin qu'un
plus foible ; celui-ci parcourt comme
l'autre 173 toifes par feconde.

Toutes ces connoiffances, & les
épreuves par lefquelles on les a acqui-

Tome III.   N n

fes, fourniffent des moyens prompts & commodes, pour mefurer l'étendue des lieux où les opérations géométriques ne font point néceffaires ou pratiquables, comme la largeur des lacs ou des rivieres à leur embouchure. Car puifqu'après avoir apperçu la lumiere d'une arme à feu, chaque feconde de temps répond à une diftance de 173 toifes, c'eft une chofe fort aifée de favoir combien il s'eft écoulé de fecondes, jufqu'au moment où le bruit s'eft fait entendre. Le même moyen peut être d'un grand fecours dans un temps couvert, pour des vaiffeaux qui craignent de fe brifer contre les côtes ; car fi au lieu d'un fallot, qui en pareil cas ne fe voit pas de fort loin, on faifoit tirer de temps en temps quelques boîtes ou quelques coups de canon, cette lumiere, qui eft beaucoup plus active & plus perçante, indiqueroit bien mieux l'endroit que l'on doit aborder ou éviter, & le bruit qui fuccéderoit, en marqueroit la diftance à des navigateurs attentifs.

Nous avons dit ci-deffus, que les corps font d'autant plus fonores qu'ils

ont plus de denfité, & en même temps
plus de reffort : il en eft de même de
tous les milieux qui tranfmettent le
fon ; & comme l'air eft celui de tous,
qui nous eft le plus familier, nous
nous y arrêterons par préférence.

V. EXPERIENCE.

PREPARATION.

A B, *Fig.* 10. eft une planche fort
épaiffe fur laquelle font élevés deux
piliers *C*, *D*, qui reçoivent par en
haut une traverfe *E F*; cette dernieré
piece eft affujettie par deux vis qui la
font defcendre autant qu'il eft néceffaire, pour preffer fortement un récipient de verre fort épais. Ce vaiffeau
repofe d'une part fur des cuirs mouil-
lés, & il eft fermé par en haut avec
une platine de métal, garnie auffi d'un
cuir mouillé par deffous, de forte
que l'intérieur du récipient, lorfqu'il
eft ferré dans fon chaffis, ne communique qu'avec la pompe foulante
G, par un petit canal où l'on a pratiqué un robinet. Cette pompe eft
tout-à-fait femblable à celle que
nous avons décrite ci-deffus* en par-   * P. 231.

N n ij

lant de la fontaine de compreſſion ;
c'eſt-à-dire, qu'il y a au bout, immédiatement avant le robinet, une petite ſoupape qui permet que l'air ſorte de la pompe, mais non pas qu'il
y revienne du récipient lorſqu'on reléve le piſton : ainſi le robinet étant
ouvert, on peut condenſer l'air dans
le récipient, autour d'une ſonnette
qui eſt ſuſpendue de maniere qu'on
peut la faire ſonner en balançant un
peu le chaſſis.

Comme l'air fortement condenſé
fait un grand effort, c'eſt une ſage
précaution à prendre que de revêtir
le vaiſſeau d'une cage d'un gros fil de
fer, afin que s'il vient à crever, les
éclats ne cauſent aucun dommage.

Pour condenſer l'air en proportions
connues, il faut enfermer dans le récipient, un petit ſiphon renverſé
dont la branche la plus longue ſoit
fermée, & qui contienne, à l'endroit
de ſa courbure, un peu de mercure,
ou de liqueur colorée, *Fig.* 11. car à
meſure que l'air deviendra plus denſe, en preſſant par la branche la plus
courte qui eſt ouverte, il forcera la
liqueur de monter dans l'autre, &

condensera l'air *a b* autant qu'il le fera lui-même : ainsi quand cette petite colonne d'air sera resserrée dans un espace d'un tiers ou de moitié plus petit qu'auparavant , (ce qu'on appercevra par la graduation de la petite planche ,) on jugera que l'air du récipient est condensé d'un tiers , ou une fois davantage.

EFFETS.

Quand l'air a été condensé dans le récipient , le son que rend la sonnette est sensiblement plus fort qu'il n'a coutume d'être , lorsque l'air est dans son état naturel ; car alors on l'entend de plus loin.

EXPLICATIONS.

Puisque le son consiste essentiellement dans les vibrations de toutes les parties qui composent le corps sonore, il doit y avoir plus de son partout où il se trouve plus de parties sonnantes , & un ressort plus actif: or ces deux choses se rencontrent, lorsque l'air est plus condensé : ses parties sont plus serrées ; il y en a un plus grand nombre dans un espace donné ,

& le reſſort de chacune de ces parties
eſt plus tendu ; l'air, en cet état, doit
donc être plus ſonore que quand il eſt
plus rare.

Hauxbée, auteur de cette expérience *, ne s'eſt point contenté
d'apprendre en général que le ſon devient plus fort, lorſqu'on augmente
la denſité & le reſſort de l'air ; il a
porté ſes recherches juſques ſur les
proportions de cet accroiſſement.
Avant que de condenſer l'air, il a
marqué la diſtance à laquelle on ceſ-
ſoit d'entendre la ſonnette enfermée
dans le récipient : puis l'ayant condenſé une fois plus que dans ſon état
ordinaire, il trouva que le ſon s'éten-
doit à une diſtance une fois plus grande ; & qu'après avoir triplé la denſité
de l'air, on entendoit la ſonnette de
trois fois plus loin, &c.

Que falloit-il conclure de ces effets ? que le ſon augmente en raiſon
directe de la denſité de l'air ? non, le
rapport eſt plus grand ; car quand on
entend la ſonnette à une diſtance
double, il faut qu'à une diſtance de
moitié moins grande. le même ſon
ſoit quatre fois plus fort, & en voici
la raiſon.

* Tranſact.
Phil. n. 321.

Le corps fonore communique de
toutes parts fes vibrations à l'air qui
l'environne : fon action fe propage
donc par des rayons de ce fluide qui
vont toujours en s'écartant les uns
des autres comme ceux d'une fphere ;
& l'oreille qui écoute devient la bafe
d'un cône d'air animé par le corps fonore qui eft au fommet. *Voyez la Fig.*
12.

Or c'eft une chofe connue de tous
ceux qui ont quelques notions de Mathématiques , que le cercle dont le
diámetre eft deux fois plus grand que
celui d'un autre, renferme par fa circonférence un efpace qui a quatre fois
plus d'étendue ; & pour exprimer cette
proportion d'une maniere générale ,
les cercles font entr'eux comme les
quarrés de leurs diámetres, ainfi le
cône *a b c* , a une bafe quatre fois plus
étendue que *a d e*, qui eft une fois plus
court ; car *d e*, diámetre de celui-ci,
n'eft que la moitié de *b c* , diámetre
de l'autre ; & par conféquent, fi l'ouverture de l'oreille qu'on fuppofe circulaire , eft d'un diámetre égal à *d e*,
lorfqu'elle eft placée à la 1re diftance,
elle reçoit quatre fois plus de rayons

fonores qu'elle n'en recevroit à la 2de diftance.

Par la même raifon, elle en recevroit 9 fois moins à la 3me, 16 fois moins à la 4me : & comme 16 eft le quarré de 4, 9 le quarré de 3, 4 le quarré de 2; on peut dire généralement que *le fon dé-croît comme le quarré de la diftance qui au-gmente.*

Mais puifqu'ayant doublé la denfité & le reffort de l'air tout enfemble, on entend le fon deux fois plus loin qu'auparavant ; qu'avec un air 3 fois plus denfe, & 3 fois plus élaftique, on l'entend à une diftance 3 fois plus grande ; en fuivant le principe que je viens d'expliquer, il faut que l'inten-fité du fon foit, ou comme le quarré de la denfité, ou comme le quarré de l'élafticité de l'air, ou bien comme le produit de l'une multipliée par l'au-tre. M. Zanotti * curieux de favoir la-quelle de ces trois loix étoit celle de la nature, s'eft enfin fixé à la troifie-me, après des expériences autant in-génieufes que délicates, & dont il faut voir le détail dans fes ouvrages, ou dans les extraits qu'on en a faits.

* De Bono-nienfi Scient. & Art. Infti-tuto Commen-tarii, p. 176.

Applications.

APPLICATIONS.

Il suit de ces principes fondés sur l'expérience & sur le raisonnement, que les corps sonores doivent se faire entendre plus fortement par un temps froid que lorsqu'il fait fort chaud, puisqu'alors l'air est plus condensé, & qu'il a plus de ressort : mais cette augmentation de densité n'est point assez considérable apparemment pour avoir un effet sensible à l'égard des sons, ou bien comme ces changemens se font par dégrés & lentement, ce qui en résulte pour l'augmentation ou pour l'affoiblissement des sons, ne se fait point remarquer.

Tout le monde connoît l'effet des trompettes parlantes, ou *porte-voix* : le Chevalier Morland, & ceux qui se sont appliqués comme lui à perfectionner cet instrument, semblent n'avoir eu en vûe que la direction des rayons sonores, & avoir rapporté à cette seule cause l'augmentation du son; c'est pourquoi M. Hase veut qu'il soit composé de deux parties, dont une soit elliptique, & l'autre parabolique, *Fig.* 13. & qu'elles ayent un

Tome III, O o

foyer commun en *b*, afin, dit-il, que
les rayons partant de l'embouchure *a*,
premier foyer de la portion elliptique,
& étant réfléchis de tous les points *c*,
d, *e*, *f*, &c. se croisent au foyer *b*, qui
est commun à la portion parabolique,
pour être ensuite réfléchis parallélé-
ment des points *h*, *i*, *k*, *l*, &c.

On ne peut nier assûrément que
cette forme ou quelqu'autre peut-être
encore plus avantageuse, ne contribue beaucoup à augmenter le son
dans la direction *a g*, ou suivant l'axe
de l'instrument; puisqu'il doit se trouver par ce moyen autant de mouvement dans la colonne d'air *i l m n*,
qu'il y en auroit dans toute l'hémi-
sphere, dont le centre seroit occupé
par la bouche d'un homme qui parle-
roit sans porte-voix. Mais doit-on
être satisfait de cette raison, quand
on demande pourquoi à côté & derriere l'instrument, le son paroît encore si fort augmenté? Comme la réflexion du son suit les mêmes loix que
celle de la lumiere, supposons que le
porte-voix de M. Hase soit poli intérieurement comme un miroir, & pla-
çons en *a* un point radieux comme

une bougie ; que doit-il arriver ? la lumiere fera condenſée, & il fera certainement plus clair en *m n*, qu'il n'y feroit ſans le ſecours de l'inſtrument ; mais tous les environs, au lieu d'être plus éclairés, feront dans une grande obſcurité. Il y a donc, à l'égard du ſon, quelqu'autre choſe qu'un mouvement réfléchi en conſéquence de la figure du porte-voix.

Oui ſans doute, & l'on peut dire en général que le ſon augmente toutes les fois que le corps ſonore imprime ſon mouvement à un air qui eſt appuyé ; la voix ſe fait mieux entendre dans les rues d'une ville qu'en raſe campagne, & mieux encore dans une chambre cloſe que dans la rue : c'eſt que les particules d'air qui ont été plus fortement pliées, font des vibrations plus grandes ; & l'air, comme tout autre reſſort, ſe comprime d'autant plus, qu'il ſe déplace moins pendant que la puiſſance comprimante agit ſur lui.

Mais cette augmentation du ſon cauſée par l'immobilité de l'air eſt encore plus ſenſible, quand c'eſt un corps dur qui arrête & qui ſoutient

XI.
LEÇON.

les parties de ce fluide. Un Orateur se fait mieux entendre, quand il y a moins de monde pour l'écouter, & que le lieu où il parle n'est pas meublé; car alors le son, au lieu de s'amortir, comme il fait en frappant des corps mols & sans réaction, revient sur lui-même, ou se porte d'un autre côté, suivant la maniere dont il est réfléchi. Voilà pourquoi le bruit du tonnerre, celui du canon ou d'un fusil, s'étend plus loin dans les vallées & le long des rivieres que dans le pays plat; & que dans les aqueducs & dans les autres souterreins voûtés, la voix la plus foible se porte intelligiblement d'un bout à l'autre. C'est encore par la raison d'un air immobile, (d'ailleurs fortement comprimé, & appuyé contre des parois fort dures) qu'un homme enfermé dans l'eau sous la cloche du plongeur, pensa s'évanouir par l'étonnement que lui causa le son d'un cornet ou petit cor qu'il essaya d'emboucher.* On doit expliquer par le même principe ce qui surprend les curieux dans ces édifices où la voix la plus basse se fait entendre d'un angle à l'autre, sans que les assistans

* Sturm. Col-
leg. Curiof.T.
II. Tentam. 1.

qui font placés par-tout ailleurs, puiffent entendre un mot de ce qu'on dit;
car ces angles font ordinairement
continués à la voûte, & ils contiennent une portion d'air qui ne fe déplace point, & dans laquelle le fon
devient & fe conferve plus fort ; &
la figure de la voûte occafionne des
réflections telles qu'il les faut pour le
tranfmettre.

Enfin quand la maffe d'air qui reçoit le fon, fe trouve contenue par
des parois qui étant dures, font encore minces & élaftiques, au premier
effet dont je viens de parler, il s'en
joint un autre ; non-feulement le fon
augmente en dedans, parce que l'air
intérieur eft folidement appuyé ; mais
ce même fon augmenté fe tranfmet
auffi à l'air extérieur, parce qu'il frappe un corps élaftique & qu'il le met
en jeu. Pour preuve de ceci, que l'on
fupprime, que l'on créve, ou qu'on
lâche feulement l'une des peaux d'un
tambour ; en frappant fur celle qui
refte, on n'en tirera pas autant de fon
qu'auparavant ; d'où vient cette différence ? c'eft que l'air contenu dans
la caiffe n'a plus d'appui par en bas, au

O o iij

lieu que quand il eſt appuyé ſur une peau bien tendue, il reçoit plus de mouvement, parce qu'il réſiſte davantage; & il le communique au-dehors, parce qu'il repoſe ſur un corps élaſtique.

Maintenant on voit bien pourquoi le ſon augmente non-ſeulement dans la direction du porte-voix, mais auſſi dans tous les environs; car cet inſtrument, comme on ſait, eſt fait de feuilles de métal fort minces, & par conſéquent très-propres à tranſmettre au-dehors le ſon qui augmente beaucoup au-dedans, parce que la maſſe d'air que la voix frappe, eſt contenue par des parois fort dures.

Ce que je dis du porte-voix peut s'entendre de tout autre inſtrument, même de ceux qui ſont à cordes: car pourquoi faut-il, par exemple, qu'un clavecin ou une baſſe de viole, ſoit une caiſſe de bois mince & élaſtique? c'eſt que ſans cela le ſon des cordes ſe communiqueroit à un air vague & ſans appui, qui échapperoit, pour ainſi dire, à leur choc; au lieu qu'elles agiſſent ſur une maſſe qui eſt comme forcée de recevoir d'elles un plus grand

mouvement, & qui le tranſmet au-
dehors par la réaction du bois.

Le ſon comme tout autre mouvement change de direction, lorſqu'il
rencontre des obſtacles qui ne l'abſorbent point : & alors il ſuit la loi
commune ; * l'angle de ſa réflection
devient égal à celui de ſon incidence.

* *Tome I.*
P. 289.

Le ſon réfléchi que l'on nomme
communément *Echo*, ne ſe diſtingue
point du ſon direct, c'eſt-à-dire, de
celui qui vient immédiatement du
corps ſonore : quand la réflection ſe
fait de fort près, l'un & l'autre ſe confondent. Mais lorſqu'il y a une diſtance ſuffiſante, comme le ſon qui vient
par réflection, fait plus de chemin
que celui qui vient directement, il
arrive plus tard à l'oreille, & y répéte la premiere impreſſion. Suppoſons,
par exemple, qu'une perſonne parle
à voix haute, vis-à-vis d'un rocher *O*,
éloigné de 173 toiſes, *Fig.* 14. elle
s'entendra parler dans le même inſtant ; mais le ſon qui ira frapper en
O, & qui reviendra à elle par réflection, employera deux ſecondes de
temps à cauſe du double trajet de 173
toiſes. Et parce que le ſon qui va plus

loin, met plus de temps pour aller &
pour revenir, s'il y a des obstacles en
P & en Q, qui réfléchissent les rayons
sonores vers le même endroit, on y
entendra successivement deux, trois
ou quatre échos. C'est encore par
cette raison, qu'étant placé en *r*, *Fig.*
12. on entend d'abord le son de la cloche *a* par le rayon *a r*, & ensuite l'écho
de la même cloche par les rayons *as, sr*.

Les échos ne se trouvent point en
rase campagne, mais très-communément dans les bois, dans les rochers,
& dans les pays montagneux, parce
que le son y rencontre bien fréquemment des obstacles qui le réfléchif-
fent; on en a observé qui répétent un
grand nombre de fois, comme celui
de Woftock, qui répéte distinctement
17 syllabes pendant le jour, & 20
pendant la nuit * : mais on a toujours
observé en même temps que les dernieres répétitions font plus foibles que
les premieres, ce qui est une conséquence nécessaire; car les sons qui
viennent les derniers, ont fait plus de
chemin que les autres, & le son est
un mouvement qui diminue comme
le quarré de la distance qui augmente,

Marginal notes:

XI.
Leçon.

* Rob. Plot:
Hift. nat. de
la Prov. d'Ox-
fort en An-
gleterre.

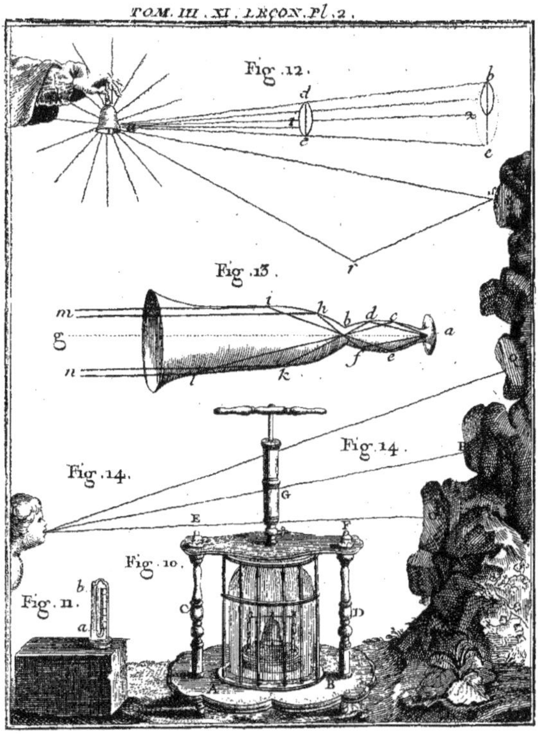

TOM. III . XI . LEÇON. Pl. 2.

Fig. 12.

Fig. 13.

Fig. 14.

Fig. 14.

Fig. 10.

Fig. 11.

à moins que l'obstacle qui réfléchit
les rayons sonores, ne soit d'une figure propre à diminuer leur divergence.

Les échos deviennent quelquefois
des phénoménes fort singuliers, par la
rareté des circonstances qui les font
naître : à 3 lieues de Verdun il y a
deux grosses tours éloignées l'une de
l'autre de 36 toises, lorsqu'on parle
un peu haut dans la ligne qui joint
ces deux édifices, la voix se répéte
12 ou 13 fois, toujours en s'affoi-
blissant ; les deux tours se renvoyent
le son alternativement, comme deux
miroirs qui se regardent, multiplient
l'image d'une bougie placée entre
eux : * on voit encore la description d'un écho plus singulier dans les
Mémoires de l'Académie, imprimés
avant 1700. ** On trouve assez facilement la cause de tous ces effets,
en étudiant avec un peu d'attention,
la nature & la position des lieux, ou
la figure de tout ce qui est élevé sur
le terrein.

*Hist. de l'Acad. des Scienc. 1710. p. 13.
* Tom. X. p. 187.

De l'Ouie, & de son Organe.

Dans le premier volume de cet
ouvrage j'ai fait une digression sur les

sens, où j'ai traité seulement du toucher, du goût & de l'odorat ; on a dû
voir par ce que j'en ai dit, que ces trois
premiers sens ne nous mettent en
commerce qu'avec les objets qui agissent immédiatement sur nous, soit par
eux-mêmes, soit par leurs émanations.
Mais à quoi en serions-nous réduits,
s'il n'y avoit rien de sensible pour
nous, que par des actions immédiates ;
si nous n'appercevions une bête féro-
ce ou vénimeuse, que par sa morsure,
une pierre qui menace notre vie, que
quand elle commence à nous écraser ?
Quel tableau seroit-ce que celui du
monde, si tous les hommes ressem-
bloient à ces créatures imparfaites,
qu'une surdité ou un aveuglement de
naissance met hors d'état de participer
à la plûpart des idées communes (a),
& qui seroient plus malheureuses encore, si plus favorablement traités par
la nature, nous n'étions capables d'a-
doucir un peu la rigueur de leur sort.
Par le secours de l'ouie & de la vûe

(a) Voyez l'histoire d'un sourd & muet de
naissance qui commença à entendre & à parler à l'âge de 24 ans. *Hist. de l'Académie des
Sciences*, 1703. *p.* 18.

nous fortons, pour ainfi dire, de
nous-mêmes ; nous allons au-devant
des objets ; nous les jugeons de loin ;
& fur le rapport de ces deux fens, le
défir ou la crainte nous fait prendre &
les moyens & les précautions néceffaires à notre bien-être.

On auroit peine à dire ce qui nous
eft le plus néceffaire, ou de la vûe ou
de l'ouie. C'eft ordinairement en fup-
pofant la privation de l'une ou de
l'autre, que l'on effaye d'en juger ;
mais bien fouvent cette comparaifon
manque de juftefle & conduit à un
faux jugement, parce qu'on ne met
pas les circonftances égales de part &
d'autre. Il y a une grande différence
à faire d'un aveugle ou d'un fourd de
naiffance, à celui qui a vû ou entendu jufqu'à un certain âge, & qu'un
accident a privé de l'un de ces deux
fens ; je n'ai point affez médité fur les
regrets d'un homme qui fait qu'on
peut voir, & qui n'a jamais vû, pour
les comparer à ceux d'un autre homme qui fait qu'on peut entendre, &
qui n'a jamais entendu ; j'ignore quelle eft leur peine, & de quel côté il y
en a davantage ; mais à préfent que

je fais combien il eft difficile de faire
naître des idées à quelqu'un qui n'entend point , & de combien de connoiffances divines & humaines eft privé un homme qui n a pu avoir aucune
éducation , j'aimerois mieux être né
aveugle que fourd. Je choifirois tout
différemment, fi connoiffant l'écritu-
re , & les autres fignes communs à la
fociété, il me falloit opter entre l'ouie
& la vûe ; de ces deux biens le dernier
me toucheroit davantage.

Cependant , dit-on , toutes chofes
égales d'ailleurs , un fourd eft toujours plus trifte qu'un aveugle.

Si vous appellez trifteffe , un air
abfent & étranger à la converfation ,
vous avez raifon ; il n'y prend aucune
part : mais en eft-il plus affligé qu'un
aveugle devant qui l'on difpute de la
beauté d'une étoffe ? je ne le crois pas,
à moins qu'il ne s'imagine qu'on parle
de lui , ou de ce qui l'intéreffe ; &
alors ce n'eft plus fimplement à un
aveugle devant qui l'on difpute d'une
étoffe, qu'il le faut comparer ; mais à
un aveugle à qui il importe de favoir
fi cette étoffe eft belle ou laide : je
veux dire que les regrets de l'un & de

l'autre font égaux, quand l'intérêt eſt égal de part & d'autre ; mais je penſe que l'aveugle a plus d'occaſions de regretter, parce qu'on ne ſupplée point à la vûe, ni auſſi facilement, ni auſſi parfaitement qu'à l'ouie. On a vû des gens qui étant devenus ſourds à un certain âge, s'étoient fait une habitude d'entendre au ſeul mouvement des levres, tout ce qu'on leur diſoit, & même de converſer ainſi avec d'autres ſourds. *

Au reſte pourquoi chercher quel eſt le plus avantageux de deux biens qui le ſont peut-être également ? il ſemble que la nature l'ait décidé ainſi, puiſque ne faiſant jamais rien de ſuperflu, elle a pourtant jugé à propos de nous donner deux oreilles, comme elle nous a donné deux yeux.

* Mém. de
Trév. Sep-
tembre, 1701.
p. 9.
Tranſact.
Philoſoph. n°.
312.

L'ouie a pour objet le bruit & le ſon, dont nous avons parlé précédemment ; la différence qu'il y a entre l'un & l'autre, c'eſt que le premier eſt un trémouſſement irrégulier, ou peut-être un aſſemblage de pluſieurs ſons qui font enſemble ſur l'organe une impreſſion confuſe, au lieu que le ſon proprement dit conſiſte dans des vibrations réguliéres, homogenes, & qui se font sentir plus distinctement ; peut-être même les sons n'affectent-ils qu'une certaine partie de l'organe, & que le bruit les ébranle toutes en même temps.

L'oreille est l'organe de l'ouie ; c'est par cette partie qui paroît extérieurement en forme d'entonnoir aux deux côtés de la tête, que le son s'introduit, pour aller toucher les fibres nerveuses, où s'accomplit la sensation. Je n'entreprendrai point une description anatomique & complette de cet organe : c'est aux gens de l'art à entrer dans ce détail, qui seroit peut-être déplacé ici ; le Lecteur qui en jugera autrement, trouvera bon que je le renvoye aux ouvrages qui ont été faits exprès sur cette matiere;

Traité des Sens, p. 275. Traité de l'Oreille, de M. du Verney.

& nommément à celui de M. le Cat*, qui a comparé les desseins des plus grands Maîtres avec ses propres observations. Je me contenterai donc de nommer succinctement les principales parties que la nature employe pour faire sentir les sons, & de les indiquer par des figures gravées d'après les meilleurs Anatomistes ; car mon

deſſein ſe borne à faire comprendre
ſeulement, par quelle méchanique
nous entendons les ſons.

A B, Fig. 16. repréſente la partie
extérieure de l'oreille, dont le fond
qui eſt vers C, s'appelle la Conque.
CD eſt le conduit auditif vû extérieurement ; c'eſt un canal qui part de la
Conque, & qui aboutit au Timpan E ;
cette membrane mince qui ſe préſente obliquement, n'eſt pas tout-à-fait
plane, mais un peu concave du côté
du conduit auditif ; immédiatement
après, en avançant vers l'oreille in-
terne, ſont quatre oſſelets qu'on appelle, à cauſe de leur figure, l'Os or-
biculaire 1, l'Etrier 2, l'Enclume 3, & le
Marteau : une partie de celui-ci que
l'on a nommée le Manche 4, aboutit
au centre du timpan, & ſert à le tendre
plus ou moins ; la premiere cavité
qui eſt ſous cette membrane, ſe
nomme la Caiſſe du Tambour ; elle eſt
pleine d'air, & communique avec la
bouche par un canal Ff qui ſe nomme
la Trompe d'Euſtache ; de ſorte que
l'air du tambour communiquant toujours avec l'air extérieur, fait équilibre à celui qui remplit le conduit au-

ditif ; à la caisse du tambour répond une autre partie de l'oreille, qu'on nomme *Labyrinthe*, composé du *vestibule* G, des trois canaux sémicirculaires H, I, K, & du *limaçon* L, que je vais décrire séparément.

Le limaçon est un cône un peu écrasé, *Fig.* 17. enveloppé d'un conduit qui, comme un pas de vis, fait à-peu-près deux spires & demie, *Fig.* 18.

Ce conduit qui va toujours en s'étrécissant, est divisé dans toute sa longueur par une cloison membraneuse dont les fibres tendent à l'axe du cône qui lui sert de noyau, *Fig.* 19. C'est cette partie qu'on nomme *Lame spirale*, & qui va toujours en s'étrécissant comme le conduit qu'elle partage, depuis la base du cône jusqu'à la pointe. Ainsi les fibres qui composent sa largeur, deviennent toujours de plus en plus courtes, en approchant du sommet du cône.

Le conduit spiral partagé en deux par la cloison dont je viens de parler, a nécessairement deux orifices M, N, dont un aboutit au vestibule du labyrinthe, & l'autre à la caisse du tambour. Enfin

Enfin le nerf auditif *O* se divise en plusieurs branches qui passent dans le vestibule, & se subdivisent en une infinité de petites fibres qui se distribuent à toutes les parties du labyrinthe : voilà à-peu-près quelle est la structure de l'oreille ; en voici maintenant les fonctions.

La conque, parce qu'elle est évasée presque en forme d'entonnoir, reçoit les rayons sonores en plus grande quantité, & leur action se transmet par le conduit auditif jusqu'à la membrane du tambour où se fait la premiere impression. Si cette membrane est lâche, les sons foibles s'y amortissent, & ne passent pas outre ; ou bien, s'ils passent, leur impression est si peu sensible, que l'ame n'y fait point attention. Voilà pourquoi, lorsque nous sommes occupés d'ailleurs, il peut se faire auprès de nous des petits bruits ou des sons médiocres qui nous échappent. Mais si le timpan est bien tendu, (& c'est ce qui arrive quand on écoute,) le moindre son se communique par cette membrane élastique à la masse d'air qui est dans la caisse du tambour ; &

de cet air il paſſe à celui qui eſt dans le labyrinthe, dont toutes les parties ſont revêtues des petites fibres du nerf auditif.

Un trop grand bruit fatigue l'oreille & va quelquefois juſqu'à rendre ſourdes pour un temps, & même pour toujours, les perſonnes qui s'y ſont expoſées : c'eſt qu'une impreſſion trop forte ſur cet organe, comme ſur les autres, engourdit les parties qui ſont délicates, ou en dérange l'économie. Après un grand bruit, les ſons foibles ſont à l'oreille, ce qu'eſt à l'œil une petite lumiere après une grande illumination.

Tout le monde ſait, & les enfans mêmes n'ignorent pas qu'on entend le ſon bien plus fortement, quand on tient le corps ſonore dans les dents, ou qu'on a la bouche ouverte deſſus ; c'eſt qu'alors les vibrations ſe communiquent à l'air du tambour par la trompe d'Euſtache ; & cette action, qui eſt comme immédiate, doit ſe faire ſentir bien plus fortement que cel'e qui ſe tranſmet par le timpan : c'eſt un moyen de mieux entendre, que l'on voit aſſez ſouvent met-

tre en ufage par les gens qui ont l'ouie
un peu dure ; ils ouvrent la bouche
quand ils écoutent avec beaucoup
d'attention. (a).

Il fuit de cette obfervation, que
la membrane du tambour, ou le timpan, n'eft point une partie effentiellement néceffaire pour la perception
des fons , puifqu'ils pourroient fe
tranfmettre immédiatement à l'air
qui eft dans la caiffe ; & l'expérience
a prouvé que cette conféquence eft
jufte ; car des chiens à qui l'on avoit
ôté cette membrane , ne devinrent
point fourds , auffi - tôt après cette
opération * ; mais l'expérience même a fait voir que fans cette efpece
de barriere , les autres parties ne peuvent fe conferver long-temps , puifque ces animaux , quelques femaines
après , n'entendoient plus , comme
auparavant , la voix de ceux qui les
appelloient.

*Villis, de
l'ame des Bê-
tes, c. 14.

(a) Ce que j'ai dit dans cet article, je l'ai
dit d'après le plus grand nombre des Phyficiens
qui ont écrit fur cette matiere ; néanmoins il
me paroît maintenant que, pour entendre par
la bouche, il ne fuffit pas de l'ouvrir fur le corps
fonore, mais qu'il faut appuyer les dents deffus
ou au moins les lévres.

On eſt parfaitement d'accord ſur l'exiſtence du timpan, ſur la place qu'il occupe, & même ſur ſes fonctions ; mais on ne l'eſt pas de même, quand il s'agit de ſavoir, ſi cette eſpece de diaphragme ferme abſolument le conduit auditif, ou s'il peut s'ouvrir ſans ſortir de ſon état naturel ; les uns * tiennent pour cette derniere opinion & citent l'expérience de certaines gens qui font ſortir par leurs oreilles la fumée du tabac qu'ils ont retenue dans leur bouche ; les autres ſoutiennent le contraire, & s'appuyent ſur l'expérience d'un habile Anatomiſte *, qui ayant rempli de mercure l'oreille d'un ſujet mort, ne put jamais faire paſſer ce minéral de la caiſſe du tambour dans le conduit auditif. L'expérience des fumeurs doit-elle être regardée comme un effet contre nature, auquel cas elle ne prouveroit rien ? ou bien la mort donne-t-elle au timpan une adhérence invincible qu'il n'auroit pas dans le ſujet vivant, ce qui rendroit l'expérience faite avec le mercure auſſi peu concluante ? Tout l'embarras de cette déciſion ceſſe, quand on ſait

*Dionis, demonſt. anaxom. 8.

*Valſave, de aure humana, c. 2. §. 8.

que la fumée ne paſſe point, comme
on le dit, par l'oreille; & que ce prétendu fait n'eſt au fond qu'une ſuper-
cherie, par laquelle certaines gens
en impoſent à ceux qui ſont aſſez
crédules pour ſe rendre aux premieres apparences, ou trop peu inſtruits
pour les approfondir, comme je l'ai
appris d'un de nos Anatomiſtes *
dont les lumieres & la candeur ſont
très-connues, & qui m'a dit s'en être
aſſuré par l'aveu même de pluſieurs
ſoldats des Invalides qui s'étoient van-
tés de rendre la fumée par les oreilles.

Comme la propagation des ſons ſe
fait ſelon les mêmes loix que celles
de la lumiere, on peut raſſembler les
rayons ſonores, & les condenſer comme ceux qui viennent d'un objet lumineux. Que l'on faſſe donc un cornet
de figure parabolique, *Fig.* 20. au fond
duquel aboutiſſe un petit canal, dont
on placera le bout dans la conque de
l'oreille; alors tous les rayons paralleles, comme *a b*, *c d*, ſeront raſſemblés en *f*, foyer de la parabole, &
augmenteront conſidérablement la
force du ſon dans le conduit auditif.

Mais comme ces inſtrumens acouſ-

* *M. Mo-
rand de l'Ac.
des Scienc. &
chargé par la
Comp. de vé-
rifier le fait.*

tiques ne doivent avoir d'autre effet que de renvoyer le son à l'oreille de celui qui s'en sert, il faut empêcher qu'ils ne le tranſmettent autour d'eux comme le porte-voix; c'eſt pourquoi je voudrois qu'on les fît de métal bien poli, afin que par leur dureté & par la régularité de leur ſurface, la ré-fleâion des rayons fût plus complette, mais qu'on amortît leur reſſort, en les couvrant par-dehors avec une peau de chagrin, ou avec quelque choſe d'équivalent.

* Traité des
ſens, p. 292.

M. Le Cat *, frappé de ce que la nature a pratiqué dans l'organe de l'ouie pluſieurs cavités remplies d'air, a imaginé, pour aider les perſonnes qui ont de la peine à entendre, un double cornet qui eſt repréſenté par la *Fig.* 21, & dont l'ouverture *C D* peut avoir 2 pouces$\frac{1}{2}$ ou 3 pouces de diamétre. Dans l'opinion où je ſuis que l'augmentation du ſon, par ces ſortes d'inſtrumens, vient autant de l'immobilité de l'air, que d'une ré-fleâion bien ménagée des rayons ſo-nores, je penſerois volontiers qu'on pourroit tirer avantage de cette nou-velle invention qui n'a point encore été éprouvée.

Des sons comparés.

CE que j'ai dit précédemment touchant la nature du son en général, doit faire comprendre que les corps sonores sont capables d'exciter en nous différentes sensations ; non-seulement parce qu'étant plus denses ou plus élastiques les uns que les autres, ils peuvent agir plus puissamment ou plus long-temps ; mais encore, parce que leur ressort étant plus ou moins tendu, doit être susceptible de vibrations plus ou moins fréquentes : & en effet, tout le monde s'apperçoit que le son d'une cloche & celui d'une sonnette, différent beaucoup entr'eux : & pour le peu qu'on y fasse attention, on reconnoît aisément qu'il y a dans cette différence quelque chose de plus que le dégré de force ; car quand on seroit fort près de la sonnette, & très-éloigné de la cloche, l'organe seroit encore affecté d'une maniere bien différente par ces deux sons. Il en est de même d'une corde quand on prendroit soin de la pincer toujours également fort, fi elle eſt plus ou moins tendue, le ſon change, & l'on n'apperçoit d'autre cauſe de cet effet, qu'une roideur plus ou moins grande dans les parties, d'où il doit réſulter un frémiſſement plus ou moins prompt.

Ce ſont ces différentes nuances de ſon, qui procédent de la fréquence plus ou moins grande des vibrations dans les parties du corps ſonore, que l'on appelle *Tons*, & dont la combinaiſon harmonieuſe fait l'objet de la muſique, de cet art merveilleux qui a tant de pouvoir ſur l'ame & dont tant de perſonnes ſont occupées aujourd'hui, ſoit par goût, ſoit par profeſſion.

On diſtingue tous les tons en *graves* & en *aigus* : on appelle grave celui d'un corps ſonore, dont les parties frémiſ-ſent beaucoup plus lentement que celles d'un autre à qui on les compa-re, ou (ce qui eſt la même choſe,) qui, dans un certain temps, fait bien moins de vibrations que lui. On voit par cette définition, que le ton n'eſt grave ou aigu que par comparaiſon à un autre ton ; & que l'une ou l'autre de ces deux qualités peut varier au-

tant

tant qu'il peut y avoir de différences
entre les nombres de vibrations que
les corps fonores peuvent faire dans
un temps donné.

Mais quoique les tons puiffent varier prefque à l'infini, eu égard à la
comparaifon des nombres, leurs différences fe renferment dans des bornes beaucoup plus étroites, fi l'on
s'en tient au fenfible ; car l'oreille la
plus délicate ne diftingue ces nuances, que quand il y a un intervalle affez confidérable entre les nombres
qui les produifent. Par exemple, fi
l'on tend une corde de clavecin, de
maniere qu'elle faffe 200 vibrations
dans une feconde, elle aura un certain ton ; fi elle fe trouve enfuite un
peu plus tendue, & que dans un pareil
temps elle faffe 201, 202, ou 203
vibrations, elle aura fûrement un ton
plus aigu phyfiquement, mais non pas
fenfiblement, parce que le nombre
des vibrations qu'elle fait en dernier
lieu, n'eft point affez différent du
nombre de celles qu'elle fait d'abord.

Lors donc que l'on touche deux
corps fonores enfemble, comme
deux cordes de clavecin ou de vielle,

leurs vibrations ont néceſſairement un certain rapport de nombres entr'elles, de ſorte qu'après un certain période, les deux cordes recommencent en même-temps ; & c'eſt cette eſpece de réunion périodique, que l'on nomme *accord* ou *conſonance*.

Les accords ſont d'autant plus parfaits, que les vibrations rentrent ou ſe réuniſſent plus ſouvent, ou que leurs nombres, pour chaque temps, different moins entr'eux. On appelle *uniſſon*, l'accord de deux cordes dont les vibrations ſe font une pour une ; celle des deux qui fait deux vibrations contre une, donne l'*octave* au-deſſus ; ſi elle en fait trois contre deux, elle donne *la quinte* ; quatre contre trois, *la quarte* ; cinq contre quatre, *la tierce majeure* ; ſix contre cinq, *la tierce mineure*.

Mais, comme on voit, tous ces accords d'une corde avec l'autre, n'ont rien d'abſolu ; le ton que je nomme octave, quinte, &c. deviendroit tout d'un coup toute autre choſe, ſi je changeois le ton de l'autre corde, qui me ſert d'objet de comparaiſon. Il en eſt de même du ſon

que je nomme grave ou aigu ; il change de dénomination fans changer de
nature, toutes les fois que le fon auquel je le compare vient à changer.

C'eft un inconvénient confidérable
en mufique de n'avoir pas un ton fixe
& invariable, que l'on puiffe toujours
retrouver, & auquel on rapporteroit
tous les autres. Cette efpece de fifflet
dont on fe fert pour déterminer le ton
des voix & des inftrumens dans un
concert, ou ces flûtes que l'on dit
être au ton de l'Opéra, ne font point
des moyens fûrs pour éviter toute variation : l'expérience fait voir que tous
les inftrumens de cette efpece, comme les autres, ne gardent pas conftamment leur état ; mais quand ils
pourroient le garder, s'ils viennent
à fe perdre ou à fe caffer, comment
retrouver le véritable ton ?

De tous les Phyficiens, qui fe font
propofés de procurer à la mufique ce
ton fixe tant défiré, perfonne que je
fache n'a travaillé avec plus de zéle
& plus de fuccès que M. Sauveur ;
quoiqu'à dire vrai, les moyens qu'il
a imaginés, ne me paroiffent point
encore marqués au coin de cette fim-

XI.
Leçon.
* Hift. de
l'Acad. des
Scienc. 1700.
p. 134.

plicité qui annonce une invention de pratique. C'eſt dans ſes propres écrits ou dans les extraits qu'on en a faits *, qu'il faut voir quelles ont été ſes recherches à ce ſujet, & juſqu'à quel point il a réuſſi. Je me contenterai de dire ici que cet ingénieux & ſavant Académicien, pour déterminer & fixer un ſon au-deſſous duquel on prît la ſuite des tons graves, & au-deſſus, celle des tons aigus, mit à profit une remarque qu'il fit, & qu'une oreille un peu attentive peut faire, en entendant accorder deux tuyaux d'orgues. La rentrée ou la réunion de leurs vibrations ſe fait ſentir par un ſon plus fort; & le temps qui ſe paſſe d'une réunion à l'autre eſt quelquefois aſſez ſenſible pour être meſuré. On ſait, par la nature des accords, combien il faut qu'un des deux tuyaux faſſe de vibrations dans le même temps que l'autre en fait un certain nombre; que de deux tuyaux accordés à l'octave, par exemple, l'un fait deux vibrations pendant que l'autre en fait une ſeulement. Si l'intervalle d'une rentrée à l'autre étoit aſſez ſenſible, on pourroit donc ſavoir combien de temps

employent celui-ci pour faire deux,
celui-là pour faire une vibration. Ainsi
le temps pendant lequel se font les vibrations d'un certain ton étant déterminé par l'expérience, & le nombre
des vibrations qui font les autres tons
pendant le même temps, étant connu
d'ailleurs, M. Sauveur prend pour le
son fixe, celui qui fait 100 vibrations
en une seconde ; & il appelle *octave-fi-*
xe-aiguë, celle qui est au-dessus, c'est-
à-dire, le son qui fait 200 vibrations
en une seconde ; & *octave-fixe-grave*,
celle qui est au-dessous, ou le son qui
fait 50 vibrations en une seconde.

M. Sauveur ayant trouvé par expérience, qu'un tuyau d'orgues d'environ 5 pieds ouvert, rendoit ce son
fixe dont je viens de parler, compa-
ra cette longueur à celles de deux autres tuyaux dont l'un rendoit le son
le plus grave, & l'autre le son le plus
aigu que l'oreille humaine pût distinguer ; & ayant examiné, par la comparaison de leurs dimensions, combien chacun pouvoit faire de vibrations dans le temps d'une seconde,
il trouva que le son le plus grave que
nous puissions distinguer vient d'un

Q q iij

corps fonore qui fait 12 vibrations $\frac{1}{2}$ par feconde, & que le fon le plus aigu fait en pareil temps 6400 vibrations; & comme 12 $\frac{1}{2}$ eft à 6400 à-peu-près dans le rapport de 1 à 512, on peut conclure que l'oreille eft fufceptible de 512 dégrés de fenfations.

Si l'on a une fois un ton fixe par le moyen des tuyaux d'orgues, on peut l'avoir pour toutes fortes d'inftrumens ; car une corde de viole, une flûte, un haut-bois, &c. peut fe mettre à l'uniffon avec le tuyau qui donnera le ton fixe.

La grandeur des vibrations ne fait rien au ton : quand le corps fonore vient d'être touché, elles font d'abord plus étendues, & le fon en eft plus fort ; mais quoiqu'enfuite elles deviennent plus petites, & que le fon s'affoibliffe en conféquence, le ton fubfifte le même jufqu'à la fin, parce que les vibrations, quoique moins grandes à la fin qu'au commencement, font toujours de la même durée : c'eft la propriété des corps à reffort. Ceci ne doit pourtant s'entendre que du fon principal, de celui que toute oreille entend, dès que

le corps fonore a été frappé ; car
lorfqu'on y fait plus d'attention, & à
mefure que le fon principal s'affoiblit,
on diftingue affez fouvent d'autres
tons, dont nous effayerons de rendre
raifon ci-après.

Une corde fait des vibrations d'autant plus fréquentes, & par conféquent rend un fon d'autant plus aigu,
qu'elle eft plus courte, ou moins groffe, ou plus tendue. Si l'on veut donc
en accorder deux qui foient de même
matiere, il faut avoir égard à ces trois
chofes, à leurs longueurs, à leurs
groffeurs, & à leurs dégrés de tenfion.

1°. Si deux cordes également longues & groffes ne différent que par le
dégré de tenfion, leurs vibrations,
quant au nombre, font comme les racines quarrées des puiffances ou des
forces qui les tiennent tendues ;

C'eft-à-dire, que fi elles étoient
tirées par des poids, & que l'une des
deux le fût par un poids d'une livre, &
l'autre par un poids de 4 livres : comme la racine quarrée de 4 eft 2, &
que celle d'1 eft 1 ; les vibrations de
ces deux cordes, quant au nombre,
feroient dans le rapport de 2 à 1 : &,

Q q iiij

suivant le même principe, les vibrations feroient dans le rapport de 3 à 2,
fi les poids qui tendent les cordes
étoient, l'un de 9 , & l'autre de 4
livres : parce que la racine quarrée de
9 est 3 , & que celle de 4 est 2.

2°. Si les cordes également groffes,
également tendues, ne différent qu'en
longueur, le nombre de leurs vibrations en temps égaux, est en raifon
inverfe de leur longueur ;

C'est-à-dire, que celle qui est une
fois plus courte, fait une fois plus de
vibrations que l'autre , & que celle
qui est comme 2 à 3 par rapport à l'autre, fait 3 vibrations contre 2, &c.

3°. Si les cordes ne différent qu'en
groffeur, elles font des vibrations
dont les nombres font en raifon réciproque des diamétres ; (a)

C'est-à-dire, que si l'une des deux est
une fois plus groffe, elle fait une fois
moins de vibrations que l'autre, dans
un temps donné. Si les diamétres font
entr'eux comme 3 & 2, la plus groffe

(a) Ceci ne doit s'entendre que des effets
fenfibles , & non pas felon la rigueur mathématique : voyez-en les raifons , *Mém. de l'Ac.
des Sc.* 1709. *p.* 47 *& fuiv.*

des deux ne fait que 2 vibrations contre 3 , &c.

VI. EXPERIENCE.

PREPARATION.

La *Fig.* 22. repréfente un inftrument qu'on peut nommer *Sonometre*,
parce qu'il fert à mefurer & à comparer les fons. C'eft une caiffe longue
montée fur un pied qui eft compofé
de deux montans & d'une traverfe ;
la table qui eft de fapin peut avoir
trois pieds de longueur fur 4 pouces
de largeur ; & elle eft percée de trois
rofettes à-peu-près femblables à celle
d'une guitarre ou d'un tambourin. A
l'une des deux extrémités font deux
leviers angulaires , qui reffemblent à
ceux dont on fe fert pour les fonnettes dans les appartemens , & dont les
bras forment un angle droit. Aux bras
de ces leviers font attachés d'une part
deux poids *A* , *B* , que l'on peut changer ; & de l'autre , deux cordes de
violon que l'on tend avec les chevilles, *C* , *D* , qui font à l'autre bout de
la caiffe. Ces deux cordes paffent fur
deux chevalets fixes *E* , *F* , qu'elles

touchent à peine, & sur lesquels lorsqu'elles sont tendues, on les arrête, par le moyen d'une vis qui pousse dessus une petite piece de bois. Il y a encore un autre chevalet G, qui glisse dans une coulisse d'un bout à l'autre de la caisse, dont le bord est divisé en pouces & en lignes; de sorte qu'en appuyant un peu le bout du doigt sur une des deux cordes, on peut la mettre en tel rapport de longueur que l'on veut avec l'autre, sans changer sensiblement son dégré de tension. Quand on veut tendre les cordes dans des proportions connues, on attache des poids dont on sait la valeur, en A & en B, & l'on tourne les chevilles C, D, jusqu'à ce que les bras des leviers fassent des angles droits, tant avec les cordes sonores, qu'avec celles qui suspendent les poids.

Effets.

1°. Les deux cordes étant de même grosseur, & tendues avec des poids semblables, donnent l'unisson lorsqu'elles sont également longues; l'octave, quand l'une des deux est moitié plus courte que l'autre; la

quinte, quand elles font l'une d'un
tiers plus courte que l'autre.

2°. Les deux cordes étant de la
même longueur & de la même groffeur, s'accordent à l'octave, quand
l'une eft tendue par un poids d'une
livre, & l'autre par un poids de 4 livres : elles s'accordent à la quinte,
quand les deux poids qui les tiennent
tendues, font l'un de 4 & l'autre de
9 livres.

3°. Les deux cordes étant également longues, & tendues par des
poids égaux, font d'accord à l'octave, quand l'une eft une fois plus
groffe que l'autre ; à la quinte, quand
le diamétre de l'une eft à celui de
l'autre comme 3 à 2.

EXPLICATIONS.

On fait par-tout ce qui a été dit
précédemment, que les tons dépendent d'un certain nombre de vibrations que fait le corps fonore, dans
un temps déterminé ; & que les accords ne font autre chofe que les différens rapports de ces nombres entr'eux. Ainfi, puifque je fais que
l'octave doit s'entendre, toutes les

fois qu'il y a deux vibrations contre
une ; la quinte, quand il y en a 3 contre 2, &c. je puis donc, en toute
sûreté, conclure ces rapports de
nombres, par les accords que j'entends ; ainſi quand les deux cordes
de mon ſonometre ſont à l'uniſſon,
quelle que puiſſe être alors la longueur, groſſeur, ou tenſion de chacune, il eſt certain que leurs vibrations ſont iſochrones ; c'eſt-à-dire,
qu'elles en font une pour une, ou un
même nombre en même temps : & de
même, quand elles ſont d'accord à
l'octave, ou à la quinte, &c. je puis
dire : c'eſt que les vibrations qu'elles
font dans un temps donné, ſont dans
le rapport de 1 à 2, de 3 à 2, &c.

Or, on a vû, par les réſultats précédens, qu'en réglant la longueur,
la groſſeur, & le dégré de tenſion
des cordes, comme nous avions dit *
qu'il falloit faire, pour avoir certains
rapports dans les nombres des vibrations, il en réſulte des accords qui dépendent eſſentiellement de ces proportions, & qui ne vont point ſans
elles. Il eſt donc évidemment prouvé
par notre expérience, que les vibra-

* P. 463. &
464.

tions font, comme nous l'avons dit, d'autant plus promptes que la corde fonore eſt plus courte, plus menue ou plus tendue, & que leur fréquence fuit les rapports que nous avons établis.

Ce que dit l'expérience à cet égard fe trouve parfaitement d'accord avec le raifonnement. Car puifque tous les corps à reſſort ont des vibrations d'autant plus promptes, que leurs parties font plus roides, une corde qui eſt plus tendue, & dont les parties font plus tirées, doit faire des vibrations plus promptes, & rendre par conféquent un fon plus aigu : & au contraire, celle qui l'eſt moins, & dont les parties font plus lâches, doit avoir des vibrations moins fréquentes, ce qui lui donne un fon plus grave. Or une corde eſt moins tendue qu'une autre, quoiqu'elle foit tirée par un même dégré de force, fi elle eſt plus longue ou plus groſſe, parce qu'alors cette force qui la tend agit fur un plus grand nombre de parties, qui partagent fon effort ; & par conféquent chacune d'elles, confidérée comme un petit reſſort fe trouve moins tendue qu'elle ne le feroit, fi elle faifoit partie d'une corde, ou plus fine ou plus courte.

APPLICATIONS.

L'expérience précédente nous apprend pourquoi dans tous les inftrumens de mufique, la partie fonore, c'eft-à-dire, celle qu'on touche pour exciter les fons, eft toujours difpofée de maniere qu'on en peut changer facilement ou les dimenfions, ou le dégré de tenfion. Car c'eft par ces deux moyens qu'ils font propres à exprimer la compofition du Muficien. Les chanterelles d'une vielle, par exemple, montées à l'uniffon, figurent les airs, parce que les touches que l'on pouffe les accourciffent plus ou moins pour former les tons. Au violon, ce font les doigts qui font l'office de touches en ferrant les cordes fur les divifions du manche. Au clavecin, où chaque corde eft fixée à un feul ton, l'étendue du jeu vient d'un plus grand nombre de cordes, & de leurs différentes longueurs & groffeurs.

Dans un inftrument à vent, c'eft

encore en changeant les dimenſions du corps ſonore, que l'on acquiert une ſuite de tons plus graves ou plus aigus les uns que les autres. Une flûte ou un flageolet contient une colonne d'air, qui eſt, à proprement parler, la partie ſonore de cet inſtrument, comme je l'ai déja dit ci-deſſus. Mais cette colonne d'air change en quelque façon de longueur, ſelon le nombre des trous que l'on débouche ou que l'on tient fermés : puiſque chacun de ces trous faiſant communiquer l'air extérieur avec celui du tuyau, empêche que ce dernier ne reçoive dans toute ſon étendue, ou d'une maniere complette, les vibrations qui viennent de l'embouchure. *

L'organe de la voix pourroit être comparé aux inſtrumens à vent, pourvû néanmoins qu'on n'y cherchât point une ſimilitude fort exacte ; car nous ne voyons pas que l'art en ait encore produit aucun qui imite d'aſſez près la nature. La *trachée-artere* G *g*, H *h*, *Fig.* 23. ce canal par où l'air qu'on reſpire entre dans les poulmons, eſt terminé vers la bouche par une petite fente ovale *k*, qu'on

* *Voyez l'explicat. de M. Euler. Tent. novum theor. muſicæ.*

XI.
Leçon.

nomme *la Glotte*. La reſſemblance qu'elle a avec une flûte, avoit fait croire anciennement, que la voix ſe formoit dans cette partie comme le ſon dans ces ſortes d'inſtrumens. Mais M. Dodard conſidérant que le ſon d'une flûte eſt excité par l'air qui entre dans le tuyau, au lieu que la voix l'eſt communément par celui qui ſort de la trachée, ſe détermina à croire, avec toute ſorte de vraiſemblance, que la glotte eſt l'organe principal, & que le canal qu'elle termine ne fait que l'office de porte-vent.

Selon le ſyſtême de cet habile Phyſicien *, l'air ſortant avec plus ou moins de vîteſſe par la glotte, qui a pour cet effet la faculté de ſe dilater & de ſe rétrécir, forme des ſons plus ou moins graves. Le ſon formé de cette maniere va retentir dans la cavité de la bouche, & dans celle des narines; & en ſortant il s'articule par le mouvement de la langue & des lévres. Ainſi la trachée fournit l'air, la glotte forme la voix, & en régle le ton, la langue & les lévres en font des paroles.

Voilà, dit-on, comme les choſes
ſe

* Mém. de l'Acad. des Scienc. 1700. p. 244.

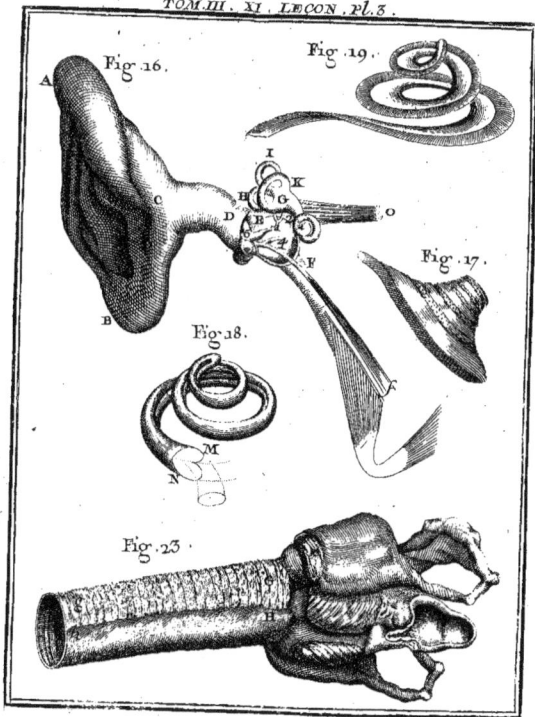

Fig.16.

Fig.19.

Fig.17.

Fig.18.

Fig.23.

se passent pour l'ordinaire : mais on peut cependant parler & chanter en aspirant ; & il y a des gens qui, par habitude, ou par une certaine disposition d'organes, font entendre une voix sourde & étouffée qui se forme par l'air qui entre dans la trachée : on les appelle *Ventriloques* ; c'est-à-dire, qui parlent du ventre. On les regardoit autrefois comme magiciens & comme possédés du démon ; il se trouve même de bons auteurs * à qui il paroît que cette façon de parler en a imposé aussi-bien qu'au peuple.

Liranus, in c.¹ 18. Deut. Casserius, de vocis organo.

Si l'on doit attribuer les différens tons de la voix ou du chant aux différentes ouvertures de la glotte, il faut que son petit diamétre qui n'a au plus qu'une ligne, puisse changer 9632 fois de longueur, selon le calcul de M. Dodard, pour fournir à toutes les différentes nuances de tons dont la voix humaine est susceptible. Une telle division peut-elle avoir lieu dans une si petite étendue ? c'est ce qu'on a peine à concevoir. La glotte feroit-elle donc l'office d'une anche de haut-bois ou de musette, qui, comme l'on fait, n'est chargée que

de produire le son, & non pas les
tons ; & le canal de la bouche qui
s'allonge, se rétrécit, & se dilate suivant la qualité des tons, seroit-il celui
d'un chalumeau qui contient plus ou
moins d'air, & qui devient capable
par-là d'un son plus ou moins grave ?
ou bien ces deux parties concour-
roient-elles ensemble à la formation
des tons, l'une comme une anche
qui deviendroit plus ou moins grande, plus ou moins élastique, l'autre
comme un tuyau qui changeroit de
dimension ?

M. Ferrein, Médecin, a répandu
un grand jour sur cette question, en
prouvant, par des expériences aussi
décisives qu'elles sont ingénieuses &
délicates, que les deux lévres de la
glotte ne battent point l'une contre
l'autre à la maniere d'une anche ; mais
que chacune d'elles frottée par l'air
qui vient des poulmons, résonne
comme une corde sur laquelle on
traîne un archet. Ses observations lui
ont fait connoître, que les bords de
ces deux lévres sont des cordons tendineux attachés de part & d'autre à
des cartilages qui servent à les tendre

plus ou moins : il trouve dans ces différens dégrés de tension dont ces parties font fusceptibles, une explication naturelle de tous les tons dont la voix humaine eft capable ; car on fait en général, qu'une corde plus ou moins tendue rend un fon plus ou moins aigu.

Mais comment M. Ferrein a-t-il pu favoir que les deux lévres de la glotte ne battent point l'une contre l'autre ; que le feul rétréciffement de cette partie ne fuffit pas pour faire monter la voix des tons graves aux tons aigus ; & que l'air lancé des poulmons par la trachée-artere donne un mouvement de vibrations à ces cordons tendineux, qu'il a nommés pour cela *Cordes vocales* ? Ne faudroit-il pas avoir vû l'action même de ces parties pour juger de la maniere dont elle fe fait ? Et comment porter la vûe fur un méchanifme que la nature n'a point mis à la portée de nos yeux ?

L'ingénieux auteur de ces découvertes, ne pouvant point tenter ces expériences fur des fujets vivans, imagina de rendre la voix aux morts. Il adapta un foufflet à des trachées toutes fraîches ; l'air qu'il fit paſſer avec précipitation par la glotte rendit des ſons , & ſes conjectures devinrent des connoiſſances. *Voyez les Mém. de l'Académ. des Sc. année* 1741. *p.* 409.

Quand une fois la voix eſt formée, & que ſon ton eſt réglé, il faut, pour être agréable , qu'elle ſorte & par la bouche & par le nez ; elle eſt tout-à-fait différente de ce qu'elle a coutume d'être, lorſqu'elle ne réſonne que dans l'une de ces deux cavités ; on n'aime point à entendre quelqu'un qui parle ou qui chante ayant les narines bouchées : on dit communément qu'il parle du nez ; expreſſion tout-à-fait impropre , comme on voit , puiſque c'eſt juſtement quand on n'en parle point,qu'on s'attire ce reproche.

On conçoit , ſans aucune difficulté, comment deux corps ſonores exécutent ſéparément leurs vibrations , comment l'un des deux , par exemple , en acheve 4 pendant que l'autre n'en fait que deux ou trois , parce que la fréquence de ces vibrations dépend d'un certain dégré de reſſort que chacun poſſéde ſéparément. Mais com-

ment est-ce que deux tons différens
subsistent en même-temps dans le même air, si les tons ne sont dans l'air,
que ce qu'ils sont dans le corps sonore, une fréquence déterminée de vibrations ? Comment la même masse
d'air peut-elle rendre distinctement &
en même-temps les sons de deux cordes qui sont à l'octave l'une de l'autre, si celle-ci exige 100 vibrations,
& celle-là 200 par seconde ?

Ce n'est encore là que la moitié de
la difficulté ; car quand bien même
ces deux mouvemens pourroient se
communiquer & se conserver sans
confusion dans le même air, il reste
encore à savoir par quel moyen l'organe qui reçoit en même-temps les
deux impressions, n'éprouve point
une sensation mixte ou composée de
l'une & de l'autre, comme l'œil voit
du verd, quand il est frappé en même-temps par deux rayons, dont l'un
est jaune & l'autre bleu.

On ne s'est jamais trop mis en peine de répondre à la derniere de ces
deux questions : quant à la premiere,
on a prétendu le faire, en comparant
le mouvement de l'air qui transmet

les fons aux ondulations circulaires qu'on fait naître dans une eau tranquille, lorfqu'on y jette des pierres. Car de même, dit-on, que ces ondulations s'entre-coupent fans fe confondre, & s'étendent féparément jufqu'au bord du baffin, de la même maniere auffi l'air fe charge de différens tons enfemble, & les tranfmet fans confufion jufqu'à l'oreille.

Mais, outre que ce n'eft point expliquer un phénoméne que de le comparer à un autre ; cette comparaifon même eft défectueufe, & l'on voit évanouir prefque toute fimilitude, quand on fait attention à la nature des mouvemens de part & d'autre.

Lorfqu'une pierre tombe dans l'eau, elle abbaiffe la partie du fluide qui fe trouve fous elle, & en même-temps elle éléve les parties voifines ; chacune de ces parties foulevées retombe avec accélération plus bas que fon niveau, & fait monter celle qui eft immédiatement après, ce qui continue jufqu'à ce que tout ait repris fon équilibre. Ces balancemens fe faifant dans une infinité de rayons qui partent d'un centre commun, repréfentent à l'œil ces ondulations circulaires dont il s'agit, qui se ralentissent à mesure qu'elles s'étendent, & qui deviennent d'autant plus lentes qu'elles sont plus foibles, soit par la cause qui les a fait naître, soit par le trajet qu'elles ont déja fait. Mais le mouvement du son dans l'air est toute autre chose ; ce sont les vibrations d'un fluide élastique qui se transmettent avec une vîtesse uniforme, & qui ne deviennent ni plus promptes ni plus lentes, quand leur grandeur vient à varier.

D'ailleurs quand les ondulations de l'eau s'entrecoupent, on ne peut nier qu'à l'endroit du choc, le mouvement ne se compose des masses & des vîtesses des parties qui se rencontrent, & qu'un corps placé à cette intersection ne dût recevoir le mouvement composé. Il n'en est pas de même de deux sons qui agissent sur le même organe ; chacun fait son impression comme s'il étoit seul, & l'oreille les distingue par deux sensations différentes, quoique simultanées. Ainsi la comparaison des ondes n'explique rien, & laisse subsister en leur entier, les deux difficultés que j'ai expofées.

M. de Mairan, après avoir donné des preuves évidentes de cette difparité, propofe fur la propagation des fons un fyflême fi ample, mais en même-temps fi heureufement imaginé, qu'on oublie bien-tôt que c'eft une hypothefe, quand on l'applique aux phénomenes; il a cela de commun avec celui des couleurs, comme fon auteur reffemble à Newton par bien des endroits.

S'il étoit queftion de décider, fi les molécules qui compofent la maffe de l'air font toutes égales entr'elles, ou s'il y en a de plus petites les unes que les autres à toutes fortes de dégrés, & qu'il fallût adopter l'une de ces deux fuppofitions, quel parti faudroit-il prendre? Lequel des deux paroîtroit le plus vraifemblable? Comme ces molécules font des affemblages fortuits des parties plus fubtiles, qui fe joignent & fe défuniffent par mille caufes différentes, ne feroit-on pas porté à croire qu'elles différent de grandeur à l'infini, plutôt que de fuppofer gratuitement, qu'elles fe
reffemblent

reſſemblent toutes parfaitement ?

Cette penſée ſur laquelle eſt fondé tout le ſyſtême de M. de Mairan, eſt la ſeule qui ne ſoit que vraiſemblable ; toutes les autres ſont des conſéquences ſi néceſſaires de ce principe, (ſi une fois on l'admet,) qu'on ne peut point s'y refuſer.

Si les molécules de l'air ſont de différentes grandeurs, elles doivent différer auſſi par leurs dégrés de reſſort, comme une même lame d'acier feroit des reſſorts plus roides les uns que les autres, ſi elle étoit diviſée en portions inégales. Par-tout où l'on place un corps ſonore, il doit donc trouver dans la maſſe commune, des particules d'air dont le reſſort eſt analogue au ſien, & capables par conſéquent de recevoir, de conſerver, & de tranſmettre ſes vibrations. Ainſi deux cordes de différens tons ſe font entendre par la même maſſe d'air, mais par différentes parties de cette maſſe. Suivant cette explication, on conçoit facilement comment les tons ne ſe confondent point dans le fluide qui les tranſmet ; car de cette maniere, ce fluide, eû égard à ſes différentes parties, peut

se prêter à des vibrations plus fréquentes les unes que les autres.

Quant à l'impreſſion des ſons ſur
l'organe, il faut ſe ſouvenir que la
lame ſpirale, qu'on doit regarder comme la partie principale, eſt un aſſemblage de fibres qui vont toujours en
diminuant de longueur, depuis la baſe juſqu'à la pointe du limaçon, à-peu-
près comme les cordes d'un pſalterion
ou d'un clavecin ; chacune a une
élaſticité proportionnelle à ſa longueur, ce qui la rend propre à être
ébranlée par des vibrations d'une certaine fréquence ſeulement. Ainſi,
quand deux tons parviennent à l'organe en même-temps, chacun d'eux fait
ſon impreſſion ſur la fibre dont le reſſort eſt analogue à la fréquence de ſes
vibrations ; & ces deux ſenſations ſé-
parées font naître deux idées diſtinc-
tes : en un mot, il arrive aux fibres
de la lame ſpirale ce qu'on remarque
aux cordes d'un clavecin, ou à tout
autre corps ſonore dont on prend le
ton ; ſi l'on touche une corde, on
fait raiſonner celle qui eſt à l'uniſſon,
non - ſeulement ſur le même inſtrument, mais même ſur un autre qui

feroit placé à côté ; fi l'on parle à voix haute dans un magafin de verreries , dans une boutique de Chaudronnier , dans une office où il y a beaucoup de vaiffelle creufe , on entend toujours réfonner quelque piece , tandis que les autres reftent en filence ; & fi l'on change de ton , c'eft une autre piece qui répond.

Mais, dira-t-on, comment fe peut-il faire qu'une corde que l'on met en jeu, choififfe précifément les molécules d'air qui lui conviennent ; & que l'air intérieur de l'oreille, qui reçoit fon mouvement à travers la membrane du tambour, attaque avec un pareil choix les fibres qui ne font propres à fentir qu'un certain fon ?

Cette corde ne choifit point en effet, & l'air de l'oreille frappe indifféremment toute la lame fpirale ; mais les effets font les mêmes que s'il y avoit du choix : car quoique plufieurs corps qui ont différens dégrés de reffort , commencent leurs vibrations en même-temps, fi la caufe qui les entretient eft fixée à un certain dégré de fréquence , ces vibrations ne peuvent continuer que dans ceux dont

le reſſort eſt analogue à cette fréquence ; car ceux qui feroient de nature à faire, par exemple, une vibration & demie contre une, ne ſe trouveroient point à temps comme les autres, pour recevoir la ſeconde impul-
ſion ; & leur mouvement devroit ſe
rallentir ou ceſſer. Le corps fonore
agit donc d'abord ſur toutes les molécules d'air qui l'entourent ; mais il
ne continue efficacement ſon action
que ſur celles qui font propres à
ſe mouvoir préciſément comme lui.
C'eſt la même choſe pour les fibres
de la lame ſpirale : & comme nos ſenſations ne s'accompliſſent que par un
ébranlement d'une certaine durée,
la premiere ſecouſſe qui attaque toute la partie indiſtinctement, eſt déja
paſſée, lorſque l'ame s'apperçoit de
l'impreſſion qui continue, ſur les fibres qui font propres à cette eſpece
de mouvement.

Il ne faut pas croire cependant,
qu'une corde que l'on pince, ne mette & n'entretienne abſolument en jeu
que les particules d'air qui ont une
analogie préciſe avec ſon reſſort, elle
agit auſſi ſur celles qui font *harmo-*

niques ; c'eſt-à-dire, dont les vibrations recommencent avec les ſiennes après un certain nombre, & elle agit plus fortement ſur celles qui ſont plus harmoniques ou plus prochainement rentrantes. La même corde fait donc réſonner d'abord & beaucoup plus fortement que les autres, les particules d'air qui ſont propres à faire autant de vibrations qu'elle, & c'eſt ce qui fait le ton principal ; enſuite, & avec moins de force, celles qui ne font qu'une vibration contre deux ; après ces dernieres, & encore plus foiblement, celles qui ne font que deux vibrations contre trois, &c. de ſorte qu'on peut dire qu'un ſeul & même corps ſonore fait toujours un petit concert : à la vérité, ces ſons harmoniques ſont couverts par le ſon principal ; mais quand celui-ci vient à s'affoiblir, une oreille un peu délicate n'a pas de peine à les diſtinguer.

On pourroit demander ici, 1^{ment}, pourquoi nous n'entendons qu'une fois le même ſon, quoique nous ayons deux oreilles auſſi ſenſibles l'une que l'autre : 2^{ment}, par quelle raiſon, parmi tant de différens tons, il y en a qui se font mieux entendre que d'autres à certaines gens qui ont l'ouie dure: 3^{ment}, comment les bruits ou les sons d'une certaine espece, ou d'une certaine force, nous remuent les entrailles, nous font du plaisir ou de la peine.

L'unité de sensation, quoique produite par deux impressions distinctes, vient sans doute de ce que le son attaque des parties parfaitement pareilles, & qui ont un point de réunion commun dans le cerveau ; & il est à présumer qu'on n'entendroit point de l'une des deux oreilles le son qui frapperoit d'un côté la 4e. fibre de la lame spirale, par exemple, & de l'autre la 6e. de la membrane du même nom. Ce n'est point le seul exemple qu'il y ait dans la nature, de deux organes semblables qui ne représentent qu'une fois leur objet, quoiqu'ils agissent également. Ordinairement nous ne voyons point double, quoiqu'il soit constant que l'image se peint également dans les deux yeux, & c'est par une raison assez semblable à celle que je viens d'exposer, & que je détaillerai en parlant de la vision.

L'efficacité de certains sons préfé-

rablement à d'autres qui font même
quelquefois plus forts , pourroit être
attribuée à quelque vice de la lame
fpirale qui ne l'occuperoit pas toute
entiere. Si , par exemple , les deux
extrémités de cette partie étoient devenues moins fenfibles que le milieu ,
par quelque accident que ce pût être,
la perfonne qui auroit cette maladie
n'entendroit facilement que les tons
mitoyens entre les plus graves & les
plus aigus ; & dans la quantité de
monde qu'elle verroit , il fe trouveroit infailliblement quelqu'un dont le
ton de la voix fe porteroit à cette partie faine, & qui fe feroit entendre fans
parler plus haut que de coutume.

Enfin les mouvemens que nous reffentons au dedans de nous-mêmes ,
lorfque nous entendons des fons ou
des bruits d'une certaine efpece , s'ex-
pliquent encore avec facilité , (fi l'on
ne cherche que la caufe générale,)
par différentes impreffions qui fe font
fur le genre nerveux , qui s'étend à
toutes les parties de notre corps. Car
les nerfs font comme des cordes élaftiques différemment tendues , plus
groffes & plus longues les unes que

les autres. Or parmi toutes ces efpéces de trémouffemens que les corps
fonores peuvent imprimer à l'air qui
nous touche de toutes parts ; il eft
prefqu'impoffible qu'il n'y en ait quelqu'une dont les fibres nerveufes de
certaines parties ne foient fufceptibles. Lorfque l'impreffion eft douce
& modérée, nous la reffentons avec
plaifir ; mais quand elle eft trop forte,
qu'elle tend à détruire ou à déranger
l'économie des parties, l'ame qui veille à la confervation du corps qu'elle
anime, la défapprouve, s'inquiéte ;
& c'eft ce qu'on nomme *déplaifir* ou
douleur.

Voilà en gros comment les fons,
felon leur efpece, excitent nos paffions : certains airs infpirent la mol-
leffe & l'amour de la volupté ; d'autres la hardieffe & le courage ; ceux-
ci la trifteffe, ceux-là la gayeté, &c.
mais s'il falloit défigner les caufes
prochaines, & dire déterminément
pourquoi telle mufique affecte de
telle maniere, l'entreprife, je crois,
feroit téméraire ; il faudroit connoître plus à fond ce que nous fommes,
& la liaifon qu'il y a entre nos différentes facultés.

L'hiftoire de la Tarentule, fi elle
eft vraie, (a) eft un exemple fort fingulier des effets de la muſique ſur le
corps humain : la piquûre de cet in-
ſecte, qui eft une groſſe eſpece d'arai-
gnée affez commune en Italie, enve-
nime, dit-on, le fang, & cauſe des
accidens très-fâcheux, qui vont quelquefois juſqu'à la mort. Quand on
s'apperçoit que quelqu'un a cette maladie, on effaye en fa préſence différens airs, & différens inftrumens, jufqu'à ce qu'on ait trouvé celui qui convient pour la guériſon ; on s'en apperçoit à certains geſtes & à certains mouvemens cadencés par leſquels le malade s'agite : on dit alors qu'il danfe,
peut-être auffi improprement que les
Anciens difoient qu'on meurt en riant
quand on a mangé de la ciguë, à cauſe
de quelques grimaces qu'ils voyoient
faire en expirant, à ces fortes d'em-
poiſonnés. Quoi qu'il en foit, ces agitations & ces fauts excitent ordinai-

(a) Depuis la premiere édition de ce volume j'ai eu occaſion de voir M. Serrao, favant
Médecin de Naples, qui m'a inſpiré beaucoup de défiance ſur tout ce que l'on raconte
de la Tarentule. Voyez ſon Ouvrage *della
Tarantola.*

rement une tranfpiration falutaire, qu'on a foin de réitérer de temps en temps par le même moyen, jufqu'à ce que les fymptômes ceffant, annoncent que tout le venin eft diffipé.

Ce n'eft pas feulement dans cette maladie que la mufique peut avoir de bons effets ; on a vû des gens attaqués de fievres chaudes, être touchés d'un air de violon, fe lever, fauter, fuer de fatigue, & être guéris *.

Enfin on attribue auffi au bruit du tonnerre nombre d'effets merveilleux, & dont plufieurs femblent avoir de la réalité ; mais eft-ce le trémouffement feul que ce météore excite dans l'air qui en eft la caufe? ou bien doit-on s'en prendre aux exhalaifons qui regnent très-communément dans les tems d'orage ? c'eft ce qu'il n'eft pas facile de décider.

Des Vents.

Le Vent n'eft autre chofe qu'un air agité, une portion de l'atmofphere qui fe meut comme un courant avec une certaine vîteffe & avec une direction déterminée.

Ce météore, eu égard à sa direction, prend différens noms selon les différens points de l'horizon d'où il vient. On appelle vent de Nord, de Sud, d'Est ou d'Ouest, celui qui souffle de l'un de ces quatre points cardinaux. Vent de Nord-Est, de Sud-Ouest, &c. celui qui tient le milieu entre le Nord & l'Est, entre le Sud & l'Ouest, &c. vent de Nord-Nord-Est, de Sud-Sud-Ouest, &c. celui qui tient une fois plus du Nord que de l'Est, une fois plus du Sud que de l'Ouest, &c. Communément cette division des vents va jusqu'à trente-deux, *Voyez la Fig.* 24. elle pourroit aller plus loin, s'il étoit possible d'observer toutes leurs variations.

On peut distinguer principalement trois sortes de vents : les uns qu'on appelle *généraux* ou *constans*, parce qu'ils soufflent sans cesse dans une certaine partie de l'atmosphere ; tels sont ceux qu'on nomme *allisés*, & qui régnent continuellement entre les deux tropiques, & à quelque distance aux environs : les autres, qui sont *périodiques*, qui commencent & finissent toujours dans certains temps de l'année, ou à certaines heures du jour, comme les *mouſſons* qui ſont Sud-Eſt, depuis Octobre juſqu'en Mai, & Nord-Oueſt depuis Mai juſqu'en Octobre entre la côte de Zanguebar & l'Iſle de Madagaſcar ; ou bien le *vent de terre* & le *vent de mer* qui s'élévent toujours, celui-ci le matin & l'autre le ſoir. D'autres enfin qui ſont *variables*, tant pour leur direction, que pour leur vîteſſe & pour leur durée.

L'hiſtoire des vents eſt aſſez paſſablement connue, par les obſervations de pluſieurs Phyſiciens qui ont voyagé, ou qui ſe ſont appliqués dans leur pays pendant nombre d'années à la connoiſſance de ce météore. M. Muſchenbroek en a fait une diſſertation fort curieuſe,* où il a fait entrer non-ſeulement ce qu'il a obſervé lui-même, mais encore tout ce qu'il a pû recueillir des écrits de MM. Halley, Derham, &c. ſon ouvrage ſe trouve par-tout ; j'y renvoye le lecteur. Mais il s'en faut bien que nous ſoyons autant inſtruits touchant les cauſes ; j'entends les plus éloignées, celles qui occaſionnent les premiers mouvemens dans l'atmoſphere : car on ſait

* *Eſſais de Phyſ. tome 2. p. 878.*

Voyage de Dampier, t. 2.

en général que les vents viennent immédiatement d'un défaut d'équilibre
dans l'air ; parce que toutes les fois
que certaines portions de l'atmosphere deviennent plus chargées , plus
denfes, plus élevées ou plus preffées
que les autres , étant alors plus pefantes , elles doivent s'échapper, s'é-
couler , par où il y a moins de réfiftance , & pouffer devant elles les autres parties qui font plus foibles , a-
peu-près comme l'eau d'un canal, fou-
levée dans un endroit par une pierre
qu'on y jette, fe meut par ondes d'un
bout à l'autre ; mais qui eft-ce qui a
jetté la pierre , quand nous voyons
l'atmofphere s'agiter ? Voilà ce qu'on
ne fait que fort imparfaitement. * * Voyez les
Oeuvres de
Mariotte, p.
340.

Les Phyficiens qui ont raifonné
fur cette matiere , conviennent tous
que les vents peuvent être occafion-
nés par plufieurs caufes différentes :
le froid & le chaud qui ne régnent
que dans une portion de l'atmofphere y changent la denfité de l'air , &
par conféquent fon volume , foit en
plus , foit en moins; & alors les parties voifines font pouffées plus loin ,
ou bien elles fe rapprochent davan-

tage. Si la caufe qui raréfie l'air eft réglée & continuelle, on conçoit bien que cette régularité influe fur le vent qu'elle produit ; ainfi c'eft avec vraifemblance qu'on attribue les vents qui régnent de l'Eft à l'Oueft dans la Zone torride, au mouvement journalier de la terre : car cette portion de l'atmofphere qui eft renfermée entre les deux tropiques, préfentant fucceffivement toutes fes parties au foleil, fouffre par la chaleur de cet aftre des raréfactions qui changent continuellement, & avec régularité, l'équilibre de l'air ; & comme le mouvement apparent du foleil s'étend en fix mois de l'un à l'autre tropique, ces vents généraux doivent fouffrir quelques variations périodiques, & relatives aux différens afpects du foleil, comme on l'obferve effectivement. Des exhalaifons qui s'amaffent & qui fermentent enfemble dans la moyenne région de l'air, peuvent encore occafionner des mouvemens dans l'atmofphere ; c'eft la penfée de M. Homberg & de quelques autres favans : & fi les vents peuvent naître

de cette caufe, comme il eft probable, on ne doit point être furpris
qu'ils foufflent par fecouffes & par
bouffées, puifque les fermentations
aufquelles on les attribue, ne peuvent être que des explofions fubites
& intermittantes.

Ces fermentations arrivent très-
fréquemment dans les grottes fouter-
raines, par le mêlange des matieres
graffes, fulfureufes & falines qui s'y
trouvent ; auffi plufieurs Auteurs ont-
ils attribué les vents accidentels à
ces fortes d'éruptions vaporeufes.
Connor rapporte * qu'étant allé vifi-
ter les mines de fel de Cracowie, il
avoit appris des Ouvriers & du maître même, que des recoins & des fi-
nuofités de la mine, il s'éléve quelquefois une fi grande tempête, qu'elle renverfe ceux qui travaillent, &
emporte leurs cabanes : Gilbert,
Gaffendi, Scheuchzer, &c. font mention d'une grande quantité de caver-
nes de cette efpece, d'où il fort quelquefois des vents impétueux, qui
prenant leur naiffance fous terre,
fe répandent & continuent quelque
temps dans l'atmofphere.

* Differt:
Medico-phyf.
Art. III. p.
33.

On cite encore l'abaissement des nuages, leurs jonctions, & les grosses pluies, comme autant de causes qui font naître, ou qui augmentent le vent ; & en effet une nuée est souvent prête à fondre par un temps calme, lorsqu'il s'éléve tout à-coup un vent très-impétueux ; la nuée presse l'air entr'elle & la terre, & l'oblige à s'écouler promptement.

Enfin, s'il est permis de hazarder des conjectures après ces probabilités, ne pourroit-on pas encore attribuer l'origine du vent à la grande quantité d'air qui se dégage des mixtes, en certains lieux & en certaines saisons ? car nous avons fait voir à la fin de la Leçon précédente, que cet air, lorsqu'il est dégagé, tient beaucoup plus de place dans l'atmosphere, qu'il n'en occupoit dans les matieres dont il faisoit partie. Or en automne, par exemple, s'il fait un temps humide & chaud qui procure une prompte & abondante putréfaction des plantes & des feuilles qui sont tombées des arbres, l'atmosphere doit s'enfler au-dessus des endroits où ces effets arrivent ; elle doit refluer

fluer fur les parties voifines ; celles-ci fur d'autres, & peut-être affez fenfiblement, pour faire ce qu'on nomme du vent.

On pourroit pouffer cette idée plus loin, en la prenant par le côté oppofé ; s'il étoit vrai que la décompofition des mixtes pût rendre affez promptement une quantité d'air capable d'interrompre l'équilibre de l'atmofphere, on pourroit penfer auffi qu'au printemps & dans les endroits où la nature travaille le plus à toutes fes productions, il doit s'abforber beaucoup d'air, & qu'il peut fe trouver telles circonftances, où l'équilibre de l'atmofphere en pourroit être altéré. Mais ne nous livrons point avec trop de confiance à une imagination, qui n'eft rien moins que fondée en preuves folides.

Plufieurs Phyficiens ont effayé de mefurer la vîteffe des vents, en lui donnant à emporter des petites plumes & d'autres corps légers ; & en examinant combien il leur faifoit faire de chemin dans un temps déterminé. Mais quoique ces fortes d'expériences paroiffent très-fimples & d'une extrême facilité ; ceux qui les ont faites, font fi peu d'accord entr'eux fur les réfultats, qu'on n'en peut rien conclure de certain. M. Mariotte conclut la vîteffe du vent le plus impétueux de 32 pieds par feconde, & M. Derham la trouve de 66 pieds d'Angleterre en pareil temps, c'eft-à-dire, environ une fois plus grande ; d'où peut venir cette différence ? c'eft que ces deux Savans n'avoient point de régle pour juger précifément, quel eft le vent le plus impétueux ; & apparemment le premier a pris pour le plus fort de tous, un vent qui pouvoit l'être une fois plus.

Les girouettes ordinaires, comme on fait, enfeignent la direction du vent : mais elles ne l'enfeignent qu'à ceux qui peuvent porter la vûe au haut des édifices où elles font placées, & qui fe font orientés, c'eft-à-dire, qui connoiffent les points principaux de l'horifon du lieu. Pour rendre l'ufage de cet inftrument plus commode, au lieu de faire tourner la girouette fur fa tige, on l'y attache de maniere qu'elle la faffe tourner avec elle ; & à l'autre bout de cette tige, qui répond, si l'on veut, dans un appartement, on pratique un pignon qui méne une roue dentée, & cette roue une aiguille qui marque les vents sur un cadran. *Voyez les Récréations Mathématiques d'Oʒanam. Tom. 2. pag. 45. Edit. 1694.*

La force du vent, comme celle des autres corps, dépend de sa vîtesse & de sa masse, c'est-à-dire, de la quantité d'air qui se meut; ainsi le même vent fait d'autant plus d'effort que l'obstacle sur lequel il agit, lui présente directement plus de surface; c'est pour cette raison qu'on déploye plus ou moins les voiles d'un vaisseau, qu'on habille plus ou moins les aîles d'un moulin à vent, & que les arbres sont moins sujets l'hyver que l'été, à être rompus par la violence des vents, parce que dans la premiere de ces deux saisons, n'étant point garnis de feuilles, ils leur donnent moins de prise.

On peut connoître la force relative des vents par le moyen d'un petit moulin, dont l'arbre est garni d'une fusée conique, sur laquelle on enveloppe une corde qui tient un poids

fufpendu ; car en expofant cette machine à l'air libre, & dans une direction convenable , le petit moulin
tourne d'abord , & s'arrête enfuite ,
quand le poids qui tire fur la fufée,
lui fait équilibre ; or comme les rayons
de cette fufée font connus , ou faciles
à connoître, on peut aifément comparer les forces qui ont fait équilibre aux
vents en différens temps.

Parmi toutes les machines propres
à mefurer les vents , & que l'on nomme pour cette raifon *Anémométres*, je
n'ai rien vû de plus ingénieux & de
plus complet que celle de M. le Com-
te d'Ons-en-bray , qui eft décrite fort
au long dans les Mémoires de l'Académie des Sciences , pour l'année
1734. Non feulement elle marque la
vîteffe & la direction du vent ; mais
elle en tient compte pour l'obfervateur abfent, & l'on voit après 24 heures , quels vents ont régné , & quelles
ont été pendant cet efpace de temps la
durée & la vîteffe de chacun.

La nature qui ne fait rien d'inutile,
fait mettre les vents à profit : ce font
eux qui tranfportent les nuages pour
arrofer & fertilifer les différentes par-

ties de la terre ; ce font eux qui les dif-
fipent pour faire fuccéder le calme à
l'orage ; c'eft par ces mouvemens &
par ces agitations que l'air fe renouvelle & fe purifie, & que le chaud &
le froid fe tranfmettent d'un pays à
l'autre. Il arrive auffi quelquefois que
l'on perd au change : car fi le vent
vient d'un lieu mal fain, il en apporte les mauvaifes qualités, & fert de véhicule à la contagion ; mais ce font
des cas particuliers & affez rares qui
ne l'emportent point fur une infinité
d'autres avantages que nous tirons du
vent.

On eft furpris de voir naître certaines plantes au fommet d'une tour, fur
le tronc d'un arbre, &c. où l'on n'a
pas lieu de croire que perfonne ait pris
la peine de les femer ; c'eft l'ouvrage
du vent qui éléve la terre en pouffiere,
& enfuite les femences, que l'eau du
ciel fait germer. C'eft par la même
caufe que le gramen & toutes les her-
bes des champs fe multiplient & croif-
fent dans une quantité d'endroits, où
l'on voudroit fouvent qu'elles ne vinf-
fent point.

L'art, imitant la nature, a trouvé

dans les vents de puiffans moteurs, qui nous procurent de grandes commodités, & qui étendent prodigieufement notre commerce : combien la navigation ne feroit-elle pas bornée, fi les vaiffeaux n'alloient qu'à force de rames, comme les galeres? Les voyages de long cours feroient impraticables par leur lenteur, & par les frais d'équipages : au lieu qu'à l'aide des vents, & des voiles qui en reçoivent l'impulfion, un petit nombre de matelots au fait de la manœuvre, conduit avec beaucoup de diligence, une petite armée de foldats, ou un magafin énorme de marchandifes, d'un bord à l'autre de l'Océan.

Quels fecours ne tirons-nous pas des moulins à vent, pour moudre le grain, extraire l'huile des femences, fouler les draps, fcier les planches, broyer les couleurs, ou autres matieres, &c. combien d'hommes ou de chevaux ne faudroit-il pas employer, pour faire toute la farine que le vent prépare à Montmartre,ou ailleurs aux environs de Paris ? Tous ces travaux s'operent à peu de frais,par le moyen de quatre aîles qui font l'office de leviers,

& qui préfentent leur plan d'une maniere oblique à la direction du vent :
la puiffance qui agit continuellement
fur ces quatre plans inclinés, les oblige de reculer fans ceffe ; ce qu'ils ne
peuvent faire qu'en tournant, & en
faifant tourner l'arbre auquel ils font
fixés.

C'eft par une méchanique affez
femblable que les enfans trouvent le
moyen d'enlever ces efpeces de chaffis couverts de papier, qu'ils appellent
cervolans ; car la corde avec laquelle
ils les retiennent, eft toujours attachée de façon que ce plan fe préfente
obliquement à la direction du vent,
& alors l'impulfion de l'air tend toujours à le faire monter, en décrivant
l'arc d'un cercle qui a pour rayon la
ficelle que tient en fa main celui qui
gouverne le cervolant. Mais comme
il faut que l'axe *A B* foit toujours incliné au vent *C D*, d'une certaine
quantité, au-deffous & au-delà de laquelle l'impulfion n'auroit plus l'effet
qu'on en attend, on a foin de faire fi-
ler la corde ; & par ce moyen le cervolant fe trouvant à l'extrémité d'un arc
femblable, mais d'un plus grand cer-

cle, son axe $a b$ est toujours également incliné au vent $c d$; & le dégré d'élévation est plus grand. *Voyez la Fig. 25.*

Le secours du vent est si commode, & ses avantages sont si bien connus de tout le monde, que quand il n'en fait pas, ou que nous ne sommes pas à portée d'en profiter, nous prenons la peine de nous en procurer artificiellement : on agite l'air avec un éventail, ou autrement, pour se donner du frais ; le forgeron se sert d'un soufflet pour animer son feu ; & le boulanger nettoye son bled, en le faisant passer devant une espece de roue garnie de quatre volans qu'il fait tourner pour jetter l'air dessus, & emporter la poussiere : ce crible qui vient originairement d'Allemagne, a été perfectionné & connu à Paris & aux environs, par les soins de M. d'Hecbourg, ancien Officier d'Artillerie ; je sais par moi-même, & par le grand débit que je lui ai vû faire de cette machine, combien elle est utile à ceux qui ont beaucoup de grains à nettoyer & à conserver.

Fin du troisiéme Volume.

Fig. 24.

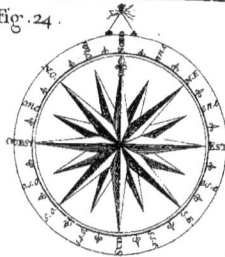

Fig. 21.

Fig. 20.

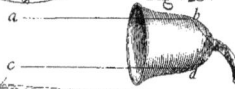

Fig. 23.

Fig. 22.

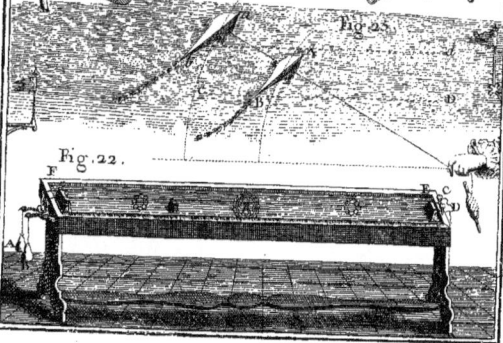

TABLE
DES MATIERES
Contenues dans le troisiéme Volume.

IX. LEÇON.

Sur la Méchanique.

Tome III. V u

V u ij

X. LEÇON.

Sur la Nature & les Propriétés de l'Air. 175.

XI. LEÇON.

Suite des propriétés de l'Air.

Fin de la Table des Matiéres du Tome III.

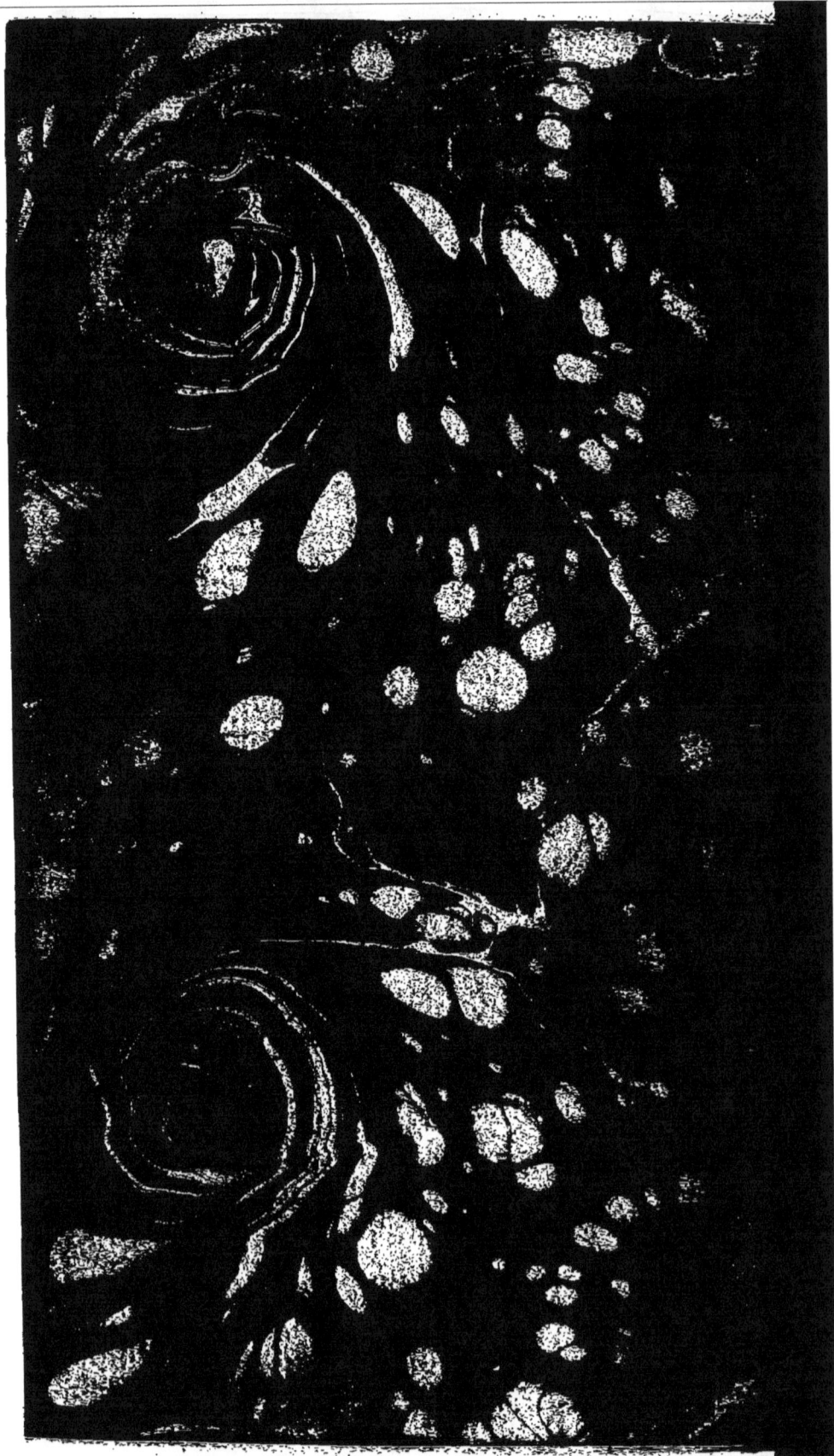

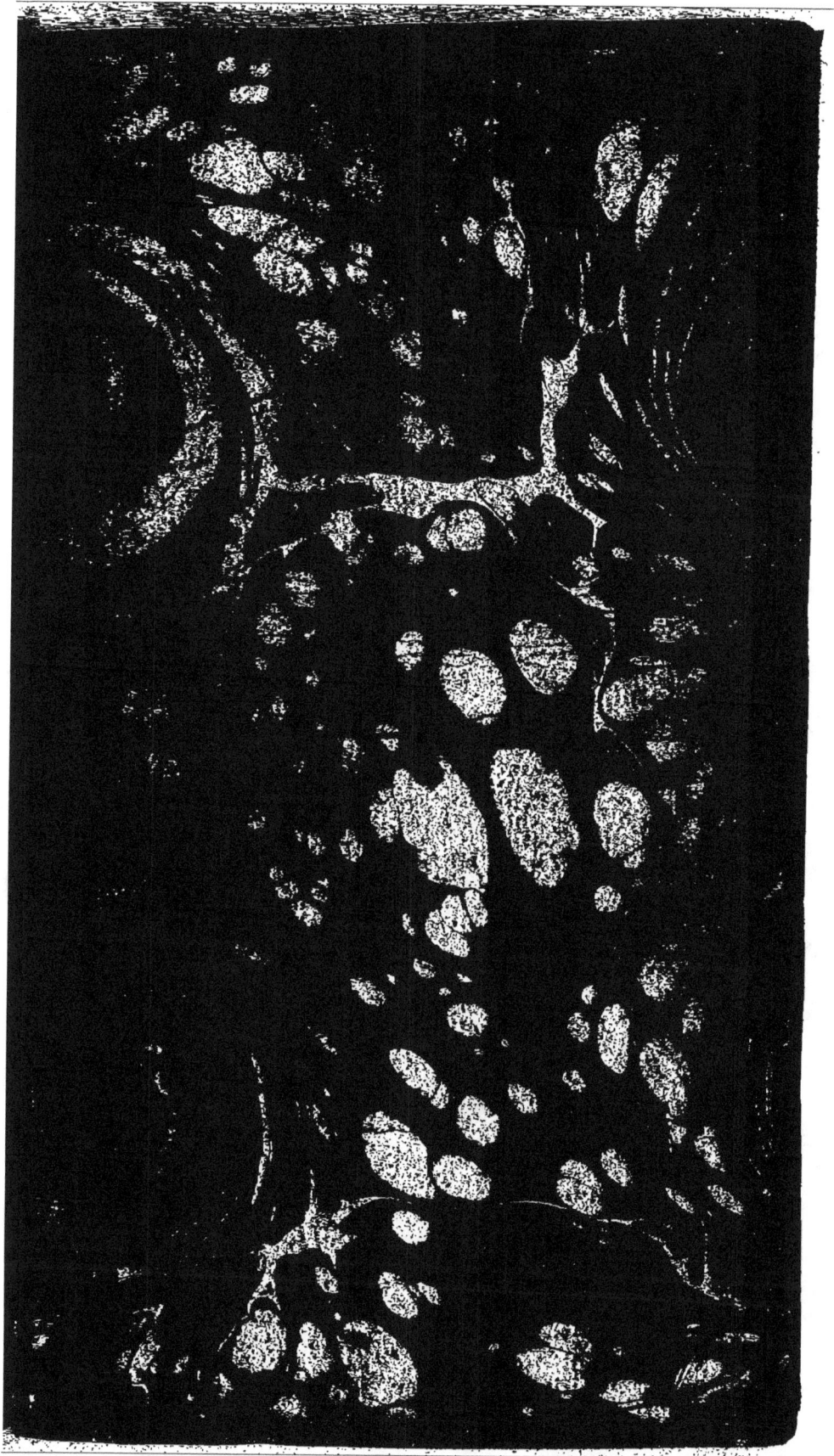

www.ingramcontent.com/pod-product-compliance
Lightning Source LLC
Chambersburg PA
CBHW031347210326
41599CB00019B/2674